21 世纪高职高专电子信息类实用规划教材

电子测量技术(第 2 版)

张立霞　主　编
刘　佳　朱　洁　副主编

清华大学出版社
北　京

内 容 简 介

本书基于电子测量技术的基本理论，主要介绍万用表、信号源、示波器、扫频仪等典型仪器的理论知识和实际操作规范，穿插“共同练”、“延伸练”、“技能驿站”等训练内容，便于学生在学与做中实现对相关知识点的融会贯通。

本书根据高等职业教育的发展要求，以任务为导向，精选典型案例，强调理论与实践的结合。各项目均附有“思考与习题”，与教学重点内容紧密结合，可操作性强。

本书既可作为高职院校电子信息类专业学生的教材使用，也可作为社会上自学人员的学习用书。

图书在版编目(CIP)数据

电子测量技术/张立霞主编. —2 版. —北京：清华大学出版社，2018（2021.10重印）
(21 世纪高职高专电子信息类实用规划教材)
ISBN 978-7-302-48847-7
Ⅰ. ①电… Ⅱ. ①张… Ⅲ. ①电子测量技术—高等职业教育—教材 Ⅳ. ①TM93

中国版本图书馆 CIP 数据核字(2017)第 286786 号

责任编辑：刘秀青 陈立静
装帧设计：杨玉兰
责任校对：宋延清
责任印制：杨 艳
出版发行：清华大学出版社
网 址：http://www.tup.com.cn, http://www.wqbook.com
地 址：北京清华大学学研大厦 A 座 **邮 编：**100084
社 总 机：010-62770175 **邮 购：**010-62786544
投稿与读者服务：010-62776969, c-service@tup.tsinghua.edu.cn
质量反馈：010-62772015, zhiliang@tup.tsinghua.edu.cn
课件下载：http://www.tup.com.cn, 010-62791865
印 刷 者：北京富博印刷有限公司
装 订 者：北京市密云县京文制本装订厂
经 销：全国新华书店
开 本：185mm×260mm **印 张：**14.5 **字 数：**335 千字
版 次：2012 年 9 月第 1 版 2018 年 1 月第 2 版 **印 次：**2021 年10月第 5 次印刷
定 价：40.00元

产品编号：076353-02

前　言

计算机技术、自动化技术和通信技术的发展，赋予电子测量技术及仪器新的概念。作为现代科学获取信息的重要手段，电子测量技术被设为高职院校电子信息类专业学生必修的专业基础课。

电子测量技术课程特点鲜明，实践性、应用性及综合性较强，不仅是学生学习其他专业课程的基础，也是从事电子信息技术领域相关工作的专业基础。

本书第 2 版根据高等职业教育的发展要求，结合当前实际情况，秉承第 1 版“通俗、实用、灵活”的原则，内容编排与时俱进，淡化模拟式万用表、指针式电压表、模拟式示波器等传统电子测量仪器的使用，强化数字式万用表、数字存储示波器等智能化/数字化电子测量仪器的应用；并精选典型案例，内容编排强调理论与实践的结合，教学知识点后紧跟“自己练”、“共同练”、“延伸练”等训练内容，并安排多处“技能驿站”作为综合实践内容，利于学生在学与做中，实现对知识点的融会贯通。

本书强调以学生为主体，注意交互性，第 2 版增加了“探究讨论”、“自己练”等。同时，还增加了“思考与习题”的题型。

本书主要内容包括电子测量技术基础知识、测量误差及数据处理、常用电子测量仪器的结构、原理及操作方法。全书共分为 6 个项目。

项目 1：电子测量技术认知。介绍电子测量技术的内容与特点、电子测量仪器的分类与应用、测量误差的分类与数据处理方法。

项目 2：万用表的原理与使用。以电阻、电容、半导体器件的具体测量为任务载体，重点介绍数字式万用表的结构原理与操作规范。

项目 3：信号发生器的原理与使用。以实体信号发生器和虚拟信号发生器的使用为任务载体，介绍信号发生器的特点与分类、频率合成技术的原理与应用。

项目 4：示波器的原理与使用。以数字存储示波器和虚拟示波器的使用为任务载体，介绍示波器的特点与分类、数字示波器的原理与应用。

项目 5：扫频仪和频谱分析仪的原理与使用。以扫频仪和频谱分析仪的使用为任务载体，介绍频域测量的特点与分类、典型测量仪器的使用方法。

项目 6：逻辑分析仪的原理与使用。介绍数据域测量的特点、逻辑分析仪的原理与应用、典型逻辑分析仪的设计。

本书项目 1、2 由张立霞编写，项目 3、5 由刘佳编写，项目 4、6 由朱洁编写。全书由张立霞组织、修改和定稿。

限于作者水平，加之电子测量技术仍在不断发展中，本书在某些点上也许仍未能反映最新的发展水平，甚至难免会存在一些缺点和错误，希望广大读者批评指正。

编　者

第 1 版前言

电子测量技术是高职院校电子信息类专业的职业技能性课程，旨在培养学生电子测量综合应用能力以及对电子产品的检验技能，以使学生更能胜任电子信息技术领域的设计制造、安装调试、运行维护等方面的工作。

本书秉承“通俗、实用、灵活”的原则，主要内容包括电子测量技术基础知识、常用电子测量仪器及系统的工作原理与使用方法、现代电子测量技术基础知识。全书共分为 9 章：第 1 章电子测量综述，介绍电子测量技术的内容与特点、电子测量仪器的分类与应用、直流稳压电源的原理与使用方法；第 2 章测量误差及数据处理，介绍测量误差的分类与数据处理方法、万用表的原理与使用方法；第 3 章常用电子元器件，介绍直插式和贴片式电阻、电容、电感、半导体分立器件和集成电路的分类与检测方法以及在线测试仪典型应用；第 4 章测量用信号源，介绍信号发生器的特点与分类、频率合成技术与直接数字频率合成技术的原理与应用、信号发生器的典型设计；第 5 章电子示波器，介绍示波器的特点与分类、模拟示波器和数字示波器的原理与应用、典型数字示波器的设计；第 6 章电压测量，介绍交流电压表征量、交流电压表分类与测量原理、典型电压表的设计；第 7 章频域测量，介绍频域测量的特点与分类、典型测量仪器的使用方法；第 8 章数据域测量，介绍数据域测量的特点、逻辑分析仪的原理与应用、典型逻辑分析仪的设计；第 9 章现代电子测量技术，介绍自动测试系统、智能测试仪器、虚拟仪器的组成、特点以及测量过程。

本书根据高等职业教育发展要求，在内容和结构上充分体现高职教育特色，编写过程突显如下特点。

(1) 理论内容遵循实用、够用原则。简化较深奥的理论，省略较复杂的公式，以学生能够进行定性分析、正确操作电子测量仪器为立足点。

(2) 强调学生主体，注意交互性。适时地预设教学情境，以“想一想”、“算一算”、“考考你”等形式调动学习兴趣，给予学生开阔的思考空间。

(3) 穿插项目设计，理论与实践相结合。每章以“学习指导”引出，以“思考与练习”和“实验”作为结束，穿插典型电子测量仪器的设计，强调理论与实践相结合，增进理论与实践的联系，使学生在学与做中实现对内容的融会贯通。

本书由正德职业技术学院张立霞任主编，编写第 2~5、7 章，并负责全书的统稿工作。正德职业技术学院王高山、刘俊起任副主编，其中王高山编写第 1、6 章，刘俊起编写第 8、9 章。

由于时间仓促，加之编者水平有限，书中难免存在疏漏和不妥之处，敬请广大读者给予批评指正。

编　者

目　　录

项目 1

电子测量技术认知

知识目标

- 了解测量、电子测量、电子测量仪器的概念。
- 了解电子测量技术的内容、特点及方法。
- 掌握电子测量技术的分类。
- 掌握测量误差的基本术语及表示方法。
- 掌握测量结果的数据处理方法。

能力目标

- 能够确定有效的测量方案。
- 学会正确选择测量仪器。
- 能够对测量结果进行数据处理，并能进行误差分析。
- 能够撰写实验报告。

任务 1.1　电子测量技术概述

1.1.1　电子测量技术的基本概念

手机也好，飞机也罢，诸如此类的产品，小到遥控器、开关、各种报警器，大到航空母舰、月球探测器、深海探测器等，在产品的设计、制造、试运行等环节中，都要投入较大比重的时间周期，反复地进行检验和测试。

那么，究竟需要采用什么仪器，运用什么方法，采取什么措施来进行检验和测试呢？带着这些问题，让我们一起走进电子测量技术的课堂。

1. 测量的概念

测量，是一种借助于专用的技术工具完成实验或者计算，从而对被测对象进行信息采集的过程。在这一过程中，人们通常使用专门的设备，依据一定的理论，通过实验的方法，将被测量与已知的标准量进行比较，以确定被测量的量值。量值由数值和计量单位两部分组成，没有计量单位的量值是没有物理意义的。例如，我们测量到某人的身高为 1.70m，也可以表示为 170cm，如果只是记录数值 1.70 或 170，而不带上计量单位，那么就难于明确指出这个人的身高到底是多少，也难于确切地说明这两个数值是代表身体高度的量值。

你知道吗

在日常生活和实际工作中，处处都离不开测量。例如人们用钟表来看时间，在对应的时间段中安排做相应的事情；发烧时要测量体温；平时用的水、电由水表和电表来衡量相应的使用量等。又如在农业生产中，需要丈量土地、衡量谷物产量，就产生了长度、面积、容积和重量等方面的测量；要掌握季节和节气，就出现了原始的时间测量器具，并有了天文测量。再如当今的电子工业中，从生产组件到装配系统，从设计到生产，测量工作是不可或缺的一环；工厂必须通过测量获知产品效能；生产过程中，需要对产品工艺参数进行监测；在大规模集成电路的生产成本中，测量成本占将近 50%。

英国科学家 A. H. 库克(Cook)曾经说过：“测量是技术生命的神经系统。我们通过测量来认识周围的物质世界；通过测量把世界的物质性知识变成数字语言，然后用数学方法把知识整理成合乎逻辑的系统；通过测量，可使这种系统性知识借助于工程技术来改造物质世界。精密的测量是严谨的知识和精确的设计所必需的，方便的测量是敏捷的通信和有效的组织所必需的。”这段话言语简练，而意义深远，它深刻地揭示了测量对于人类社会的重要性。

在当今这个信息时代，测量技术、通信技术和计算机技术已经成为现代信息科学技术的三大支柱。在这三大信息技术中，测量技术是首要的，是信息的源头。随着社会的进步和科技的发展，电子科学技术被应用到测量技术中，便出现了比传统测量技术更为优越的电子测量技术。目前，电子测量技术已经全面渗透到社会的各个领域中。

试列举一个日常生活中关于测量的应用实例。

2. 电子测量技术的概念

电子测量技术泛指以电子技术为基本手段的一种测量技术，是测量学和电子学相结合的产物。除了具体运用电子技术的原理、方法和设备对各种电量、电信号以及电路元件的特性和参数进行测量外，电子测量技术还可以通过各种敏感器件和转换装置对各类非电量进行测量。运用电子测量技术对非电量进行测量往往更加方便、快捷、准确，有时是用其他测量方法所不能替代的。也正因如此，电子测量技术不仅应用于电学领域，还被广泛应用于物理学、化学、材料学、生物医学等科学领域，以及通信、国防、交通、资源保护乃至日常生活的方方面面。

近几年，随着计算机技术和微电子技术的迅猛发展，电子测量技术及测量仪器焕发了巨大的活力。现在，电子计算机，尤其是微型计算机，与电子测量仪器相结合，构成了新一代的测量仪器和测试系统，即人们通常所说的“智能测试仪器”和“自动测试系统”。

智能测试仪器和自动测试系统能够对若干电参数进行自动测量，并且具有自动检测和校准、自动选择量程、自动记录和处理数据、误差修正、故障诊断以及在线测试等功能，这不仅改变了传统测量技术的理念，而且对整个电子技术的发展产生了巨大的推动力。电子测量技术，包括电子测量理论、方法及仪器等，已经成为当前电子科学领域中最重要而且发展最迅速的学科之一。

一般而言，电子测量的结果可以表示成数值，也可以表示成图形、表格或曲线。无论以何种形式来表示，测量的结果均直接由数值和单位两部分组成。其中的数值又包括绝对值大小和正负符号。进行电子测量的目的，就是获得用数值和单位共同表示的被测量的结果。被测量的结果必须是带有相应单位的非分数有理数，例如，说某测量结果为 0.33mA 是正确的，而说测量结果为 0.33 或者是 1/3mA 是错误的。

3. 计量的概念

电子测量要实现测量过程，必须借助一定的测量仪器、软件和测量标准，即必须借助一定的测量设备。为了确保测量设备符合预期使用的量程、分辨率、最大允许误差等要求，需要对测量设备进行计量确认。1985 年第六届全国人民代表大会常务委员会第十二次会议通过了《中华人民共和国计量法》，该法明确指出，进行计量的目的是“为了加强计量监督管理，保障国家计量单位制的统一和量值的准确可靠，有利于生产、贸易和科学技术的发展，适应社会主义现代化建设的需要，维护国家、人民的利益。”

根据国家计量检定规程 JJG 1001—1991《通用计量名词及定义》，计量是实现单位统一和量值准确可靠的测量。从该定义中可以看出，计量属于测量，源于测量，而又严于一般测量，是测量的一种特定形式。要得到准确一致的量值，需要有公认、法定的计量单位、计量器具、计量人员、计量检定系统和检定规程等。

1.1.2 电子测量技术的特点

与其他测量技术相比，电子测量技术具有下列主要特点。

1. 测量速度快

电子测量采用了电子技术，是通过电子运动和电磁波传播等方法来实现工作的，因此测量速度快，这对于某些要求快速测量和实时测控的系统来说，是比较重要的一个特性。

2. 测量仪器的量程宽广

电子测量的量的大小往往相差很大，这就要求测量仪器必须具有宽广的量程。随着电子测量技术的不断发展，电子测量仪器的量程也越来越宽。例如，用一台普通的数字式万用表测量电阻，可以测出几欧至几十兆欧的电阻值，量程可达 10^7 数量级；较完善的电子计数式频率计的量程可达 10^{17} 数量级。量程宽广是电子测量仪器的突出特点。

测量仪器按照规定的精度进行测量时，由被测量或供给量的两个值限定的范围，称为测量范围。测量范围的最小值称为测量下限，相应的测量范围的最大值称为测量上限。量程是测量范围的上下限值之差或者上下限值之比。

以室内温度计为例，假设某个以摄氏温度显示的温度计，刻度值中上边的数值为 50，下边的数值为 40，由此可以知道，该温度计的上限值为 50℃，下限值为−40℃，温度测量范围可表示为−40~50℃，而量程为 50℃− (−40)℃=90℃。

3. 频率测量范围宽

频率测量范围是指电子测量仪器能够检测到的信号的最小值和最大值的范围。电子测量仪器可以检测出从直流到 300GHz 频率的信号，其频率范围非常宽。随着电子测量技术的发展以及电子元件性能的提高，电子测量仪器的工作频率也在不断提高。

4. 测量准确度高

电子测量仪器的准确度可以达到较高的水平。尤其对于频率和时间的测量，由于采用了原子频标作为基准，测量的精度可达到 10^{-13}~10^{-14} 量级，这是目前人类在测量准确度方面达到的最高水平。也正是由于电子测量准确度高，使得它在现代科技领域被广泛应用。例如，人造卫星的发射控制和遥测系统具有极高的准确度，如果不够准确，哪怕最后一级火箭的速度仅有 2‰的相对误差，那么卫星就会偏离预定轨道 100km 以上。

5. 易于实现遥测和长期不间断的测量

由于电子测量仪器或者与它相连接的传感器等装置可以被放到人类不便长期停留或无法到达的区域，所以电子测量技术可以较容易地实现远距离测量，而且只要被测对象处于正常工作状态，就可以进行测量。对于测量结果，电子测量的显示方法也比较清晰、直观，例如以数码管或 LCD 显示屏直接显示数字，便于直接给出结果；荧光屏示波方法则便于形象直观地给出被测量的特征。

6. 易于实现测量过程的自动化和测量仪器的智能化

利用计算机，可形成电子测量与计算技术的紧密结合。由于电子测量的测量结果和它所需要的控制信号都是电信号，这就非常有利于直接或通过 A/D 转换装置与计算机连接，实现自动记录、数据运算和分析处理。随着微型计算机功能的提高和成本的降低，现代电子测量仪器突显了性能更高、功能更多的特点。

鉴于上述一系列特点，电子测量技术被广泛应用于自然科学的一切领域，大到天文观测、宇宙航天，小到物质结构、基本粒子，从复杂深奥的生命、细胞、遗传问题到日常的工农业生产、医学、商业各部门，都越来越多地采用了电子测量技术。

电子测量技术的发展是与自然科学尤其是电子技术的发展互相促进的。一方面，电子测量技术的发展为自然科学的研究、实验、分析和检验提供了条件；另一方面，自然科学的发展又向电子测量技术不断提出新课题。近代电子学、计算科学、物理学等学科的发展，为电子测量技术提供了新理论、新技术、新工艺、新器材。总而言之，电子测量技术与自然科学相辅相成，不可分割。

1.1.3　电子测量技术的内容

电子测量技术的发展建立在测量技术中电子技术发展的基础之上。广义地说，凡是利用电子技术进行的测量，都称为电子测量。随着电子技术的不断发展，测量的内容也越来越多，通常包括以下几个方面。

1. 基本电量的测量

基本电量的测量主要包括对电流、电压、电功率、电场强度等的测量。

2. 元件和电路参数的测量

元件和电路参数的测量主要包括对各种电阻、电感、电容、二极管、三极管、场效应管、集成电路的测量，同时还包括对电路频率响应、通频带宽度、品质因数、相位移、延时、衰减和增益等的测量。

3. 信号的特性及所受干扰的测量

信号的特性的测量主要包括对信号的频率、相位、脉冲参数、调制度、信号频谱等的测量，而信号所受干扰的测量主要涉及对信号的失真度、信噪比等的测量。电子测量不但能够进行稳态测量，还可以对自动控制系统的过渡过程及频率特性进行动态测量。例如，借助计算机模拟仿真，可以自动描绘出轧钢电气传动系统的动态过程曲线；借助计算机，可以对化工系统的生产过程进行自动检测与分析。

4. 各种非电量的测量

鉴于电子测量技术具有无可比拟的优点，对各种非电量，例如压力、加速度、温度、转速等进行测量时，可以通过传感器等转换装置，将这些非电量转换成相应的电信号，进而实现测量。例如，对于宇宙飞船的飞行速度和飞行高度、高温炉的炉腔温度、深海的压力等人们无法直接去测量的量，都可以借助于相应的传感器实现测量。

上述各种测量内容中，频率、时间、电压、阻抗、相位是基本的电参量，对于这些基本电参量的测量原理、测量仪器以及测量方法，是对其他派生参数进行测量的基础。例如，对波形失真度的测量，就是通过测量被测波形的电压参数来完成的。同时，由于对时间和频率的测量具有其他测量所不可比拟的精确性，所以人们又较多地将被测量转换成时间或频率来进行测量。本书主要讨论对各种电量的测量方法及技术。

探究讨论

根据电子测量技术的内容，结合自己的知识储备，列举两个电子测量技术相关的例子，并简述其所测量的内容。

1.1.4 电子测量技术的分类

为了达到测量目的，正确选择测量仪器和测量方法是极为重要的，它直接关系到测量工作的正常进行和测量结果的有效性。电子测量技术主要有以下几种分类。

1. 按照测量性质分类

按照测量性质的不同，可以将电子测量技术分为时域测量、频域测量、数据域测量和随机量测量四种类型。

1) 时域测量

时域测量又称为瞬态测量，主要测量被测量随时间变化的规律。例如，用示波器测量被测信号的波形，得到被测信号的幅度、周期、上升沿和下降沿及动态电路的瞬态过程，并把测量的对象绘制成图形，横坐标轴代表时间。

2) 频域测量

频域测量又称为稳态测量，主要测量被测量与频率之间的关系。例如，用扫频仪测量电视机图像的幅频特性，并把测量结果绘制成图形，横坐标轴代表频率。

3) 数据域测量

数据域测量又称为逻辑测量，主要是用逻辑分析仪等设备对数字量和电路的逻辑状态进行分析。例如，用逻辑分析仪同时观测多路数据通道上的逻辑状态，或显示某条数据线上的时序波形。对于计算机地址线、数据线上的信号，既可显示其时序波形，也可用 1 或 0 显示其逻辑状态。

4) 随机量测量

随机量测量又称为统计测量，主要是指对各类噪声信号、干扰信号进行动态测量和统计分析。这是一项较新的测量技术，尤其是在通信领域，有着广泛的应用前景。

2. 按照测量方法分类

为了实现测量、获得测量结果，所采用的各种手段和方式称为测量方法。根据测量方法的不同，可以将电子测量技术分为直接测量、间接测量和组合测量三种类型。

1) 直接测量

直接测量是指直接从电子测量仪器或仪表上读出测量结果的一种测量方法。例如，用电压表测量电压、用万用表测量电阻、用电子计数式频率计测量频率等，都属于直接测量。直接测量的特点是不需要对被测量与其他实测的量进行函数关系的运算，因此，测量过程简单快速，是工程测量中广泛应用的测量方式。

2) 间接测量

间接测量是指先对几个与被测量有确定函数关系的电参量进行直接测量，再将测量结果代入表示该函数关系的公式、曲线或表格，最后求出被测量的一种测量方法。例如，直接测出电阻 R 的阻值及其两端的电压 U，由公式 $I=U/R$ 可求出被测电流 I 的值。当被测量不便于直接测量，或间接测量比直接测量更为准确时，可采用间接测量的方法。例如，通过测量集电极电阻上的电压，再经过计算，得到三极管集电极电流，这种间接测量电流的方法，比断开电路串入电流表直接测量电流的方法更为简便易行。

3) 组合测量

组合测量是建立在直接测量和间接测量基础上的一种测量方法。在无法通过直接测量或间接测量得出被测量的结果时，需要改变测量条件，进行多次测量，然后按照被测量与有关未知量之间的函数关系，组成联立方程组，求解方程组得出有关未知量，最后将未知量代入函数式，得出测量结果。这种方法也称联立测量。例如，测量在任意环境温度 t℃时某电阻的阻值，已知任意温度下电阻阻值的计算式如下：

$$R_t = R_{20}+\alpha\times(t-20)+\beta\times(t-20)^2 \tag{1-1}$$

式中，R_t、R_{20} 分别为环境温度为 t℃、20℃时的电阻值；α、β为电阻的温度系数，α、β与 R_{20} 均为不受温度影响的未知量。

显然，可以利用直接测量或间接测量的方法测出某温度下的电阻阻值，但是，单纯地以直接测量或间接测量方法测出任意温度下的电阻阻值是不现实的。现在可以用组合测量的方法，通过改变测量温度，分别测出三种不同温度下的电阻值，代入式(1-1)，求解由此得到的联立方程组，得出未知量α、β、R_{20}后，将其代入式(1-1)，即可得出任意温度下的电阻阻值。

电子测量的方法还有很多，如接触式测量与非接触式测量技术、实时与非实时测量技术、有源与无源测量技术、人工测量与自动测量技术等。每种测量方法都有其各自的优缺点，必须首先考虑测量的要求和条件，然后选择最合适的方法。需要考虑的因素主要包括频率覆盖范围、测量量程、测量精度和操作方便性等。

1.1.5　电子测量技术的发展趋势

现代科学技术的发展与进步，一方面促使现代化生产的规模越来越大，待测产品的功能越来越多，测试的要求也越来越高；另一方面，留给测试的时间却越来越少，因为产品要以最快的速度面市，从而形成了前所未有的测试效率方面的压力。传统的测量参数、测量手段、测量仪器难以满足现代生产和生活的需求。从一般的单参数测量到相关多参数的综合自动检测，从一般参数的量值测量到参数的状态估计，从确定性的测量到模糊的判断，

这些已经成为当前电子测量领域的发展趋势，在这个过程中产生的各种新测量技术和新测量方法，统称为现代电子测量技术。

在现代电子测量技术中，既需要测量平台具有较高的可靠性、稳定性和测试能力，又需要它具有良好的灵活性、兼容性和扩展性。这个平台不但能够满足现有的需求，而且能够很方便地进行系统升级，以符合今后越来越具有挑战性的需求。此外，还要求这种测量平台具有较长的使用寿命以及较低的建构成本。

1. 现代电子测量中的技术应用

1) 传感器技术的应用

传感器技术是关于传感器原理、结构、材料、设计、制造以及应用的综合技术。传感器处于电子测量过程的第一个环节，它直接感受被测对象，并将被测对象的变化转换成一种易于传输的电信号。通过传感器获得的信息正确与否，直接关系到整个测量或控制系统的成败与精度高低。因此，传感器在现代测量系统中占有非常重要的地位。新材料、新效应、新工艺的不断问世，也促进了传感器技术的发展。

2) 信息处理技术的应用

借助于幅域分析、时域分析和频域分析方法，可以对传感器输出的电信号进行处理或转换，并从中获取信号的某些特征值，通过比较这些特征值与待测参数的关系，可以得到被测对象的信息。

3) 软测量技术的应用

微处理器和 DSP 技术的快速进步，及其性价比的不断上升，大大改变了传统电子行业的设计思想和观念，使得原来许多由硬件完成的功能，如今能够依靠软件来实现。面向对象技术、可视化程序开发语言，在软件领域中为更多易于使用、功能强大的软件开发提供了可能性。软测量技术实际上是以现有传感器为基础，以各种计算机软件为核心的一种硬件与软件相结合的测量方法。

4) 数据融合技术的应用

基于多数据融合技术的电子测量系统，是由若干个传感器和具有数据综合和决策功能的计算机系统组成的，能够完成通常单个检测器件所无法实现的测量。

多数据融合技术具有增加测量的可信度、降低不确定性、改善信噪比、增加对被测量的时间和空间上的覆盖程度等优点。

2. 现代电子测量技术的发展趋势

微电子技术、计算机技术的高速发展及其在电子测量技术中的应用，促使新的测量理论、测量方法、测量领域以及新的测量仪器不断涌现，相继诞生了智能仪器、PC 仪器、VXI 仪器、虚拟仪器以及互换性虚拟仪器等微机化仪器及其自动测试系统，测量仪器和计算机技术得到了前所未有的融合。近年来，以 Internet 为代表的网络技术的出现及其与其他高新技术的有机结合，使智能互联网产品引领科技现代生活，同时也为测量与仪器技术带来了前所未有的发展空间和机遇，网络化测量技术和具备网络功能的新型仪器应运而生。

现代电子测量技术与仪器的发展趋势可以概括为如下几个方面。

1) 数字化、智能化、自动化方向的发展

伴随着 HP 技术以及数据采集技术、A/D 转换技术的应用，电子测量仪器以极快的速度向数字化、自动化、智能化和多功能自动测量的方向发展。

你知道吗

计算机技术、实时采样技术、频率合成技术的发展和成熟，为自动测试技术和系统的研究奠定了基础；检测技术、传感器技术、数据传输和处理技术以及大规模集成电路技术的发展，尤其是单片计算机技术和计算机科学的飞速发展，为电子测量技术的自动化提供了必要的技术条件和手段。一台测量仪器，不论它的智能化程度有多高，其测量功能的增加总是有一定限度的。基于特定的测试任务，可以将一系列相关的测量仪器有机地组成一个系统。通常，将在计算机控制下，能自动进行各种信号测量、数据处理、传输，并以适当方式显示或输出测试结果的系统，称为自动测试系统(Automated Test System，ATS)。

2) 基于网络的模块式自动测试系统方向的发展

基于 IEEE 488.1、IEEE 488.2、VXI(IEEE 1155)总线技术的发展和用于可编程仪器的标准命令 SCPI(Standard Commands for Programmable Instruments)标准等系统技术的发展，成为模块式测试系统的关键支撑技术。运用这些技术，可以方便地实现多功能、多参数的自动测量，方便地组成结构紧凑的模块式自动测试系统。以 VXI 总线技术为例，它为电子测量仪器提供了一个开放式结构环境，使电子测量仪器与技术在各行各业中的应用领域不断拓宽。目前，已经成功地用于航空工业、汽车工业、导航与航空电子设备、通信与其他电子系统。预计今后将更广泛地用于军事和民用系统、生产过程控制、办公室自动化和电子医疗设备中。

3) 软件测量方向的发展

集成化的计算机辅助测试环境和功能很强的应用软件，把测量仪器与测试技术的发展推向更高的层次。例如 HP-Vee、Wave Test、Lab Windows 和 LabVIEW 等，均支持构成以计算机为基础的仪器系统交互式开发环境，使用户可以方便地实现他们所需要的测量功能。

近年来，软件测量技术有很大进展，重点在于发展标准的共享软件结构单元，并要求具有很强的兼容性和很高的重用率。这类测试系统使用方便，非常直观，功能极强，因而国际上出现了“软件就是仪器”的提法。

4) 新技术、新理论的广泛应用

CAD 技术、CAT 技术以及“模块化”技术得到广泛应用，使测量仪器的研制周期大为缩短，更新换代速度加快。仪器专用集成电路 ASIC 技术以及表面贴装技术的应用，使仪器的结构更紧凑、可靠性和性价比更高。仪器及测试系统的数据采集和数据、信号处理功能不断增强，使得不少高档仪器的更新换代及功能扩展不再单纯靠制作的精细，一味拼硬件，而是通过应用数据处理、信号处理和误差修正等方法来实现。

共同练：电子测量技术的内容与测量方法的实际操作

1) 操作目的

(1) 了解电子测量技术的内容。

(2) 了解电子测量技术的类型。

(3) 初步认识测量仪器。

2) 操作设备与仪器

散装电阻(直插式)一个；包含电阻的电路板一块；数字式万用表一块。

3) 知识储备

数字式万用表的具体使用方法及注意事项如下。

(1) 插孔的选择。数字式万用表一般有四个表笔插孔，测量时，黑表笔插入 COM 插孔，红表笔则根据测量需要，插入相应的插孔。测量电压和电阻时，红表笔应插入 V/Ω 插孔；测量电流时，注意有两个电流插孔，一个是测量小电流的，一个是测量大电流的，红表笔应根据被测电流的大小，选择合适的插孔。

(2) 测量未知电压、电流时，应将量程转换开关首先置于高量程挡，然后再逐步调低，直到合适的挡位。如果数字式万用表在最高位显示数字 1 或-1，其他位均消失，则表示满量程，这时，应选择更高的量程进行测量。

(3) 测量电压时，应将数字式万用表与被测电路并联；测量电流时，应将数字式万用表与被测电路串联。测量直流量时，不必考虑正、负极性。

(4) 禁止使用交流电压挡测量直流电压，直流电压挡也不允许测量交流电压。

(5) 禁止在测量高电压(220V 以上)或大电流(0.5A 以上)时切换量程，以防止产生电弧，烧毁开关触点。

(6) 测量直插式电阻时，将数字式万用表的红、黑表笔(不区分极性)分别接触电阻的两个引脚。测量过程中，禁止用手直接碰触电阻引脚。

测量在线电阻时，应该先把电路的电源关闭，以免引起读数的抖动。同时，为了保护万用表不被损坏，严禁使用电阻挡测量电流或电压。

探究讨论

测量电阻时，为什么不建议用手直接接触器件引脚呢?

4) 操作步骤

(1) 散装独立电阻的相应测量。对于散装独立电阻，可以实施的测量内容有______。应用测量工具，实施测量，并完成表 1-1 所示的相应记录(可续行)。

表 1-1　独立电阻的测量内容

序　号	测量内容	测 量 值	测量方法	测量工具

(2) 在线电阻的相应测量。平时工作中，我们遇到比较多的情况，是电阻器件已经焊接在电路板上，对于这些在线电阻，可以实施的测量内容有___________。

应用测量工具，实施测量，并完成表 1-2 所示的相应记录(可续行)。

表 1-2 在线电阻的测量内容

序 号	测量内容	测 量 值	测量方法	测量工具

5) 操作总结

(1) 归纳电子测量技术的测量内容。

(2) 总结测量结果的记录事项。

(3) 撰写操作报告。

1.1.6 单位制

计量工作在经济建设中起着基础作用，它涵盖的内容相当广泛，涉及工农业生产、国防建设、科学实验、国内外贸易以及人民的生活、健康、安全等各个方面。经济越发展，越需要加强计量工作，加强计量法制监督。《中华人民共和国计量法》中的各项规定所围绕的两个核心问题之一，就是解决国家计量单位制统一的问题。

计量单位又称测量单位，是为定量表示同种量的大小而约定的定义和采用的特定量，具有约定所赋予的名称和符号。例如，长度的单位为米，符号为 m；温度的单位为摄氏度，符号为℃。单位是表征测量结果的重要组成部分。鉴于文化发展的不同情况，各国形成了各自的单位制。例如，英国的英制、法国的米制等。为便于国际科学技术的交流和商业往来，各国施行的单位制以国际单位制为基础，这样，就有了统一的标准。

1. 国际单位制

国际单位制是国际计量大会采用和推荐的单位制。1954 年第十届国际计量大会决定采用米、秒、千克、安[培]、开[尔文]和坎[德拉]作为基本单位。1960 年第十一届国际计量大会决定将以这 6 个单位为基本单位的实用计量单位制命名为“国际单位制”，并规定其符号为 SI。后来，在第十四届国际计量大会上，又将物质的量的单位摩[尔](mol)加入到国际基本单位中。国际单位制由 SI 单位和 SI 词头两部分组成。

1) SI 单位

国际单位制包括基本单位、导出单位和辅助单位三种类型。基本单位是指可以彼此独立地加以规定的物理量单位，如表 1-3 所示，国际单位制共有 7 个基本单位，括号内的字可在不致混淆的情况下省略。

你知道吗

在 1/299792458s 的时间间隔内，光在真空中行程的长度定义为 1 米；国际千克原器的质量定义为1千克；铯-133原子基态两个超精细能级间跃迁辐射9192631770周所持续的时间定义为1秒；1坎德拉是一光源在给定方向上的发光强度，该光源发出频率为$540×10^{12}$Hz的单色辐射。

表1-3 国际单位制的基本单位

物理量名称	单位名称	单位符号
长度	米	m
时间	秒	s
质量	千克	kg
电流	安[培]	A
热力学温度	开[尔文]	K
物质的量	摩[尔]	mol
发光强度	坎[德拉]	cd

导出单位是由基本单位通过定义、定律及其他函数关系派生出的单位，如表1-4所示。辅助单位有两个，如表1-5所示。辅助单位在使用过程中，既可以作为基本单位，又可以作为导出单位。

表1-4 国际单位制的导出单位

物理量名称	单位名称	单位符号	备注说明
面积	平方米	m^2	—
体积	立方米	m^3	—
频率	赫[兹]	Hz	s^{-1}
质量密度	千克每立方米	kg/m^3	—
速度、速率	米每秒	m/s	—
角速度	弧度每秒	rad/s	—
加速度	米每二次方秒	m/s^2	—
角加速度	弧度每二次方秒	rad/s^2	—
力	牛[顿]	N	$kg·m/s^2$
压力	帕[斯卡]	Pa	N/m^2
功、能量、热	焦[耳]	J	N·m
功率	瓦[特]	W	J/s
电荷量	库[仑]	C	A·s
电势差、电动势	伏[特]	V	W/A
电场强度	牛[顿]每库[仑]	V/m	N/C
电阻	欧[姆]	Ω	V/A
电容	法[拉]	F	C/V
磁通量	韦[伯]	Wb	V·s
电感	亨[利]	H	Wb/A
磁通密度	特[斯拉]	T	Wb/m^2
磁场强度	安[培]每米	A/m	—

续表

物理量名称	单位名称	单位符号	备注说明
比热容	焦[耳]每千克开[尔文]	J/(kg·K)	—
热导率	瓦[特]每米开[尔文]	W/(m·K)	—
辐射强度	瓦[特]每球面度	W/sr	—

表 1-5　国际单位制的辅助单位

物理量名称	单位名称	单位符号
平面角	弧度	rad
立体角	球面度	sr

2) SI 词头

在国际单位制中用以表示倍数单位的词头，称为国际单位制词头，简称为 SI 词头，它通常采用十进制词头形式。《中华人民共和国法定计量单位》规定，我国使用的词头从 10^{-24}~10^{24}，共 20 个，如表 1-6 所示。

表 1-6　国际单位制的词头

倍数和分数	词头名称	符　号	英文全称
10^{24}	尧	Y	Yotta
10^{21}	泽	Z	Zetta
10^{18}	艾	E	Exa
10^{15}	拍	P	Peta
10^{12}	太	T	Tera
10^{9}	吉	G	Giga
10^{6}	兆	M	Mega
10^{3}	千	k	kilo
10^{2}	百	h	hecta
10^{1}	十	da	deca
10^{-1}	分	d	deci
10^{-2}	厘	c	centi
10^{-3}	毫	m	milli
10^{-6}	微	μ	micro
10^{-9}	纳	n	nano
10^{-12}	皮	p	pico
10^{-15}	飞	f	femto
10^{-18}	阿	a	atto
10^{-21}	仄	z	zepto
10^{-24}	幺	y	yocto

国际单位制词头表明了单位增大的倍数或缩小的分数，例如，人们所使用的 U 盘，其存储容量从早期的 32MB、64MB 到现在经常用到的 2GB、4GB、8GB 乃至 500GB 等，所说的 M 或 G，是相对于字节 B 的倍数来说的。现在人们所使用的计算机，较大的硬盘已经用 T 来衡量了。

很显然，可以把 5.7×10^{-9}s 表示成 5.7ns，这样使用起来更简捷方便。

探究讨论

为什么电阻、电容的单位Ω、F 归属为导出单位呢?

2. 法定计量单位

在《中华人民共和国计量法》第三条中，明确规定国际单位制计量单位和国家选定的其他计量单位为国家法定计量单位；国家法定计量单位的名称、符号由国务院公布；非国家法定计量单位应当废除。

我国法定计量单位是在国际单位制的基础上，根据我国的实际情况，增加了一些非国际单位制单位。例如，表示时间的天、时、分；表示长度的海里；表示面积的公顷、亩，以及表示质量的吨等。

可与国际单位制单位并用的我国法定计量单位如表 1-7 所示。

表 1-7 国家选定的非国际单位制单位

量的名称	单位名称	单位符号	与国际单位制单位的换算关系
时间	分	min	1min = 60s
	[小]时	h	1h = 60min = 3600s
	天[日]	d	1d = 24h = 86400s
平面角	度	°	1° = 10′ (π/180)rad
	[角]分	′	1′ = 60″ = (π/10800)rad
	[角]秒	″	1″ = (π/648000)rad(π为圆周率)
体积	升	L	$1L = 1dm^3 = 10^{-3}m^3$
质量	吨	t	$1t = 10^3kg$
	原子质量单位	u	$1u \approx 1.6605402\times10^{-27}kg$
旋转速度	转每分	r/min	$1r/min = (1/60)s^{-1}$
长度	海里	n mile	1n mile = 1852m(只用于航行)
速度	节	kn	1kn = 1n mile/h = (1852/3600)m/s (只用于航行)
能	电子伏	eV	$1eV \approx 1.60217733\times10^{-19}J$
级差	分贝	dB	—
线密度	特[克斯]	tex	1tex = 1g/km
土地面积	公顷	hm^2 (ha)	$1hm^2 = 10000m^2$

任务 1.2　电子测量仪器概述

测量仪器是指用于检测或测量被测量的器具，或者是为了测量目的供给一个量的器具，其中包括各种指针式仪器、比较式仪器、记录式仪器以及各类传感器等。利用电子技术测量各种电量和非电量的各种电子仪表、电子仪器及辅助设备统称为电子测量仪器。

探究讨论

试列举所使用过的电子测量仪器。

1.2.1　电子测量仪器的特点与分类

1. 电子测量仪器的特点

电子测量仪器具有显示、信号处理与传输转换三方面的突出功能。

1) 显示功能

显示功能是指将测量结果用指针仪表读盘、数码管、液晶屏或阴极射线管的形式显示出来。

2) 信号处理与传输功能

信号处理包括信号调理、A/D 转换。信号传输包括抗干扰、压缩、有线或无线传输。

3) 转换功能

转换功能是指将功率、电流、电阻等电量转换成电压形式；将温度、压力、加速度等非电量转换成电量，尤其是电压的形式。

随着科学技术的迅猛发展，电子测量仪器的智能性越来越高，多数具有数据自动记录处理以及自检、自校和报警提示等功能。

2. 电子测量仪器的分类

电子测量仪器的种类很多，一般分为专用仪器和通用仪器两大类。专用仪器是为特定目的专门设计的，适用于特定对象的测量。例如，超声波探伤检测仪利用超声波来探测材料的内部缺陷；在线测试仪在线检测电路板上诸如电阻、电容、晶体管、集成电路等元件的参量值。通用仪器有较广的应用，使用也更加灵活，如示波器、多用表和通用计数器等。另外，电子测量仪器还可以根据工作频段分为超低频仪器、音频仪器、视频仪器、高频仪器及超高频仪器；按照电路原理，可以分为模拟式仪器和数字式仪器。

根据被测参量的不同特性，通用电子测量仪器一般又可以分为信号发生器、电压测量仪器、示波器、频率测量仪器、电子元件测试仪、逻辑分析仪、频谱分析仪等。

1) 信号发生器

信号发生器也称信号源，是一种能够产生一定波形、频率和幅度电信号的仪器，可为检修、调试电子设备和仪器提供信号源。

2) 电压测量仪器

电压测量仪器，如交流毫伏表、数字电压表等，是一种用于测量信号电压的仪器。

3) 示波器

示波器，如通用模拟示波器、数字示波器等，是一种用于测量电压波形的电子仪器。示波器可以把被测电压信号随时间变化的规律用图形显示出来。使用示波器，不仅可以直观而形象地观察被测量的变化全貌，而且可以通过显示的波形测量电压和电流，进行频率和相位的比较，以及描绘特性曲线等。

4) 频率测量仪器

频率测量仪器，如电子计数器等，是一种用于测量信号频率、周期等的仪器。

5) 电子元件测试仪

电子元件测试仪主要用于测量电阻、电感、三极管放大倍数等电路参数，如电桥、Q 表、晶体管特性图示仪等。

6) 逻辑分析仪

逻辑分析仪测试的不是电信号的特性，而是各种数据，主要是二进制数据流。该仪器利用逻辑 1 和 0 的形式，从被测设备上采集和显示数字系统的运行情况。该仪器可以拥有 16 个通道、32 个通道、64 个通道乃至上千个通道数不等。也正因如此，逻辑分析仪具备同时进行多通道测试的功能，是数据测试中不可缺少的仪器。

7) 频谱分析仪

频谱分析仪在频域信号分析、测试、研究、维修中有着广泛的应用。

频谱分析仪能同时测量信号的幅度及频率，测试、比较多路信号及分析信号的组成，还可测试手机逻辑和射频电路的信号，如逻辑电路的控制信号、基带信号，射频电路的本振信号、中频信号、发射信号等。

伴随着新材料、新器件、新技术的不断发展，电子测量仪器的门类也越来越多，而且向着多功能、集成化、数字化、自动化、智能化方向发展。

1.2.2　电子测量仪器的选择与使用

测量时应根据测量要求，参考被测量与测量仪器的有关指标，结合现有测量条件及经济状况，尽量选用功能相符、使用方便的仪器。

1. 电子测量仪器的选择

选择电子测量仪器时，应综合考虑仪器的准确度等级、量程、稳定性与可靠性、输入/输出特性等主要技术指标，同时还要考虑测量结果显示方式、仪器设备的抗干扰能力等方面的因素。

1) 准确度等级的选择

电子测量仪器的准确度又称为精度，准确度等级习惯上又称为精度等级，它说明了仪表测量的精确度指标。按照国家统一规定的允许误差大小，可将仪表的精确度划分为 0.1、0.2、0.5、1.0、1.5、2.5、5.0 共七个等级，并且标注在仪表刻度标尺或铭牌上。同样量程的仪表，仪表精度等级数越小，测量就越准确；而对于不同量程、不同等级的仪表，应该根据被测量的大小，兼顾仪表精度等级和量程上限，合理选择仪表。

小贴士

仪表的精度等级就是将该仪表的允许误差的“±”号及“%”号去掉后的数值。例如，某压力表的允许误差为±1.0%，则该压力表的精度等级即为 1.0 级。

2) 量程的选择

电子测量仪器的示值范围又称为量程，即仪器设备所能指示的测量上限值与测量下限值之差。示值范围应该根据被测参数的大小来选择，其上限值应当高于被测参数的最大可能值。

小贴士

示值越接近满刻度值，相对误差就越小，测量准确度就越高。在进行量程选择时，应尽可能使示值接近满刻度值，一般以不小于满刻度的 2/3 为宜。

3) 显示方式的选择

测量结果通常有模拟显示和数字显示两种显示方式。

(1) 模拟显示。模拟显示由标度尺和指示标度尺的读数位置的指针或光标来实现。其主要优点是操作者在相同时间内能获得比数字显示多得多的信息，因为用图形说明一个量随另一个量的变化比用数字形式说明同一函数关系所展示的信息要丰富得多。但是，模拟显示也有其不足之处。其一，操作人员对模拟仪表刻度的分辨能力有限，采取措施后也很少高于 0.1mm；其二，操作人员若处在不正确的位置上读数，不是垂直向下看指针和刻度，而是构成一个视角的话，就会产生读数误差，即所说的视差问题。

(2) 数字显示。这种显示方式以离散的数值显示被测量，因而消除了视差和某些人为误差。通常，数字显示仪表的准确度比模拟显示仪表的准确度高，其测量的自动化程度也比模拟显示仪表高。不过，它测得的是某一瞬时或某一时间间隔上的被测量的离散值。虽然数字显示仪表的成本不断下降，但完全代替模拟显示仪表还不大可能。

2．电子测量仪器的使用

在电子测量中要完成一项电参量的测量，往往需要数台测量仪器及各种辅助设备。例如，要观测负反馈对单级放大器的影响，就需要低频信号发生器、示波器、交流毫伏表以及直流稳压电源等仪器。测量过程中，仪器的摆放位置、线路的连接方式等是否合理，都将影响到测量过程、测量结果乃至仪器自身安全等。在使用电子测量仪器进行测量时，通常需要注意以下几方面。

1) 安排好电子测量仪器的位置

放置仪器时，为了减小视觉误差，应尽量使仪器的指示表头或显示器与操作者的视线在同一条平行线上；需要将测量中频繁操作的仪器安放在便于操作者使用的位置上；当测量中必须将两台或两台以上仪器重叠放置时，应该将重量较轻、体积较小的仪器放置在上层；对于散热量较大的仪器，还要注意它的散热条件，以及对邻近仪器的影响等问题。

2) 电子测量仪器的接地

将电子测量仪器正确接地，不但可以保障操作人员的人身安全，而且可以保证电子测量仪器能够正常工作。电子测量仪器的接地通常有安全接地和技术接地两种。

(1) 安全接地。安全接地的“地”是指真正的大地，即实验室大地。大多数电子测量仪器一般都使用 220V 的交流电源，而仪器内部电源变压器的铁芯及其初级、次级之间的屏蔽层都直接与机壳连接，正常时，绝缘电阻一般都很大，通常高达 100MΩ，所以人体接触机壳是安全的；但是，当仪器受潮或电源变压器质量不佳时，绝缘电阻会明显下降，人体接触机壳时就可能触电。为了消除隐患，就需要将接地端接地。

(2) 技术接地。技术接地是一种防止外界信号串扰的方法。这里所说的“地”，并非大地，而是指等电位点，即测量仪器及被测电路的基准电位点。

技术接地一般有一点接地和多点接地两种方式。一点接地适用于直流或低频电路的测量，即把测量仪器的技术接地点与被测电路的技术接地点连在一起，再与实验室的总地线相连。多点接地适用于高频电路的测量。

总地来说，必须首先综合考虑被测量本身的特性、所处的环境条件、所需要的精确程度以及所拥有的测量设备等因素，然后正确地选择测量方法、测量设备并编制合理的测量程序，才能顺利地得到正确的测量结果。

1.2.3 电子测量仪器的发展过程

微电子技术、计算机技术的高速发展及其在电子测量技术中的应用，促使新的测量理论、测量方法、测量领域以及新的测量仪器不断涌现。从不同的发展角度来看，电子测量仪器有两种发展过程。

1. 从仪器使用器件的发展角度来看

从仪器使用的器件来看，电子测量仪器大致经历了真空管时代、晶体管时代、集成电路时代三个阶段。

从现存的史料上得知，古人用漏斗滴水来测量时间，用草绳打结来计数，这可以说是原始的测量方法，后来，人们逐渐发明了秤、算盘等较为先进的测量和运算工具。

20 世纪 20 年代，科学技术的发展促进了电子管的出现，电子技术也应运而生。

到 20 世纪 50 年代，半导体技术的发展带来了晶体管，其体积较小，功耗较低，稳定性较高，同时，频率范围更宽，这就使得晶体管迅速取代了电子管的位置，出现了诸如示波器、晶体管测试仪、频谱测试仪等各种电子测量仪器。

20 世纪 60 年代中期，中小规模集成电路问世，打破了半导体元件组成的传统电路的概念，实现了材料、元件、电路三位一体。由集成电路做成的电子测量仪器体积更小，且测量范围更为宽广，测量精度也大为提高。

现在一些比较先进的电子测量仪器均用集成电路做成，并且具有较高的智能性，特别是在尖端技术和现代化的工农业生产中，集成电路测量仪器的优势更为明显。

例如，EE3395 型微波毫米波频率计数器的尺寸为 310mm×260mm×90mm，约重 2.5kg，但频率测量范围达到 10Hz~110GHz，适用于毫米波电子对抗系统、卫星通信设备、高精度雷达及射电天文等领域的测量任务。

2. 从仪器工作原理的发展角度来看

从仪器的工作原理来看，电子测量仪器又经历了模拟仪器、数字仪器、智能仪器和虚拟仪器四个阶段。

1) 模拟仪器

模拟仪器是出现较早，也是目前仍然比较常见的电子测量仪器，例如模拟式万用表、模拟式示波器、晶体管毫伏表等。这类仪器的指示机构是电磁机械式的，依靠让指针摆动一定角度来显示测量结果。

2) 数字仪器

数字信号处理(即 DSP 技术)的飞速发展，使得各种性能卓越的集成芯片大量涌现，加快了数字仪器(例如数字示波器、数字调制装置、任意波形发生器、数字频率计等)的全面发展。数字仪器将模拟信号转换为数字信号，并以数字形式给出测量结果。相比模拟仪器，数字仪器具有测速快、测量准确度高、抗干扰性能好、操作方便等优点。

3) 智能仪器

智能仪器内置微处理器，既能进行自动测试，又具有一定的数据处理功能，可取代部分脑力劳动。智能仪器的功能模块多以硬件或固化的软件形式存在，因此在开发或应用时缺乏一定的灵活性。

4) 虚拟仪器

虚拟仪器(Virtual Instrument，VI)是 20 世纪 90 年代发展起来的一种基于图形的、具有全新理念的仪器，主要用于自动测试、过程控制、仪器设计和数据分析等。

虚拟仪器强调“软件即仪器”，即在仪器设计或测试系统中尽可能用软件代替硬件，因此，用户可以在通用计算机平台上，根据自己的需求来定义和设计仪器的测试功能，其实质是充分利用计算机的最新技术，来实现和扩展传统仪器的功能。软件技术是虚拟仪器的核心技术，常用的开发软件有 LabVIEW、LabWindows/CVI 等。与传统仪器相比，虚拟仪器具有智能化程度高、处理能力强、操作简便灵活、性价比高等优点。

探究讨论

虚拟环境下的电子测量仪器有哪些？

伴随着世界高科技发展的潮流，我国的电子测量仪器也步入了高科技发展的道路，特别是经过“十二五”、“十三五”期间的发展，我国电子测量仪器在若干重大科技领域取得了突破性进展，为我国电子测量仪器达到世界先进水平奠定了良好的基础。

目前，我国的电子测量仪器的研制和生产逐渐朝自动化、系统化、数字化、高性能、多功能、快速、小型等方向发展。

先进的科学实验手段是科学技术现代化的重要标志之一，而一个国家的电子测量技术水平，是衡量这个国家科技水平的重要依据之一。所以，我们必须努力提高自己的电子测量技术，争取早日达到国际先进水平。

1.2.4 直流稳压电源简介

日常生活中的家用电器，例如手机、液晶电视、计算机等，都需要直流电源。电子测量仪器也需要直流电源。实验室更需要独立的直流电源。为了提高电子设备的精度及稳定性，还要在直流电源中加入稳压电路。一般而言，人们把这种能够将 220V 工频交流电压转换成稳定直流电压的装置，称为直流稳压电源。

1. 直流稳压电源的工作原理

要把电网供给的交流电压转换为稳定的直流电压，需要通过变压、整流、滤波、稳压四个基本环节来完成，图 1-1 所示为传统的直流稳压电源的原理框图。

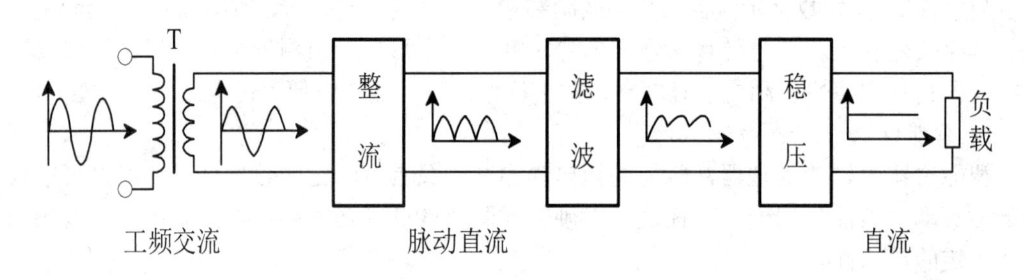

图 1-1 直流稳压电源的原理框图

1) 电源变压器

半导体电路常用的直流电源有 6V、12V、18V、24V、30V 等额定电压值，而电网电压一般为交流 220V，要把电网的交流电压转换成所需要的直流电压，首先要经过电源变压器降压，将电网的 220V 交流电压转换成符合需要的交流电压，并送给整流电路。

2) 整流电路

整流电路可利用具有单向导电性能的整流元件，例如二极管、晶闸管等，将变压后的 50Hz 的正弦交流电压转换成单向的脉动直流电压。这种电压的直流幅值变化很大，含有较多的波纹成分，与所要求的波形相差甚远，还不能作为直流电源使用。

探究讨论

常见的整流电路有哪些？你知道桥式整流电路结构是怎样的吗？

3) 滤波电路

滤波电路通常是由电容、电感等储能元件组成的，主要有电容滤波电路、电感滤波电路和 RC 滤波电路等。滤波电路能将脉动直流电压中的脉动交流成分尽可能地滤除掉，使输出电压成为近似平滑的直流电压。但是，此时的直流电压仍然不稳定。其主要原因在于三个方面：一是交流电网的电压一般有±10%左右的波动，因而会使整流滤波电路输出的直流电压也有±10%左右的波动；二是整流滤波电路存在内阻，当负载电流变化时，在内阻上的电压降也会变化，使输出的直流电压也随之变化；三是在整流稳压电路中，由于采用的半导体器件特性会随环境温度而变化，所以也将造成输出电压不稳定。

4) 稳压电路

稳压电路利用能够自动调整输出电压的电路来使输出的电压不随电网电压、温度或负载的变化而变化，进而达到稳定输出电压的目的。稳压电路是直流稳压电源的重要组成部分，它决定着直流稳压电源的主要性能指标。

2. 直流稳压电源的主要指标

直流稳压电源种类繁多，类型各异，衡量直流稳压电源的性能指标类型多样。总地来说，直流稳压电源的主要技术指标可以分为特性指标和质量指标两大类。特性指标反映直流稳压电源的固有特性，例如输入/输出电压、输出电流、输出电压调节范围等。质量指标反映直流稳压电源的可靠程度，包括稳压系数、电流稳定系数、纹波电压以及温度系数等。

1) 特性指标

(1) 输出电压范围。该指标是指在符合直流稳压电源工作条件的情况下，直流稳压电源能够正常工作的输出电压范围。该指标的上限是由最大输入电压和最小输入/输出电压差所规定的，而其下限由直流稳压电源内部的基准电压值决定。

(2) 最大输入/输出电压差。该指标表征在保证直流稳压电源正常工作的条件下，所允许的最大输入/输出之间的电压差值。

该值主要取决于直流稳压电源内部调整晶体管的耐压指标。

(3) 最小输入/输出电压差。该指标表征在保证直流稳压电源正常工作的条件下，所需的最小输入/输出之间的电压差值。

(4) 输出负载电流范围。输出负载电流范围又称为输出电流范围，在这一电流范围内，直流稳压电源应能保证符合指标规范所给出的指标。

2) 质量指标

(1) 稳压系数。又称为稳定系数或电压调整率，它表征直流稳压电源稳压性能的优劣，即反映当输入电压 U_i 变化时，直流稳压电源输出电压 U_o 稳定的程度。通常以单位输出电压下的输入电压和输出电压相对变化的百分比，来表示电压调整率。

小贴士

一般直流稳压电源的电压调整率 S_U 为 1%、0.1%、0.01%等。值越小则稳压性能越好。

(2) 电流稳定系数。又称为电流调整率，它表征直流稳压电源的负载能力，即反映当输入电压不变时，直流稳压电源对由于负载电流(输出电流)变化而引起的输出电压波动的抑制能力。在规定负载电流变化的条件下，通常以单位输出电压下的输出电压变化值的百分比来表示电流调整率。

(3) 纹波抑制比。纹波抑制比表征直流稳压电源对输入端引入的市电电压的抑制能力。直流稳压电源输入和输出条件保持不变时，纹波抑制比通常以输入纹波电压峰值与输出纹波电压峰值之比来表示。它一般用分贝数来表示，但有时，也可以用百分数或者直接用两者的比值来表示。

(4) 温度稳定性。直流稳压电源的温度稳定性，是指在所规定的工作温度 T_i 最大变化范围内，直流稳压电源输出电压相对变化的百分数。

3. 直流稳压电源的使用方法

直流稳压电源的使用方法很简单。使用时，应注意所需直流电压的极性。如果需要输出正电压，则应将直流稳压电源的输出“-”端子接用电设备的“地”端，将“+”端子接所需的正电压端。如果需要输出负电压，则将“-”端子接所需的负电压端，将“+”端子接用电设备的“地”端即可。

为了使用电设备能正常工作，不至于因直流稳压电源性能不佳而影响用电设备稳定可靠地工作，在使用直流稳压电源前，最好对它进行简单的测试。测试的主要内容，有输出电压的调节范围、稳定程度、纹波电压和过流保护等。通电前，应该用万用表检测一下输出电压是否符合使用要求，以免电压过高而损坏用电设备。

共同练：直流稳压电源的实际操作

1) 操作目的

(1) 建立对直流稳压电源的认识。

(2) 了解直流稳压电源的面板布置及各部分功能。

(3) 掌握直流稳压电源的使用方法。

(4) 初步规范测量结果记录方法。

2) 操作设备与仪器

直流稳压电源一台，数字式万用表一块，导线若干。

3) 知识储备

直流稳压电源是最常用的仪器设备，也是科研及实验教学中必不可少的电子测量设备之一。直流稳压电源的类型很多，其中，多路稳压直流电源有着广泛的应用。

HY3003D-3 型直流稳压电源为三路直流稳压电源，其中两路为可调节电压输出，可以输出连续可调的0~30V电压，输出电流最大值为2A；另一路为固定电压输出(5V FIXED 3A)，具体实物如图1-2所示。

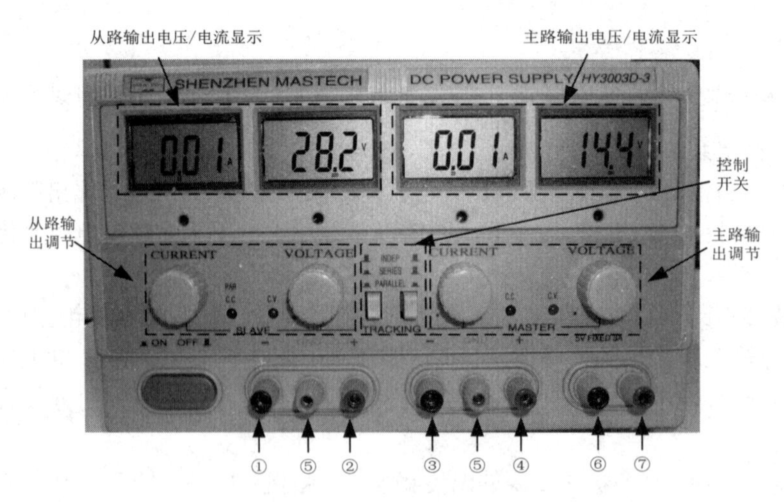

图1-2 HY3003D-3型直流稳压电源的面板说明

两路可调输出由四块电表分别指示电压和电流值。稳压与稳流状态自动转换，并分别由发光管指示。两路输出电压可以任意串联或并联，在串联和并联时，又可由一路主电源进行电压或电流(并联时)跟踪。

(1) HY3003D-3 型直流稳压电源的面板介绍。

HY3003D-3 型直流稳压电源的面板大体可分为左、右两部分：右半部分为主路输出调节区，左半部分为从路输出调节区。显示表头从右至左依次显示主路输出电压值与电流值、从路输出电压值与电流值。旋钮说明如图 1-2 所示。

图 1-2 中，①是从路输出直流负接线柱，输出从路电压的负极，接负载的负端；②是从路输出直流正接线柱，输出从路电压的正极，接负载的正端；③是主路输出直流负接线柱，输出主路电压的负极，接负载的负端；④是主路输出直流正接线柱，输出主路电压的正极，接负载的正端；⑤是机壳接地端；⑥是固定 5V 直流电源输出负接线柱，输出电压负极，接负载的负端；⑦是固定 5V 直流电源输出正接线柱，输出电压正极，接负载的正端。

(2) HY3003D-3 型直流稳压电源的使用方法。

基于两个不同值的电压源不能并联、两个不同值的电流源不能串联的原则，在电路设计上使两路 0~30V 直流稳压电源在独立工作时电压、电流独立可调，并分别由两块电压表和两块电流表指示。在用作串联或并联时，两路电源分为主路电源和从路电源。具体使用方法如下。

① 两路可调电源用作稳压源。将稳流调节旋钮顺时针调节到最大，然后打开电源开关，并调节电压调节旋钮，使从路和主路输出直流电压至所需要的电压值，此时稳压状态指示灯(C.V.)发光。

② 两路可调电源用作稳流源。在打开电源开关后，首先将稳压调节旋钮顺时针调节到最大，同时，将稳流调节旋钮逆时针调节到最小，然后接上所需负载，再顺时针调节稳流调节旋钮，使输出电流调节至所需要的稳定电流值。此时稳压状态指示灯(C.V.)熄灭，稳流状态指示灯(C.C.)发光。当电源作为稳流源使用时，只要调节主路的稳流调节旋钮，此时主、从路的输出电流均受其控制并相同，其输出电流最大可达到两路输出电流之和。两路可调电源串联使用时，最高输出电压可达到两路电压额定值之和；两路可调电源并联使用时，最大输出电流可达到两路电流额定值之和。为了延长直流稳压电源的使用寿命，当只有一路负载时，建议使用主路电源。

4) 操作步骤

通过串联直流稳压电源的两路输出，可以得到不同输出幅值的电压，这样即可满足某些电器元件对于正负电压的特殊需求，例如放大器、传感器等同时需要+12V 和−12V 的电压输出。

具体操作步骤如下。

(1) 调节直流稳压电源主路输出端和从路输出端，使两路分别同时输出表 1-8 所示幅值的电压，并用数字式万用表直流电压挡对此电压值加以校准。

(2) 将直流稳压电源的主路输出端的接地端和从路输出端的正向电压输出端短接，如图 1-3 所示，对应端钮②和③。

表 1-8　直流稳压电源的输出

稳压源输出电压(V)			1.5	5	10	15	20	25	30
数字式万用表读数(V)	步骤(3)								
	步骤(4)	接②							
		接③							
	步骤(5)	接②							
		接③							

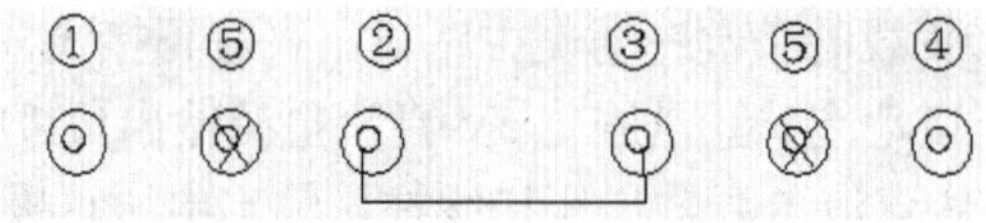

图 1-3　直流稳压电源输出端口接线

(3) 如图 1-3 所示，将数字式万用表的黑表笔接从路输出的接地端口①，同时红表笔接主路输出的正端口④，调节直流稳压电源的电压输出，将数字式万用表的电压测量结果记录于表 1-8 中相应的位置。

(4) 将数字式万用表的红表笔接端口①，黑表笔分别接端口②和③，调节直流稳压电源的电压输出，将数字式万用表的电压测量结果记录于表 1-8 中相应的位置。

(5) 将数字式万用表的红表笔接端口④，黑表笔分别接端口②和③，调节直流稳压电源的电压输出，将数字式万用表的电压测量结果记录于表 1-8 中相应的位置。

5) 操作总结

(1) 整理实验数据，分析测量结果偏离实际值的原因。

(2) 思考并回答如下问题。

① 用直流稳压电源进行特殊输出的结论是什么？

② 如果用直流稳压电源给某个集成运算放大电路提供一定电压值的$+V_{CC}$和$-V_{CC}$，则直流稳压电源应该如何连接运算放大电路？

(3) 撰写操作报告。

任务 1.3　测量误差及测量结果的数据处理

采用一定的测量仪器，在一定的环境条件下，使用某种方法对某个量进行测量时，不可能获得这个量的真实大小，即测量过程中，误差是难免的。

如果不具备测量误差的基本知识，就不可能得到正确的测量值；如果没有对误差进行分析，就认不清误差的来源及其影响，也就无法消除或减小误差。

因此，正确分析测量误差，在评价测量结果和设计方案等方面具有重要的意义。

1.3.1　测量误差

1. 几个术语

1) 真值

在一定条件下，任何一个变量的大小都是客观存在的确定值，称该确定值为真值，通常用符号 A_0 表示。要想获得真值，必须利用理想的量具或测量仪器进行无误差的测量。但是，鉴于受到测量仪器精密度、测量方法以及测量者主观因素等方面的限制，真值实际上是无法测得的，它是一个理想值。

2) 指定值

由国家设立的各种尽可能维持不变的实物标准或者基准，按照法定的形式指定其所体现的量值，作为计量单位的指定值，通常用符号 A_s 表示。例如，指定国家计量局保存的铂铱合金圆柱体质量原器的质量为 1kg；指定国家天文台保存的铯钟组所产生的特定条件下的铯-133 原子基态的两个超精细能级之间跃迁所对应辐射的 9192631770 个周期所持续的时间为 1s。国际上通过相互比对来保持指定值在一定程度上的一致性。由于真值是个理想值，所以，又把指定值称为约定真值，一般用它来代替真值。

3) 实际值

实际测量过程中，每次测量都直接与国家基准做比对是不可能的，正因为如此，国家通过一系列实物计量标准，构成一个量值传递网，并且把国家基准所体现的计量单位进行逐级比较，进而传递到日常测量仪器或量具上。在每一级的比较中，都把上一级标准所体现的量值作为准确无误的值，这个值通常被称为实际值，又称为相对真值，用符号 A 表示。当更高一级测量仪器或量具的误差是本级测量仪器或量具误差的 1/3 ~ 1/10 时，就可以认为更高一级的测量仪器或量具所测量的值为真值。

4) 标称值

标称值是用来标志或识别元件、器件或设备的适当近似值，一般是由制造厂为元件、器件或设备在特定运行条件下所规定的量值。例如，标准电容器上标出的 1000μF，标准 5 号电池上标出的电动势 1.5V 等。基于生产和测量精度以及环境等的影响，标称值并不一定等于它的真值或实际值，因此，在标出标称值时，通常还要标出它的误差范围或准确度等级。例如，某四色环电阻标称颜色依次为棕、蓝、橙、金四种颜色，则根据色环电阻的相应规则，可以读出该电阻的标称值为 $16\times10^3\Omega = 16\text{k}\Omega$，标出的相应误差为±5%，也就是说，这个电阻的实际值是在 15.2~16.8kΩ 之间。

自己练

某标称值为 510kΩ、允许误差为±10%的绕线电阻，其实际值范围是多少？

5) 示值

示值是由测量仪器的读数装置所显示出的被测量的量值，也称为测量仪器的测量值，由单位和数值两部分组成。例如，用数字式万用表测量上述棕、蓝、橙、金四色环电阻，得到测量值为 15.70kΩ，根据上面的分析，可知该电阻的测量值应该在 15.2~16.8kΩ 范围内，换句话说，测量值 15.70kΩ 是可取的。

你知道吗

示值和仪器的读数是有区别的，读数是从仪器刻度盘、显示器等读数装置上直接读到的数据，而示值则是由仪器刻度盘、显示器上的读数经换算而得到的。例如，100 分度表示 50V 量程的模拟式万用表，当指针指示在刻度盘的 60 位置时，读数为 60，而示值为 30V。数字式显示仪器的读数和示值是统一的。这里要特别强调的是，在用指针式仪表或仪器进行测量后，所记录的测量数据中应该还包括仪表的量程、读数等，单纯地记录测量结果不便于核查测量结果。

6) 测量误差

测量仪器或仪表的测量值与被测量的真值之间的差异，称为测量误差。测量误差的存在是必然的，也是普遍的，人们只能根据需要，尽可能地将其限制在一定范围内，而不可能完全消除测量误差。如果测量误差超出一定限度，则相应的测量工作及由测量结果所得出的结论是没有任何意义的。

想一想

测量误差的存在具有必然性和普遍性，你能举个测量误差的例子吗？

2. 测量误差的来源

测量是由测量工作者借助一定的测量装置，在特定的测量环境下按照一定的测量方法来完成的。鉴于人的感官鉴别能力，以及诸如温度、湿度、大气折光等因素对观测数据的直接影响，测量结果都或多或少地存在测量误差。产生测量误差的原因是多方面的，主要来源包括仪器误差、使用误差、人为误差、环境误差和方法误差等几个方面。

(1) 仪器误差。仪器误差是指由于元件老化、环境温度、湿度等因素造成测量仪器本身及其附件的电气和机械性能不完善而引起的误差，是测量误差的主要来源之一。例如，模拟式万用表的零点漂移、刻度非线性等引起的误差，属于仪器误差。

(2) 使用误差。使用误差又称为操作误差，是由于安装、调节、使用不当等原因引起的误差。例如，测量时由于输入阻抗不匹配等原因引起的误差，属于使用误差。

(3) 人为误差。人为误差是由于个人原因而引起的误差。例如，用模拟式万用表测量电阻时，由于没有进行电气调零所引起的误差，以及读取数据时没有多估读一位所带来的误差，都属于人为误差。

(4) 环境误差。环境误差又称为影响误差，是由于仪器受到外界的温度、湿度、磁场、震动等影响而产生的误差。例如，直流数字电压表基准条件的环境温度为 20℃±1℃，其余按我国部颁标准 SJ 943—1982《电子测量仪器误差的一般规定》来处理温度影响误差。

(5) 方法误差。方法误差又称为理论误差，是由于测量时使用的方法不完善、所依据的理论不严格等原因而引起的误差。例如，图 1-4 中，由于电流表测得的电流还包括流过电压表内阻的电流，所以电阻 R 的测量值要比电阻实际值小，由此产生的误差属于方法误差。

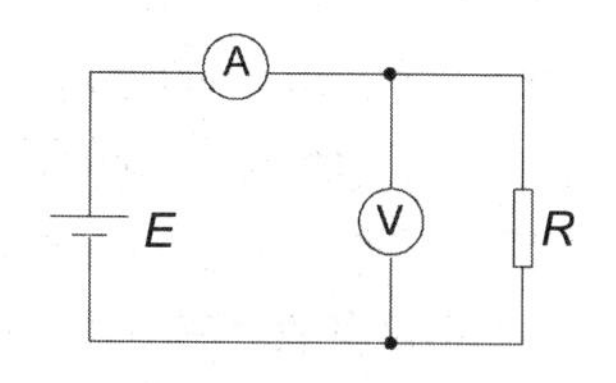

图 1-4　伏安法测量电阻

测量工作中，应该对误差来源进行认真分析，以便采取相应的措施减小误差源对测量结果的影响，提高测量准确度。

3．测量误差的分类

根据测量误差的性质和特点，可将测量误差分为系统误差、随机误差和粗大误差三类。

1) 系统误差

(1) 系统误差的定义。在规定的测量条件下，对同一量进行多次测量时，如果测量误差能够保持恒定或按照某种规律变化，则这种误差称为系统误差或确定性误差，简称为系差。例如交流毫伏表的零刻度线不准，温度、湿度、电源电压变化等引起的误差，均属于系统误差。

(2) 系统误差的分类与判断。根据误差特征的不同，系统误差又可以分为恒定系统误差和变值系统误差。

① 恒定系统误差，简称为恒定系差，其误差大小及符号在整个测量过程中始终保持恒定不变。

② 变值系统误差，简称为变值系差，其误差大小及符号在测量过程中会随测试的某个或某几个因素按照累进性规律、周期性规律或某种复杂规律等确定的函数规律变化。

具有累进性规律的变值系差称为累进性系差。图 1-5(a)和图 1-5(b)所示的累进性系差分别具有线性递增和线性递减的规律。图中，Δu_n 为每次测量的误差，n 为测量次数。

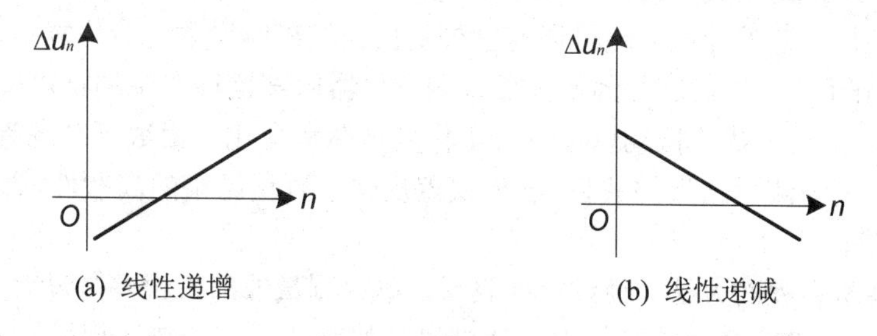

图 1-5　累进性系差

具有周期性规律的变值系差称为周期性系差。按照某一复杂规律变化的变值系差称为按复杂规律变化的系差。

(3) 系统误差与测量结果的关系。系统误差表明的是测量结果偏离真值或实际值的程度，即系统误差越小，测量准确度越高。系统误差通常出现在最终的测量结果中。

(4) 减小系统误差的方法。系统误差通常是由那些对测量影响显著的因素产生的。为了减小系统误差，在测量之前，应尽量发现并消除可能产生系统误差的来源及其影响，测量中则应采用适当的方法，例如采用零示法、替代法、交换法、微差法等，或引入修正值，对系统误差加以抵消或削弱。这里简单介绍一下零示法和替代法。

① 零示法，是在测量中使被测量对指示仪表的作用与某已知的标准量对指示仪表的作用相互平衡，以使指示仪表的指针指示在零位置，就像用天平秤称量物体质量，这时的被测量等于已知的标准量。零示法可以消除指示仪表不准造成的误差。

② 替代法，也称为置换法，是在测量条件不变的情况下，用一个已知标准量去代替被测量，并调整标准量，使仪器的示值不变，此种情况下，被测量等于调整后的标准量。

例如，图 1-6 所示是用直流平衡电桥法测量电阻的过程。电路中首先接入电阻 R_x 使电桥处于平衡，也即使得检流计的指示为 0，然后用 R_s 替代 R_x，并调节 R_s 使电桥再次平衡，此时 R_s 与 R_x 相等。

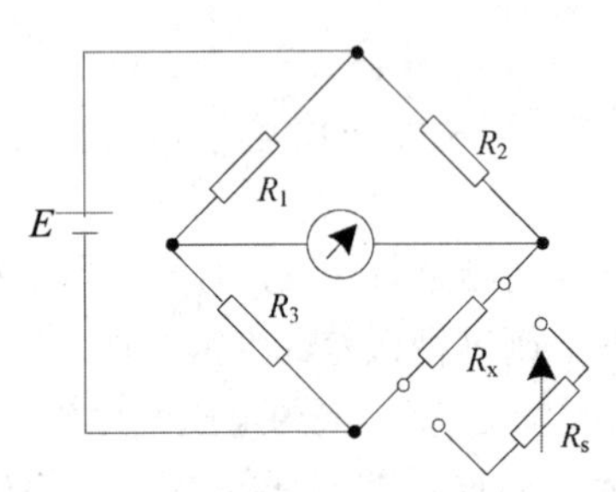

图 1-6　用替代法减小系统误差

在替代的过程中，由于仪器状态和示值都不变，所以仪器误差和其他造成系统误差的因素对测量结果基本上不产生影响。

2) 随机误差

(1) 随机误差的定义。在测量仪器、测量人员、测量环境和测量方法都相同的条件下，多次重复测量同一量值时，每次测量结果都会随时出现的无规律、随机变化的误差称为随机误差，又称为偶然误差或残差，简称为随差。

(2) 产生随机误差的原因。随机误差主要是由那些影响微弱、变化复杂，但又互不相关的因素共同作用而产生的。这些因素主要有测量仪器内部器件产生的噪声干扰、环境温度、电源电压波动、电磁干扰、振动以及测量工作人员感官变化、读数不准确等。

(3) 随机误差与测量结果的关系。随机误差反映了测量结果的离散性，即随机误差越小，测量精密度越高。

(4) 减小随机误差的方法。经过统计表明，单次测量的随机误差是没有规律的，是不可预知的，但是，在足够多次的测量中，随机误差却服从一定的统计规律，即误差小的出现的概率高，误差大的出现的概率低，而且大小相等的正负误差出现的概率相等。例如，在相同情况下对某一个标称值为 1.5V 的电压进行七次测量，假设得到的测量结果分别为 1.507V、1.510V、1.497V、1.503V、1.486V、1.508V 和 1.491V，现在我们用 x_i 表示单次的测量值，用 n 表示测量次数，用数理统计的方法求平均值的公式可表示为：

$$\bar{x}=\frac{1}{n}\sum_{i=1}^{n}x_i \tag{1-2}$$

由式(1-1)可得，这七次测量的平均值为：

$$\bar{x}=\frac{1}{n}\sum_{i=1}^{n}x_i=\frac{x_1+x_2+x_3+x_4+x_5+x_6+x_7}{n}\approx 1.5003\ \text{V}$$

用 U 表示被测电压的标称值，则 U=1.5V，通过上述计算，可以看出七次测量的平均值与电压的标称值相近，即 $\bar{x}\approx U$ 。事实也确实如此，通常可以采用多次测量后求平均值的方法来消除或减小随机误差。一般认为，只要测量次数足够多，随机误差的影响就足够小。

小贴士

随机误差可以出现在单次测量结果中，一般不会出现在最终结果中。

3) 粗大误差

(1) 粗大误差的定义。在一定条件下，测量结果明显偏离实际值的误差称为粗大误差，又称为过失误差或疏失误差，简称为粗差。

(2) 产生粗大误差的原因。粗大误差主要是由测量操作疏失、测量方法不当、测量条件突然变化等原因造成的。例如，用普通万用表电压挡直接测量高内阻电源的开路电压的测量方法不正确，其测量结果明显偏离实际电压值，这种误差就属于粗大误差。

(3) 粗大误差与测量结果的关系。粗大误差明显地歪曲了测量结果，其数值远远大于系统误差和随机误差。

(4) 减小粗大误差的方法。根据统计方法的基本思想，给定一个显著性水平，按照一定的统计分布确定一个临界值，凡是超过这个临界值的误差，就认为它不是随机误差，而是粗大误差，该数据应予以剔除。判断粗大误差的常用方法有 3σ 准则、格拉布斯(Grubbs)准则和狄克逊(Dixon)准则等。

小贴士

在实际应用中，较为精密的测量数据中，需要借助两到三种准则来同时判断粗大误差的存在。如果几种方法一致认为应当剔除时，则可以较为放心地剔除；如果判断结果有矛盾，则应慎重考虑，在可剔除与不可剔除之间做选择时，通常以不剔除为妥。

想一想

对紫、绿、橙、金四色环标注的电阻进行测量时，有 75.8kΩ、74.1kΩ 和 60kΩ 三种测量结果，通过分析可知道其中一个测量值是不可取的，你知道是哪一个吗？原因是什么呢？

4. 测量误差的表示方法

测量误差通常采用绝对误差、相对误差和允许误差三种表示方法。

1) 绝对误差

(1) 绝对误差的定义。被测量的测量值 x 与真值 A_0 之间的差值，称为绝对误差，用 Δx 表示，即：

$$\Delta x = x - A_0 \tag{1-3}$$

式中，x 为被测量的给出值或测量值，A_0 为被测量的真值。

被测量的真值 A_0 是一个理想的概念，实际上是不可能得到的，所以通常采用高一级标准仪器所测得的测量值 A 来代替 A_0，相应地，式(1-3)绝对误差的计算公式可表示为：

$$\Delta x = x - A \tag{1-4}$$

当 $x>A$ 时，Δx 是正值；反之，Δx 为负值。也就是说，Δx 是具有大小、正负和量纲单位的数值。绝对误差的正负号表示测量值偏离实际值的方向，即偏大或偏小。绝对误差的大小则反映出测量值偏离实际值的程度。

自己练

用两块电压表 V1 和 V2 分别测量两个电压，V1 表测量电压的标称值为 10V，测量值为 u_1=10.1V；V2 表测量电压的标称值为 1000V，测量值为 u_2=998.5V，则两次测量的绝对误差分别是多少呢？

(2) 修正值。

与绝对误差大小相等、符号相反的量值，称为修正值，通常用 C 来表示，其表达式为：

$$C = -\Delta x = A - x \tag{1-5}$$

修正值通常是在用高一级标准仪器对测量仪器进行校准时给出的，它的给出方式不一定是具体数值，可以是曲线、表格或函数表达式；同时，使用修正值应在仪器的检定有效期内，否则要重新检定。在得到测量值 x 后，可利用测量值加上修正值，算出被测量的实际值，即：

$$A = C + x \tag{1-6}$$

【例 1-1】用模拟式万用表测量某直流电压，所选量程为 2V，通过鉴定，得知该量程的修正值为 0.02V，如果测得该电压值为 1.57V，则被测直流电压的实际值是多少？

解：

该直流电压的测量值 u = 1.57V，修正值 C = 0.02V，则该电压的实际值 U 为：

$$U = C + x = 0.02\text{V} + 1.57\text{V} = 1.59\text{V}$$

在利用智能仪器进行测量时，可以借助该仪器内部的微处理器存储并处理修正值，进而直接给出经过修正的实际值，这样就方便了测量工作的进行。

小贴士

涉及绝对误差和修正值的计算时，要搞清楚哪个是测量值，哪个是标称值。特别强调一下，绝对误差是一个既有大小又有正负和单位的数值，其正负和单位往往容易被忽略掉。

2) 相对误差

虽然绝对误差可以说明测量结果偏离实际值的情况，但是，并不能确切反映测量结果的准确程度。例如，前述“自己练”环节中，电压表 V1 测量电压的标称值为 10V，测量值 u_1 = 10.1V，计算得到其绝对误差 Δu_1 = −0.1V；电压表 V2 测量电压的标称值为 1000V，测量值 u_2 = 998.5V，计算得到其绝对误差 Δu_2 = −1.5V，那么 V1 和 V2 两块电压表哪个测量电压的准确程度更高呢？表面来看，由于 $|\Delta u_1| < |\Delta u_2|$，似乎 V1 表比 V2 表更准确。其实不然，一个量的准确程度不仅与它的绝对误差有关，而且与该被测量自身所固有的量值大小有关。当绝对误差相同时，这个被测量本身的量值越大，则准确程度相对越高。通常采用相对误差的形式来比较某次测量的准确程度，并且，在没有特殊说明的情况下，一般情况下提到的测量误差都是指相对误差。

(1) 相对误差的定义。绝对误差Δx与真值A_0之比，称为相对误差，通常用γ来表示，即：

$$\gamma = \frac{\Delta x}{A_0} \times 100\% \tag{1-7}$$

小贴士

由相对误差的计算公式可以看出，相对误差是两个有相同量纲的量的比值，只有大小和符号，没有量纲。

(2) 相对误差的分类。常用的相对误差有实际值相对误差、测量值相对误差和满度相对误差三种形式。

① 实际值相对误差。由于真值是个理想值，并不能确切得到，通常用实际值 A 代替A_0来表示相对误差。绝对误差Δx与实际值A之间的比值，称为实际值相对误差，通常用γ_A表示。计算公式为：

$$\gamma_A = \frac{\Delta x}{A} \times 100\% \tag{1-8}$$

② 测量值相对误差。测量值相对误差是指绝对误差Δx与测量值x之间的比值，通常用γ_x表示。计算公式为：

$$\gamma_x = \frac{\Delta x}{x} \times 100\% \tag{1-9}$$

当测量误差不大时，可以用测量值相对误差代替实际值相对误差，但是，如果γ_A和γ_x相差较大，则两者应区别对待。在前述的“自己练”环节中，用两块电压表 V1 和 V2 分别测量电压，得到$U_1 = 10\text{V}$，$u_1 = 10.1\text{V}$，$\Delta u_1 = -0.1\text{V}$；$U_2 = 1000\text{V}$，$u_2 = 998.5\text{V}$，$\Delta u_2 = -1.5\text{V}$。关于哪块表测量的准确程度更高的问题，可以通过计算相应测量值的相对误差得出结论。根据式(1-9)可得：

$$\gamma_{u_1} = \frac{\Delta u_1}{u_1} \times 100\% = \frac{-0.1\text{V}}{10.1\text{V}} \times 100\% \approx -0.99\%$$

$$\gamma_{u_2} = \frac{\Delta u_2}{u_2} \times 100\% = \frac{-1.5\text{V}}{998.5\text{V}} \times 100\% \approx -0.15\%$$

由于 V1 表的测量值相对误差的绝对值比 V2 表的大，所以 V2 表测得更准确一些。如果用实际值相对误差进行比较，也可以得出相同的结论。

③ 满度相对误差。满度相对误差是指测量仪器在一个量程范围内出现的最大绝对误差Δx_m与该量程值x_m之间的比值，也称为引用相对误差，简称为满度误差或引用误差，用γ_m表示。计算公式为：

$$\gamma_m = \frac{\Delta x_m}{x_m} \times 100\% \tag{1-10}$$

由满度相对误差的计算公式计算出的绝对误差是该仪表测量时可能产生的最大绝对误差Δx_m，有：

$$\Delta x_m = x_m \gamma_m \tag{1-11}$$

实际测量的绝对误差Δx应该满足：

$$\Delta x \leqslant \Delta x_m \tag{1-12}$$

同时，相应的测量值相对误差也应该满足：

$$\gamma_x \leqslant \frac{\Delta x_m}{x} \tag{1-13}$$

探究讨论

式(1-13)是怎样推导出来的呢？

确切地说，满度相对误差的引入，更好地描述了电工仪表的准确度等级。电工仪表就是按照满度误差γ_m进行分级的。仪表在工作条件下的满度误差一般不应超过该γ_m值。

指针式电工仪表的准确度等级通常分为0.1、0.2、0.5、1.0、1.5、2.5、5.0几级，共七级，它们分别表示了仪表满度误差所不能超过的百分比。

例如，某型号模拟式万用表表头上的“~5.0”，就表示该型号的万用表交流量的挡位为5.0级，测量交流量时的最大满度误差为±5.0%。

在没有标准仪表比对的情况下，是不可能确定测量值偏离方向的，所以满度误差应该带有“±”号。

你知道吗

如果某电工仪表为s级，则由此确定最大满度误差的方法，就是在s的前边附上“±”符号，并在s的后边附上“%”符号。同时，仪表等级一旦确定，则其最大满度误差也得到确定；仪表的等级越小，其满度相对误差就越小，测量的准确程度就越高。

【例1-2】被测直流电压的实际值约为16V，现有一块电压表，有两个量程挡位，分别是1.0级、200V量程和1.5级、20V量程，问选用哪种规格的量程进行测量比较合适？

解：

根据式(1-13)，用两种量程进行测量，由此可能产生的最大测量值相对误差可表示为：

$$\gamma_u = \frac{u_m}{u} \times s\%$$

用1.0级、0~200V的量程测量16V时产生的最大测量值相对误差为：

$$\gamma_{u_1} = \frac{u_{m1}}{u_1} \times s_1\% = \frac{200V}{16V} \times 1.0\% = 6.25\%$$

用1.5级、0~20V的量程测量16V时产生的最大测量值相对误差为：

$$\gamma_{u_2} = \frac{u_{m2}}{u_2} \times s_2\% = \frac{20V}{16V} \times 1.5\% = 1.875\%$$

显然，选用1.5级、量程为0~20V的挡位进行测量时所产生的测量误差较小。

对于同一块仪表，所选量程不同，可能产生的最大绝对误差也不同。而对于同一量程，在没有修正值可以利用的情况下，在不同示值处的绝对误差一般按照最坏情况处理，即认为仪器在同一量程各处的绝对误差是一个常数，并且等于Δx_m。当仪表准确度等级选定后，测量值越接近满度值的，测量值相对误差越小，测量准确度越高。

为了减小测量值相对误差，在进行仪器量程选择时，应尽量使指针式仪表的指针处在仪表满度值的2/3以上区域。但该结论只适用于正向线性刻度的一般电工仪表。对于万用表电阻挡等非线性刻度的电工仪表，应尽量使指针处于满度值的 1/2 或 1/2 以下区域。

自己练

已知某电压表测量电压得到的测量值为 4.92V，现改用标准电压表测量，示值为 5.02V，则第一块电压表测量的绝对误差、测量值相对误差和实际值相对误差分别是多少？

3) 允许误差

一般情况下，线性刻度电工仪表的指示装置对测量结果影响比较大，但因其指示装置构造的特殊性，使得无论测量值是多大，产生的误差总是比较均匀的，所以线性刻度电工仪表的准确度通常用满度相对误差来表示。而对于结构较复杂的电子测量仪器来说，如果某一部分产生极小的误差，就有可能由于累积或放大等原因，而产生很大的误差，因此不能用满度相对误差，而要用允许误差，来表示它的准确度等级。

允许误差又称为极限误差或仪器误差，是人为规定的某类仪器测量时不能超过的测量误差的极限值，可以用绝对误差、相对误差或二者的结合来表示。例如，某数字式电压表基本量程的误差为$\pm 0.006\% U_x \pm 0.0003$V，其中 U_x 为读数值，它是用相对误差和绝对误差的组合来表示的。

共同练：测量误差及其表示方法的实际操作

1) 操作目的

(1) 深入理解标称值、测量值和测量误差的概念。

(2) 掌握绝对误差、测量值相对误差、满度相对误差的计算方法。

(3) 初步建立电阻器件的测量方法。

2) 操作设备与仪器

散装的直接标注阻值的电阻(直插式)2~3 个，数字式万用表一块。

3) 知识储备

电阻器件的标称值和允许误差的标注方法主要有直标法、文字符号法和色标法。

(1) 直标法。将电阻器的主要参数和技术性能用数字或字母直接标注在电阻体上。一般用于功率较大的电阻。例如，电阻体上直接标注“4.7”，表示标称值为 4.7Ω的电阻。直接标注方法通常省略Ω。

(2) 文字符号法。将数字与特殊符号有规律地组合起来，表示电阻的阻值和误差。常见符号有 M、k、R，其中 R 表示Ω，k 表示 kΩ，M 表示兆 MΩ。符号前面的数字表示为整数，符号后面的数字表示小数。例如，0.1Ω可以标志为Ω1 或 0R1；3.3Ω可以标志为 3Ω3 或 3R3；4k7 表示 4.7kΩ。图 1-7 中以直接标注法标注了电阻的参数信息，由图片中的“120RJ”可以看出，该器件的阻值为 120Ω。

图 1-7　直接标注的电阻示例

探究讨论

图 1-7 中直接标注的参数信息中，J、8W 又表征什么含义呢?

4) 操作步骤

(1) 识读电阻标称值，并将该标称值记录于表 1-9 中的相应位置。

表 1-9 测量误差记录表

被测对象	标称值	测量值	测量值所选量程	绝对误差	测量值相对误差	满度相对误差
电阻 1						
电阻 2						
电阻 3						

(2) 将数字式万用表旋钮拨至电阻挡，并选择合适量程，打开其电源开关。

(3) 将数字式万用表的红、黑表笔分别接在电阻的两个引脚上，读取数字式万用表显示屏的测量数据，并记录于表 1-9 中相应电阻测量值的位置。为了方便后续计算，需要同时记录本次测量所选取的量程。

(4) 根据标称值、测量值和相应量程，计算绝对误差、测量值相对误差和满度相对误差，并将计算结果记录于表 1-9 中的相应位置。

5) 操作总结

(1) 整理实验数据，分析产生测量误差的原因。

(2) 思考并回答：如何尽量减小测量过程中产生的测量误差?

(3) 撰写操作报告。

1.3.2 测量结果的数据处理

1. 测量结果的评定

得到测量结果并不是进行电子测量的最终目的，还需要对该测量结果有个相应的评定，并且用相应的数据形式表示出来。表征测量结果质量优劣的指标通常有两种，即分别从定性的和定量的两个方面对测量结果进行评定。

1) 对测量结果的定性描述

测量结果的准确度、精密度和正确度能够定性地描述测量结果的质量，它们是表征测量结果好坏的三个基本概念。

(1) 准确度。准确度表征了在规定条件下进行多次测量时，测量结果的平均值或与被测量真值相符合的程度，即准确度反映了测量结果中系统误差的大小，体现了测量结果的正确性。准确度越高，说明系统误差越小，即表示测量结果越接近真值，但是，数据的离散程度，即随机误差的大小，不能被反映出来。

(2) 精密度。精密度表征了在规定条件下进行多次测量时，各个测量结果之间的离散程度，即精密度反映了测量结果中随机误差的大小，体现了测量结果的重现性。精密度越高，说明随机误差越小，即离散程度越小，但是，系统误差的大小不能被反映出来。

(3) 正确度。正确度反映了测量结果中系统误差与随机误差综合大小的程度，也就是说，正确度是对测量的准确度和精密度的综合描述。

对于电子测量结果来说，准确度高时，精密度不一定高；同时，精密度高时，准确度不一定高。只有准确度和精密度都高时，正确度才高。

为了方便理解概念，图 1-8 以打靶时子弹的落点为例对准确度、精密度和正确度进行了说明。在图 1-8(a)中，子弹落点相对于靶心位置没有明显的偏离，但是相对比较分散，因而系统误差比较小，随机误差比较大，即准确度较高，而精密度较低；在图 1-8(b)中，子弹落点明显偏离了靶心位置，但是相对比较集中，因而系统误差比较大，随机误差比较小，即精密度较高，而准确度较低；在图 1-8(c)中，子弹落点离靶心位置比较近，且相对比较集中，因而系统误差比较小，随机误差也比较小，即准确度和精密度都比较高，这时才能说其正确度较高。

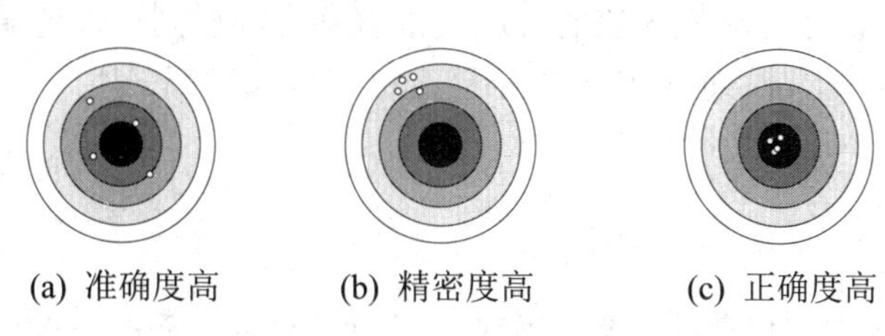

(a) 准确度高　　(b) 精密度高　　(c) 正确度高

图 1-8　准确度、精密度和正确度

2) 对测量结果的定量描述

如果要对测量结果进行定量的描述，还需要用到具体的处理方法。目前，国际上经常采用测量不确定度来对测量结果进行定量的评定。

(1) 测量不确定度的定义。由于真值是一个理想的值，不可能准确知道，所以测量误差也是一个相对的值，不可能确切地得到。利用现有的、可实行的测量方法，由测量条件和测量结果所推算出来的，也只能是误差的估计值。因此，测量误差的估计值应当给予一个专有名词，即测量不确定度。

测量不确定度被定义为是一个与测量结果相联系的参数，它用来表征合理赋予被测量的值的分散性，是被测量客观值在某一量值范围内的一个评定。

小贴士

这里所说的被测量的值，不仅包括通过测量得到的测量结果，还包括测量中没有得到但是可能会出现的测量结果，即包括多个测量结果。

测量不确定度反映出了被测量的值可能分布的区间，为了能够表征这种分散性，测量不确定度通常采用标准偏差或标准偏差倍数来表示。

(2) 测量不确定度的分类。由于测量结果会受到许多因素的影响，因此，通常情况下的不确定度是由多个分量组成的。为了讨论方便，将测量不确定度分为 A、B 两类。

A 类测量不确定度，是指对测量列结果进行统计分析得出的标准不确定度，它是通过一组与观测得到的频率分布近似的概率函数得出的，一般采用标准偏差来表示。

B类测量不确定度，是指用不同于对测量列结果进行统计分析的方法得出的不确定度，它可以根据经验或其他信息的假定概率分布估算而得出，一般采用方差或估计的标准偏差来表示。

小贴士

进行多次的等精度测量所得到的测量结果，就称为测量列结果。等精度测量是指同一个人，用同一台测量仪器，在同样的测量方法和测量条件下多次测量同一个对象的操作。

一般来说，A类不确定度比B类不确定度更为客观一些，并且具有统计学上的严格性。总地来说，两种不确定度都是基于概率分布的形式，并且都是用标准偏差来表示的，两者之间并不存在本质上的区别，只是评定方法不同而已。

跟测量结果的定性分析相比，A、B两类不确定度与系统误差和测量误差之间不存在简单的对应关系。系统误差与随机误差的合成是没有确定的原则可以遵循的，容易造成对测量结果处理时的差异和混乱，而A、B两类不确定度在合成时都采用了标准不确定度的形式，这也是不确定度理论体现进步的地方之一。

你知道吗

所谓的A类和B类，仅是为了叙述方便而进行的分类，而并不是对不确定度本身的分类。在进行不确定度评定时，过分认真地讨论每一个不确定度分量究竟属于A类不确定度还是B类不确定度，是没有必要的。

2. 测量结果的表示方法

测量数据整理好以后，最终是要把测量结果表示出来。测量结果一般以数字或图形的形式来表示。图形方式可以在测量仪器的显示屏上直接显示出来，也可以通过对数据进行描点作图得到。测量结果的数字表示通常有以下三种方法。

1) 测量值+不确定度

测量值+不确定度是表示测量结果最常用的方法，特别适合表示最后的测量结果。例如，测量某个电阻得到的测量结果表示为$R = 40.67\Omega \pm 0.05\Omega$，其中的40.67Ω表示测量值，±0.05Ω表示测量不确定度。该测量结果表示被测量实际值是处于40.62~40.72Ω之间，但是不能确定具体数据。不确定度和测量值都是在对一系列测量数据的处理过程中得到的。

小贴士

如果把测量结果写成$R = 40.6718\Omega \pm 0.05\Omega$，是错误的，因为由不确定度0.05Ω可以得出数据40.6718的第二位小数0.07已不可靠，因此再把它后面的数字写出来已经没有多大意义了，正确的写法应该是40.67Ω±0.05Ω。

2) 有效数字

有效数字是由“测量值+不确定度”表示方法改写而成的，比较适合表示中间结果。当未标明测量误差或分辨率时，有效数字的末位一般与不确定度第一个非零数字的前一位对齐。例如，将上述的电阻测量结果 $R = 40.67\Omega \pm 0.05\Omega$ 改写成有效数字形式，表示为 $R = 40.7\Omega$。

自己练

已知电压 $U = 8.6\text{V} \pm 0.5\text{V}$ 和电流 $I = 0.147\text{A} \pm 0.005\text{A}$ 是用测量值加不确定度的形式表示的测量结果，如果改写成有效数字表示方式，应该如何表示呢？

3) 有效数字加 1~2 位安全数字

将测量结果用有效数字加 1~2 位安全数字的形式进行表示，是由前两种表示方法演变而成的，它比较适合表示中间结果或重要数据。增加安全数字可以减小由“测量值+不确定度”表示方法改写成有效数字表示方法时产生的误差对测量的影响。该方法是在有效数字表示方法确定出有效数字位数的基础上，根据需要向后多取 1~2 位安全数字，而多余数字应按照有效数字的舍入规则进行处理。

例如，上述电阻测量结果 $R = 40.67\Omega \pm 0.05\Omega$，若改用有效数字加 1 位安全数字的形式，可表示为 $R = 40.67\Omega$，末位的 7 为安全数字；若改用有效数字加 2 位安全数字的形式，可表示为 $R = 40.670\Omega$，末尾的 7、0 为安全数字。这种方法表示出来的测量结果，多用于测量报告的记录值。

探究讨论

如果将电压 $U = 8.6\text{V} \pm 0.5\text{V}$ 和电流 $I = 0.147\text{A} \pm 0.005\text{A}$ 分别改用有效数字加 1 位安全数字、有效数字加 2 位安全数字的形式进行表示，其表示结果又是怎样的呢？

3. 测量结果的数据处理

在电子测量过程中，对测量数据的记录以及对测量结果的数据处理涉及有效数字、有效数字修约以及有效数字运算等内容。

1) 有效数字的概念

在使用测量仪器读取待测量的数值时，所读取的数字的准确程度直接受到仪器自身精度的限制，为了得到较准确的测量结果，通常在读数时，首先读出能够直接读出的数字，然后对余下部分再进行估读。

例如，用模拟式万用表测量直流电压时，10V 挡位读出示值 8.97V，其中的 8.9V 是靠表盘刻度线直接读出的，数字 7 是靠估计指针在刻度线上的位置而读出的。

我们把通过直接读数获得的数字称为可靠数字，例如上面的数字 8 和 9；把通过估计读数得出的数字称为存疑数字，也称欠准确数字，例如上面的数字 7。有效数字是指测量结果中，能够反映被测量大小的带有一位存疑数字的全部数字。有效数字的数字个数称为有效数字的位数。例如上例中，测量电压是 8.97V，具有 3 位有效数字。

你知道吗

测量结果中必须有 1 位欠准确数字，以反映测量的准确程度。同时，测量结果中最末 1

位的欠准确数字又必须与测量仪器的误差位数对齐。仪器误差发生在哪一位，测量数据的存疑数字就记录到哪一位，即使这个估计数字是0，也必须将它写出来。鉴于此，测量电压8.97V和8.970V是不同的两个测量值，前者的数字7是估读出来的，而后者的数字7是可靠数字位，数字0才是存疑数字，反映了误差发生的位置。

关于有效数字的几点说明如下。

(1) 具有不大于欠准确数字半个单位的误差。电子测量中，如果未标明测量误差或分辨率，通常认为有效数字具有不大于欠准确数字±0.5单位的误差，称为0.5误差原则。也就是说，如果有效数字末位是个位，则包含的绝对误差值不大于0.5；若末位是十位，则包含的绝对误差值不大于5，以此类推。例如，测量数据0.430V和0.43V表示的测量误差分别为±0.0005V和±0.005V，它们标明的被测量实际值分别处于0.4295~0.4305V和0.425~0.435V之间。也就是说，0.430V和0.43V表示的意义是不同的。

(2) 不能随意取舍有效数字中的0。有效数字中的"0"身份很特殊，不能随意取舍。测量数据中，第一位非零数字左边存在的"0"为无效位，不算做有效数字，而数字中间和末尾的"0"都是有效数字。例如，测量数据0.0125A和1.2500A，有效数字位数分别是3位和5位。

测量数据末尾不得随意添加"0"。例如测量数据0.0125A，表示的误差极限为0.00005A，如果将其改为0.01250A，则表示的误差极限就变为0.000005A了。

(3) 保持有效数字位数一致。测量结果因所用单位的不同而不同，在改换单位来表示同一数据时，表示该测量值的数值位数不应随意取位，而应该保持有效数字位数不变。例如，某电阻测量结果写成1000Ω，是4位有效数字，表示该测量绝对误差≤0.5Ω。如果将该测量结果改写成1kΩ，则变成了1位有效数字，且表示的绝对误差≤0.5kΩ。显然，前后两种写法的含义是不同的。但是，如果将1000Ω写成1.000kΩ，则仍然为4位有效数字，且其绝对误差≤0.0005kΩ，亦即，前后两种写法的含义就相同了。

(4) 应用科学记数法。特别大或特别小的数可用科学记数法来表示，同时，其有效数字的位数取决于10的幂次之前的数字位数，而与10的幂次无关。例如，3.000kV可改写成3.000×10^3V的形式，并且都是4位有效数字。

探究讨论

3000V可以写成3.000kV、3.000×10^3V、3kV、3.0kV或3.00kV等形式吗？

【例1-3】判断下列数据的有效数字位数，并确定其最大绝对误差值。

5.0182、5.18、0.518、0.051、0.5180、50×10^2

解：

根据题意，可知：

5.0182是5位有效数字，其绝对误差≤0.00005。

5.18是3位有效数字，其绝对误差≤0.005。

0.518 是 3 位有效数字，其绝对误差≤0.0005。

0.051 是 2 位有效数字，其绝对误差≤0.0005。

0.5180 是 4 位有效数字，其绝对误差≤0.00005。

50×10^2 是 2 位有效数字，其绝对误差≤0.5×10^2。

(5) 合理处理测量不确定度的有效数字。一般情况下，测量不确定度的有效数字只取 1 位，多余位数一律采取进位形式，也就是说，测量不确定度与测量结果的存疑数字的位置相对应。反过来说，有效数字的最后 1 位是测量不确定度的所在位置，这也使得有效数字在一定程度上反映了测量不确定度的大小。测量值的有效数字位数越多，说明测量的相对不确定度越小；有效数字位数越少，则相对不确定度越大。有效数字可以较粗略地反映出测量结果的不确定度。

小贴士

电子测量中涉及测量仪器的估读问题，例如模拟式万用表、指针式交流毫伏表等，都会涉及，首先应该根据仪器表盘最小分格的大小、指针粗细等实际情况来确定将最小分格分成几份来估读。通常情况下，是估读到最小分格值的 1/2、1/5 或 1/10 等位置。

总地来说，有效数字不仅表明测量数据的大小，还反映了测量结果的准确度，因此，在测量过程中，对有效数字的取舍就显得至关重要了。

2) 有效数字的修约

电子测量过程中，各个测量结果的有效数字位数可能不尽相同，因此，在对它们进行计算之前，首先需要对各个测量值进行修约。在确定了应该保留的有效数字位数之后，其余的尾数一律舍去的过程就称为修约。

对测量结果的数字修约应当按照 GB 8170《数字修约规则》中的规定进行，通常称为“四舍六入五成双”规则。

该规则约定，被修约的数字≤4 时，将该数字直接舍去；被修约的数字≥6 时，进 1；被修约的数字正好等于 5 时，将有两种情况：5 后面只要有非零数字，则进 1；如果 5 后面全为零或没有数字时，则采用偶数法则，即 5 前面的数字为偶数时舍 5 不进，5 前面的数字为奇数时进 1。

【例 1-4】将下列数据修约为 3 位有效数字。

5.054546、31.8500、3.513、1.235、7.245、7.24501

解：

根据题意，可知：

5.054546 → 5.05 (4<5，舍去)

31.8500 → 31.8 (8 是偶数，5 舍去)

3.513 → 3.51 (3<5，舍去)

1.235 → 1.24 (3 是奇数，5 进 1)

7.245 → 7.24 (4 是偶数，5 舍去)

7.24501 → 7.25 (5 后面有非零数字，进 1)

小贴士

对有效数字的修约应当一次到位，不得连续多次修约。例如，5.054546 修约为 3 位有效数字为 5.05，而不能够逐次来修，即不能 5.054546→5.05455→5.0546→5.055→5.06。

【例 1-5】某模拟式万用表，测量直流电压的仪表等级为 0.5 级，现已知在 100V 量程挡位的电压指示值为 87.25V，试问该测量结果在测量报告中应如何记录？

解：

根据题意，得 $S = \pm 0.5\%$，$U_m = 100V$，则该量程的最大绝对误差为：

$$\Delta U_m = |S| \times U_m = 0.5\% \times 100V = 0.5V$$

由此可见，被测电压的实际值在 86.75~87.75V 之间。用有效数字来记录测量结果时，根据前述规则，测量结果的末位应该是个位，根据修约规则，该示值末位的 0.25 应该舍去，即在不标注误差时，测量报告值应该为 87V。实际情况中，人们习惯上将测量记录值的末位与绝对误差位对齐，即测量结果保留到十分位，按照数字修约规则，最终的测量记录值为 87.2V。

点滴拓展

在实际工作中，经常遇到测量报告值和测量记录值的概念。测量报告值类似于有效数字，要保证不能丢失真实值，有效数字位数的取舍要保证有效数字末位±0.5 个单位不小于绝对误差；而测量记录值的作用主要是用于备案，它类似于用“有效数字+安全数字”表示测量结果的方法，要求的位数多，一般将测量记录值的末位与绝对误差对齐。测量报告值和测量记录值多余数字的舍入要根据有效数字的舍入规则进行。

3) 有效数字的运算

在对电子测量结果进行数据运算处理时，常常会涉及有效数字位数保留几位的问题。为了使运算过程不会太繁琐，同时还要保证一定的测量精确度，有效数字的保留位数原则上是取决于各测量数据中精度最差的那一个，具体约定如下。

(1) 加减运算。有效数字进行加法或减法运算时，首先以小数点后位数最少的那个数据为参考，对其他数据的多余数字进行修约，然后进行加法或减法运算，求和或者求差的计算结果也使小数点后保留相同的位数。

例如，按照修约规则，5.4501+31.851−3.5+1.205−7.35 = 5.5+31.9−3.5+1.2−7.4 = 27.7。如果不按修约规则，进行正常的数学运算，则 5.4501+31.851−3.5+1.205−7.35 = 27.6561。而 27.7−27.6561 = 0.0439，这个运算差值一般是满足该测量误差允许范围的。

小贴士

运算之前，对数据先进行修约，可使计算过程更简捷。

(2) 乘除运算。有效数字进行乘法或除法运算时，先以有效数字位数最少的那个数据为参考，对其他数据的多余数字进行修约，然后再进行乘法或除法运算，乘积或者商的计算结果也与该有效数字位数相同。为了满足一定测量精度，也可以多保留 1 位。

例如，按照修约规则，$5.4501\times31.851\div3.51\times1.215 = 5.45\times31.9\div3.51\times1.22 \approx 60.4$。如果不按修约规则，进行正常的数学运算，则 $5.4501\times31.851\div3.51\times1.215 \approx 60.0892$。而 $60.4-60.0892 = 0.3108$，这个结果差值一般也满足该测量误差允许范围。

自己练

计算下列两个运算式的结果。

① 110.3816−33.05+10.69511+41.205

② 110×3.15×12.15÷3

(3) 乘/开方运算。有效数字进行乘方或开方运算时，运算结果的有效数字位数可以比底数或被开方数的有效数字位数多保留 1 位。例如，$(3.15)^2 \approx 9.922$，$\sqrt{3.15} \approx 1.775$。

(4) 特殊情况。测量不确定度在计算的中间过程中可以保留 2 位有效数字，但在最终结果中，只能保留 1 位有效数字，并要采取“只进不舍”的修约原则对其多余数字进行取舍。例如，计算得到某电流进行重复性测量的 A 类不确定度 $u_A = \sqrt{0.431}\text{mA} \approx 0.6565\text{mA}$，如果 u_A 作为中间过程参与运算，应该取作 0.66mA；如果 u_A 作为最终结果，应该取作 0.7mA。

项 目 小 结

本项目讨论了测量、电子测量、电子测量仪器，及测量误差和数据处理的基本知识。

(1) 测量是一种借助专用的技术工具完成实验或者计算，从而对被测对象进行信息收集的过程。电子测量技术泛指以电子技术为基本手段的一种测量技术，主要包括对各种电量、非电量、电信号以及电路元件的特性和参数进行的测量。按照测量性质的不同，可以将电子测量分为时域测量、频域测量、数据域测量和随机量测量四种类型；按照测量方法的不同，电子测量又可以分为直接测量、间接测量和组合测量三类。

(2) 电子测量要实现测量过程，必须借助一定的测量设备。电子测量仪器种类很多，一般分为专用仪器和通用仪器两大类。根据被测参量的不同特性，通用电子测量仪器又可分为信号发生器、电压测量仪器、示波器、频率测量仪器、电子元件测试仪、逻辑分析仪、网络分析仪等。高新技术的发展带动了电子测量仪器的发展，以软件技术为核心的虚拟仪器现在也得到了广泛应用。

(3) 国际单位制由单位和词头两部分组成，国际单位制包括基本单位、导出单位和辅助单位。根据我国的实际情况，增加了一些非国际单位制单位。

(4) 测量误差反映了测量仪器或仪表的测量值与被测量真值之间的差异，其表示方法有绝对误差和相对误差。绝对误差表明测量结果偏离实际值的情况，是一个既有大小，又有符号和量纲的量。相对误差能够确切地反映测量结果的准确程度，它只有大小和符号，不带量纲。可以用最大引用相对误差确定电子测量仪表的准确度等级。

(5) 对测量数据的记录以及测量结果的数据处理涉及有效数字、有效数字的修约以及有效数字的运算等内容。有效数字是指测量结果中能够反映被测量大小的带有一位存疑数字的全部数字。有效数字的修约遵循“四舍六入五成双”的规则。

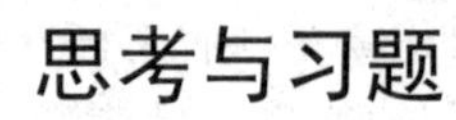

思考与习题

1. 填空题

(1) 测量是一种借助________完成实验或者计算，从而对被测对象进行信息采集的过程。量值由数值和_____组成。

(2) 测量的结果必须包含______和_______。

(3) 电子测量技术泛指以________为基本手段的一种测量技术，除了对各种电量、电信号及电路元件的特性和参数进行测量外，还可以通过传感器对各类________进行测量。

(4) 电子测量技术具有测量速度快、________、频率测量范围宽、__________、易于实现遥测及过程自动化等特点。

(5) 按照测量方法的不同，电子测量可以分为_____、_____和组合测量三种类型。

(6) 按照测量性质的不同，电子测量分为____、_____、_____和随机量测量四类。

(7) 国际单位制包括_________、_______和辅助单位。

(8) 国际单位制中，基本单位有 7 个，包括米、秒、千克、___、___、____、____。

(9) 一般的测量过程都是条件受限的测量，必然存在不同程度的误差，测量误差主要来源于仪器误差、________、______、_____和环境误差。

(10) 某个标称值为 1kΩ的电阻，测量值为 0.996kΩ，则其绝对误差是______，实际值相对误差是____。

(11) 某个 10V 左右的电压，测量值为 10.01V，则其绝对误差是________，实际值相对误差是_____。

(12) 测量结果______、______和正确度是表征测量结果好坏的三个基本概念。

(13) 若测量值为 10.2V，而实际值为 10V，则测量的绝对误差为____V，实际相对误差为____。若测量值为 99.7V，而实际值为 100V，则测量的绝对误差为_____V，实际相对误差为________。

(14) 电工仪表根据其______误差的不同，将准确度等级分为 7 级，其中，准确度最高的是______级，准确度最低的是 5.0 级。

(15) U = 5.28±0.5V，从中可以看出 5.28V 是_____，不确定度等于______，如果用有效数字表示，为 U = _____V，若加 1 位安全数字，可改写成 U = _____V。

(16) 电流 I = 5.58±0.5A，从中可以看出 5.58A 是_____，不确定度等于_____，如果用有效数字表示，为 I = ______A，若加 2 位安全数字，可改写成 I = _____A。

(17) 测量值 299.50V 保留三位有效数字为______V，如果再以 mV 为单位，则可以表示为______mV。

(18) 47.985 保留四位有效数字为______，47.98500000 保留四位有效数字为______。

2. 判断题(正确的打√，错误的打×)

(1) 对电量的测量是电子测量，而对非电量的测量则不是电子测量。(　　)

(2) 在测量结果的数字列中，前面的“0”也是有效数字。(　　)

(3) 为了减小测量误差，选择指针式仪表的量程时，要尽量使仪表指示在满度值的 2/3 以上区域。(　　)

(4) 用数字式万用表交流 250V 电压挡直接测量市电的方法属于直接测量。(　　)

(5) 绝对误差的定义是指被测量的真值与测量值之比，即 $\Delta X = A_0/X$。(　　)

3. 单项选择题

(1) 下列测量中，属于间接测量的是(　　)。

A. 用万用欧姆挡测量电阻

B. 用电压表测量已知电阻上消耗的功率

C. 用逻辑笔测量信号的逻辑状态

D. 用电子计数器测量信号周期

(2) 电工仪表的准确度等级通常分为(　　)个级别。

A. 6 个

B. 7 个

C. 8 个

D. 9 个

(3) 某直流电压表的量程为 10V，测量某电压值为 9.7V，且其绝对误差为 0.3V，则本次测量的测量值相对误差为(　　)%。

A. 2

B. 1

C. 3.1

D. 5

(4) 测量某电压得 10.45V，要求保留三位有效数字，则应记为(　　)V。

A. 10.4

B. 10.0

C. 10.5

D. 10.50

4. 简答题

(1) 名词解释：测量、电子测量技术、电子测量仪器、实际值、标称值、测量值、测量误差、绝对误差、测量值相对误差。

(2) 简述电子测量技术的特点。

(3) 简述电子测量的内容。

(4) 简述国际单位制的类型，并列举七个基本单位。

(5) 简述电子测量过程中有效数字的修约规则。

5. 计算题

(1) 对下列数据进行舍入处理，要求保留 3 位有效数字。

68.45 = ________　　　　0.4850000010 = ________　　　　43.35 = ________

1.365 = ________　　　　0.00264501 = ________　　　　0.4975 = ________

2100000Ω = ________kΩ　19.95mA = ________μA　　0.003096V = ______mV

(2) 按照有效数字修约规则，计算下列运算式，要求有中间过程。

① 110.3816−33.05+10.69511+41.205

② 100.3816×33. 5÷33.49511×1.025

③ 5.4516+33.650+10.6−41.257

④ 1.1675−13.650+0.675−11.27

(3) 某同学测量标称值为 20kΩ、允许误差为±5%的色环电阻，已知其测量值为 19.5kΩ，则该同学的测量结果是否可取？计算其测量值相对误差。

(4) 要测量一个 15V 左右的直流电压，现有两块电压表，分别是 1.0 级、100V 量程，1.5 级、20V 量程，问选用哪块电压表较好，为什么？

(5) 有一块 2.5 级的电流表，在 100mA 量程测量某个电流量，得到测量值为 99.8mA，试计算该电流的测量值相对误差。

项目 2

万用表的原理与使用

知识目标

- 熟悉万用表的面板布置，识别标识符号。
- 掌握万用表的操作规范。
- 掌握常见电子元件的检测方法。

能力目标

- 能够正确使用万用表。
- 能够检测电阻、电容、二极管、三极管等元件。
- 能够正确记录与分析测量结果。
- 能够撰写操作报告。

任务 2.1 测量电阻

任务描述

在智能电子产品设计制作、调试维修的过程中，经常会涉及到电阻器件的识别与检测。例如，在图 2-1 所示电路板中，局部元件被烧坏断裂，需要更换元件。那么，如何识别与检测电路板上的这类元件呢？

图 2-1 电路板中的元件被烧坏待换

任务要求

针对图 2-1 所示的电路板，识别待换电子元件的类型，分析其标称值大小，选择检测仪器，并确定检测方案。

任务分析

图 2-1 中，烧坏待换的电子元件是贴片电阻，检测贴片电阻的方法有伏安法、电桥法和万用表。固定贴片电阻的检测，主要是检测其实际阻值与标称值是否相符，贴片电位器的检测主要是检测电位器的标称阻值以及电刷与电阻体的接触情况。

知识储备

2.1.1 万用表

万用表是一种多功能、多量程的测量仪表，广泛应用于电器维修、信号测量等场合，是最常用的测量仪器之一。万用表曾经也被称为“三用表”，这是因为当时的万用表只具有测量电阻、电压、电流三项功能。随着科学技术的发展，现在的万用表功能越来越多，例如附加了测量电容量、电感量、频率、温度、半导体参数、逻辑电位、电平等功能，成了名副其实的“万用表”。

灵敏度、准确度和分辨率是万用表的主要性能指标。万用表的灵敏度通常又以直流电压的灵敏度最为重要，灵敏度越高，测量的准确性越好，但相对价格也越贵，体积越大。准确度表明了万用表的测量值与被测信号实际值的接近程度，是特定使用环境下仪表的最大允许误差。分辨率反映了万用表测量结果的好坏，通过万用表的分辨率，就可以知道该表是否能观测到被测信号的微小变化。万用表根据相应的分类，又有具体的性能指标。

万用表按其测量原理和测量结果显示方式的不同，可以分为模拟式和数字式两类。图 2-2(a)所示为模拟式万用表，它以磁电式测量机构作为核心，将被测模拟量转换为电流信号，电流信号驱动表头指针偏转，从而可在表头刻度盘直接读数，因此模拟式万用表也称指针式万用表。图2-2(b)所示为数字式万用表，它以数字电压表作为核心，通过 A/D 转换器将被测模拟量转换为数字量，再由电子计数器实现计数，测量结果用数字形式直接显示在译码管显示器上。

(a) 模拟式万用表

(b) 数字式万用表

图 2-2　万用表实物

你知道吗

模拟式万用表价格相对便宜，但是，由于它是通过指针在表盘上摆动的大小来指示被测量的数值，因此读数不是很方便，并且容易造成较大误差。电子爱好者更倾向于选用操作更方便、功能更齐全的数字式万用表。但是，在某些测试场合下，模拟式万用表又有其不可比拟的优势。在大电流、高电压的模拟电路测量中，适合采用模拟式万用表，例如对电视机、音响设备的测试等。在低电压小电流的数字电路测量中，适合采用数字式万用表，例如对笔记本电脑、数码相机、手机等电器的故障检修等。具体选用什么类型的万用表并不是绝对的，要根据实际需要做出选择。

2.1.2　数字式万用表

数字式万用表需要将被测模拟量转换为直流数字电压信号，再进行处理和显示。与模拟式万用表相比，数字式万用表具有较快的测量速度、较高的准确度和分辨率、较高的输入阻抗和抗干扰能力，以及自动调零、自动识别极性等优点。随着数字化技术的发展，数字式万用表的性能越来越好，功能也越来越多。

1．数字式万用表的结构原理

数字式万用表主要基于一块数字式直流电压表头，其系统框图如图 2-3 所示。

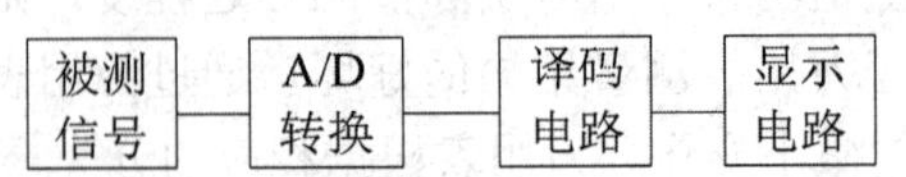

图 2-3　数字式直流电压表头的系统框图

数字式万用表可实现对电阻、电压和电流等量的测量。而将这些被测的电压、电流等模拟信号以数字信号形式来显示，又必须有一个“量化的过程”，假设最小量化单位为Δ，则数字信号的大小一定是Δ的整数倍数，这个整数就可以用二进制数形式来表示。但是，为了能更直观地读出数值，通常需要数码变换后将信号大小用数码管或液晶屏显示出来。数字式万用表的核心电路是模数(A/D)转换电路和译码/显示电路。A/D 转换一般又分为量化和编码两个步骤，通常，数字式万用表采用专用的 A/D 转换译码驱动集成电路。

如果被测信号为直流电压，则在数字电压表表头的前面加上一级分压电路，可以扩展直流电压测量的量程。如图 2-4 所示，U_o为电压表头的量程，一般为 200mV，r_o为其内阻，一般可达十几 MΩ，R_1、R_2为分压电阻。对该电路进行分析，由于 $r_o >> R_2$，所以可得到电压表头量程 U_o与输入电压 U_i的分压比为：

$$\frac{U_o}{U_i}=\frac{R_2}{R_1+R_2} \tag{2-1}$$

根据式(2-1)，经过换算即可得到$U_i=\frac{R_1+R_2}{R_2}\times U_o=\frac{9\text{k}\Omega+1\text{k}\Omega}{1\text{k}\Omega}\times 200\text{mV}=2\text{V}$，即 2V 为扩展后的量程。

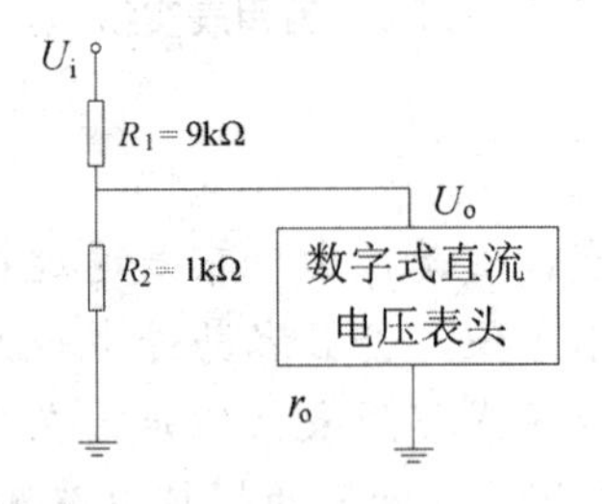

图 2-4　分压电路的原理

图 2-5 为实际使用中多量程分压器的原理图，由上往下五个量程挡位的分压比分别为 1、0.1、0.01、0.001、0.0001，对应的量程挡位分别为 200mV、2V、20V、200V 和 2000V。例如，根据式(2-1)，2000V 量程挡位的分压比为：

$$\frac{R_5}{R_1+R_2+R_3+R_4}\approx\frac{1\text{k}\Omega}{1\text{M}\Omega}=0.0001$$

小贴士

尽管上述最高量程挡位的理论量程是 2000V，但是，鉴于对数字式万用表耐压和安全性考虑，规定最高电压量限为 1000V。

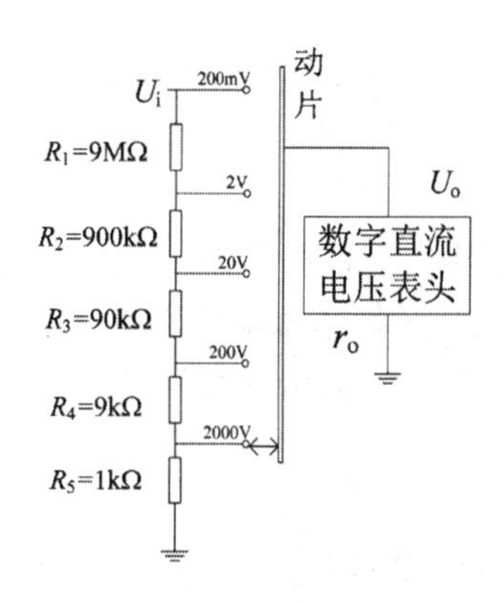

图 2-5　多量程分压器原理

2. 数字式万用表的主要技术指标

与模拟式万用表的表盘直接标注方式不同，数字式万用表的性能参数通常是在相应的使用手册中标定出来的。数字式万用表的主要技术指标有测量最高电压、量程选择方式、数字显示形式及响应时间、测量精度、输入阻抗和零电流参数、串/共模抑制比等。

1) 测量最高电压

测量最高电压是指电压输入端子和地之间的最高电压，通常为 1000V。

2) 量程选择方式

数字式万用表的量程选择方式通常有手动和自动两种。如果选择了具有自动更换量程功能的仪表，测量时，只要选择相应的测量类型，而不需要关注测量信号的具体测量范围，这样就极大地提高了测量精度，同时也减小了测量工作者的精力损耗。

3) 数字显示形式及响应时间

数字式万用表的显示形式不仅仅局限于数字，还可以显示图表、文字或符号，常用的数字式万用表多以数字形式显示。显示位数以及响应时间是表征数字式万用表性能的最基本参数，一般而言，响应时间越短越好。根据最大显示，数字式万用表又分为$3\frac{1}{2}$位表、$4\frac{1}{2}$位表、$3\frac{3}{4}$位表等。

显示位数是表征数字式万用表性能的一个最基本的参数，通常用 1 位整数加分数的形式来表示数字式万用表的显示位数，并用这种数值形式来命名数字式万用表。能完整显示 0~9 这十个数字的位称为“整位数”，如果某个位不能完整显示这十个数字，则称为半位。例如，最大显示数值为 9999 的某数字式万用表，四个显示位都能够完整显示 0~9 所有数字，则该表有四个完整位，并且称它为 4 位数字式万用表；而最大显示数值为 3999 的称为$3\frac{3}{4}$位数字式万用表，因为 3999 的整位数为 3，同时左边第一位(即半位)可以显示的数字为 0~3，共四个数字，但所显示的最大数字是 3，所以用数字 4 作为分数部分的分母，用能显示的最

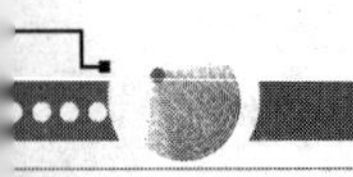

大数字3作为分数部分的分子，即称为$3\frac{3}{4}$位数字电压表。

4) 测量精准度

在数字式万用表的使用手册中，会根据具体的测量对象，例如电阻、交/直流电压、交/直流电流、温度、频率等，给出相应的基本测量精度。数字式万用表允许的最大误差不仅要看它的准确度，更要看它的精度，如果测量误差能控制在1%左右，也就足够满足正常使用了。

5) 输入阻抗和零电流参数

数字式万用表的输入阻抗过低和零电流过高，都会引起测量误差，实际测量时要参考信号源内阻的大小。信号源阻抗高时应选择输入阻抗高、零电流低的仪器，以使影响可以减小到忽略不计的程度。

3．典型仪表的技术指标

以UT58E型数字式万用表为例，其最大显示值为19999，即这是一个$4\frac{1}{2}$位仪表，相应的使用手册给出该万用表使用环境温度为23℃±5℃，相对温度小于75%。具体技术指标还包括如下几个方面。

(1) 测量直流电压的技术指标如表2-1所示。

表2-1 UT58E型数字式万用表测量直流电压的技术指标

量　程	分 辨 率	准确度：±(%读数+字数)
200mV	0.01mV	±(0.05%+5)
2V	0.0001V	±(0.1%+3)
20V	0.001V	
200V	0.01V	
1000V	0.1V	±(0.15%+5)

(2) 测量交流电压的技术指标如表2-2所示。

表2-2 UT58E型数字式万用表测量交流电压的技术指标

量　程	分 辨 率	准确度：±(%读数+字数)
2V	0.0001V	±(0.5%+10)
20V	0.001V	
200V	0.01V	
1000V	0.1V	±(1%+10)

输入阻抗：所有量程为2MΩ。

频率范围：40~400Hz。

过载保护：所有量程为$1000V_{RMS}$。

显示：正弦波有效值(平均值响应)。

(3) 测量直流电流的技术指标如表2-3所示。

表 2-3　UT58E 型数字式万用表测量直流电流的技术指标

量　程	分 辨 率	准确度：±(%读数+字数)
2mA	0.0001mA	±(0.5%+5)
200mA	0.01mA	±(0.8%+5)
20A	0.001A	±(2%+10)

过载保护：200mA 以下为 0.5A/250V 熔丝。20A 挡量程无熔丝，测量时间要求不大于 10s，间隔时间不小于 15min。

测量电压降：满量程为 200mV。

(4) 测量交流电流的技术指标如表 2-4 所示。

表 2-4　UT58E 型数字式万用表测量交流电流的技术指标

量　程	分 辨 率	准确度：±(%读数+字数)
20mA	0.001mA	±(0.8%+10)
200mA	0.01mA	±(1.2%+10)
20A	0.001A	±(2.5%+10)

过载保护：200mA 以下为 0.5A/250V 熔丝。

测量电压降：满量程为 200mV。

频率范围：40~400Hz。

显示：正弦波有效值(平均值响应)。

(5) 测量电阻的技术指标如表 2-5 所示。

表 2-5　UT58E 型数字式万用表测量电阻的技术指标

量　程	分 辨 率	准确度：±(%读数+字数)
200Ω	0.01Ω	±(0.5%+10)
2kΩ	0.0001kΩ	±(0.3%+1)
20kΩ	0.001kΩ	
2MΩ	0.0001MΩ	—
200MΩ	0.01MΩ	±[5%(读数−1000)+10]

过载保护：所有量程为 $250V_{RMS}$。

(6) 测试电容的技术指标如表 2-6 所示。

表 2-6　UT58E 型数字式万用表测试电容的技术指标

量　程	分 辨 率	准确度：±(%读数+字数)
2nF	0.0001nF	±(3%+40)
2nF	0.001nF	±(4%+10)
20μF	0.0001μF	
2μF	0.001μF	

过载保护：250V_{RMS}。

(7) 测量频率的技术指标如表 2-7 所示。

表 2-7　UT58E 型数字式万用表测量频率的技术指标

量　程	分 辨 率	准 确 度	输入保护	灵 敏 度
20kHz	1Hz	±(1.5%+5)	250V_{RMS}	≤200mV

4．使用注意事项

1) 使用前的准备工作

在使用数字式万用表进行测量之前，必须首先熟悉各个量程选择开关的作用以及表笔插孔功能，然后按下电源开关，观察显示屏是否正常，如果有电池缺电标志，应该更换电池。

你知道吗

数字式万用表量程选择开关上的每个挡位都是这个挡的最大量程值。对于表笔插孔，当测量大于 200mA、小于规定的最大电流量值(例如，UT58 系列规定 20A MAX)的交、直流电流时，红表笔插入 A 插孔；当测量小于 200mA 的交、直流电流时，红表笔插入 mA 插孔；黑表笔始终插入接地公共端 COM 插孔；当测量交/直流电压、电阻、二极管导通压降以及进行短路检测时，红表笔插入 V/Ω 插孔。

2) 使用后的注意事项

测量完毕，应将量程开关拨到最高交流电压挡，并关闭电源；若长期不用，则应取出电池，以免漏电。

你知道吗

模拟式万用表内部一般需要两块电池，即普通 5 号电池(1.5V)和层叠电池(9V)。其中的 9V 电池用来测量 10kΩ以上的电阻和判别小电容的漏电情况。模拟式万用表的黑表笔相对红表笔来说是正端。数字式万用表则常用一块 6V 或 9V 的电池。在电阻挡，模拟式万用表的表笔输出电流相对数字式万用表来说要大得多，用 R×1Ω挡位就可以使扬声器发出响亮的“哒”声，用 R×10kΩ挡位，甚至可以点亮发光二极管。

5．具体量的测量

1) 电阻的测量

将黑表笔插入 COM 插孔，红表笔插入 V/Ω插孔。将量程选择开关旋转至相应的电阻量程上，将红、黑表笔跨接在被测电阻上。

(1) 如果被测电阻值超过所选量程的最大值，则会显示“1”，表明超过量程范围，须将量程选择开关转高一挡。当被测电阻值超过 1MΩ以上时，读数需几秒钟才能稳定，这在测量高电阻时是正常的。

(2) 输入端开路时，会显示过载情形。

(3) 测量在线电阻时，要在确认被测电路所有电源已关断且所有电容都已完全放电之后，才可进行测量。

(4) 在电阻量程输入电压是绝对禁止的，虽然仪表在该挡位上有电压防护功能。

2) 直流电压的测量

(1) 将黑表笔插入 COM 插孔，红表笔插入 V/Ω插孔。

(2) 将量程选择开关旋转至 DCV 量程，然后将测试表笔跨接在被测电路上，红表笔所接点的电压与极性将显示在屏幕上。

小贴士

输入电压切勿超过 1000V，如超过，则有损坏仪表电路的危险；测量高压电路时，人体千万注意避免触及高压电路。

3) 交流电压的测量

(1) 将黑表笔插入 COM 插孔，红表笔插入 V/Ω插孔。

(2) 将量程选择开关旋转至 ACV 挡位，然后将测试表笔跨接在被测电路上。

小贴士

输入电压切勿超过 700V，如超过，则有损坏仪表电路的危险；测量高压电路时，人体千万注意避免触及高压电路。

4) 直流电流的测量

(1) 将黑表笔插入 COM 插孔，红表笔插入 mA 插孔(最大为 200mA)或 10A 插孔(最大为 10A)。

(2) 将量程选择开关旋转至 DCA 挡位，然后将测试表笔串入被测电路中，则所测电路的电流值与极性将显示在屏幕上。

小贴士

最大输入电流超过 200mA 或 10A 时，过大的电流会导致保险丝熔断，在测量时，仪表如无读数，应检查相应的保险丝。

5) 交流电流的测量

(1) 将黑表笔插入 COM 插孔，红表笔插入 mA 插孔(最大为 200mA)或 10A 插孔(最大为 10A)。

(2) 将量程选择开关旋转至 ACA 挡位，然后将测试表笔串入被测电路中。

小贴士

最大输入电流超过 200mA 或 10A 时，过大的电流会导致保险丝熔断，在测量时，如果仪表没有读数，应检查相应的保险丝。

6) 检测电路的通断

将黑表笔插入 COM 插孔，红表笔插入 V/Ω插孔，量程开关旋转至蜂鸣器挡位，让表笔触及被测电路，若蜂鸣器发出叫声，则说明电路是通的；反之则不通。

共同练：数字式万用表测量电阻的实际操作

1) 操作目的

(1) 熟悉数字式万用表的表盘标识。

(2) 掌握数字式万用表测量电阻的方法。

2) 操作设备与仪器

散装电阻(直接标注法标注)两个，数字式万用表一块。

3) 知识储备

使用数字式万用表进行测量时，如果表头显示屏仅在最高位显示数字“1”，其他位均消失，表示溢出符号，说明超量程，这时应该选择更高的量程。当被测量大小不清楚时，应该先选用最大量程，然后再逐渐减小量程，来精确测量。

使用数字式万用表测量电阻时，红表笔应该插入 V/Ω插孔。根据被测电阻的大小，选择合适的电阻测量量程。将红、黑表笔分别接触电阻两端，观察读数即可。

测量 10Ω以下的小电阻时，必须先短接两表笔，测出表笔及连线的电阻，然后在测量中减去这一数值，以减小测量误差。

4) 操作步骤

(1) 进一步明确数字式万用表各个标志符号的含义以及各个量程选择开关的作用。

(2) 确保红表笔插入 V/Ω插孔，黑表笔插入 COM 插孔。将量程选择开关拨至需要的量程挡位上。

(3) 将红、黑表笔分别接触电阻器的两个引脚，观察读数，测量结果记录于表 2-8 中。

(4) 数字式万用表使用完毕后，将量程开关拨到最高交流电压挡，并关闭电源。

表 2-8　数字式万用表测量电阻

被测对象	标 称 值	测 量 值	绝对误差	测量值相对误差
电阻 1				
电阻 2				

5) 操作总结

(1) 整理实验数据，分析产生测量误差的原因。

(2) 思考并回答：如何尽量减小测量过程中产生的测量误差？

(3) 撰写操作报告。

2.1.3　模拟式万用表

模拟式万用表将被测量转换为直流电流信号，通过驱动表头指针偏转实现读数。它可以直接对电压、电流等模拟量进行测量。该仪表通过指针在表盘上摆动的大小，来指示被测量的数值，因此读取精度较差。但是指针摆动的过程比较直观，摆动速度和幅度能比较客观地反映被测量的大小。例如可以用模拟式万用表较直观地观测电视机数据总线(SDL)在传送数据时的轻微抖动。

你知道吗

数字式万用表读数直接，但它是瞬时取样的仪表，通常每 0.3s 取一次样来显示测量结果，有时每次取样结果只是十分相近，并不完全相同。模拟式万用表能够较为客观地反映被测量的测量过程。因此，模拟式万用表是维修电视机、音响等电器设备时必备的仪表。

1. 模拟式万用表的表盘标记

不同类型的模拟式万用表具有不同的技术特性。根据国家标准的规定，每块万用表应有测量对象单位、准确度等级、工作原理系别、使用条件组别、工作位置、绝缘强度试验电压和各类仪表的标志。为了便于选择和使用万用表，通常把这些技术特性用不同的符号标识在万用表的刻度盘上。

图 2-6(b)所示为 MF30 型模拟式万用表表头，标记符号被标注在了表头的左下角和右下角。使用仪表时，必须首先看清各种标记，以确定该仪表是否符合测量要求。

(a) 表头左下角标记符号

(b) 表头

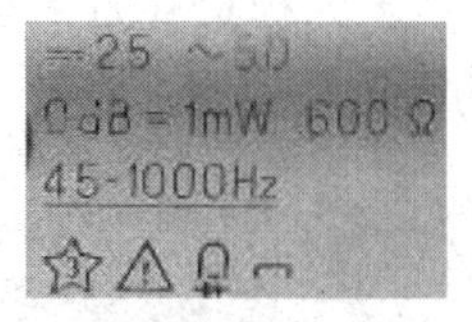

(c) 表头右下角标记符号

图 2-6　MF30 型模拟式万用表表头

图 2-6(a)为表头左下角的标记符号，表示了该万用表的电压灵敏度。“20,000Ω/V⎓”为直流电压灵敏度，表示该表直流电压量程输入内阻为直流每伏特 20kΩ；“5,000Ω/V~”为交流电压灵敏度，表示该表交流电压量程输入内阻为交流每伏特 5kΩ。模拟式万用表电压灵敏度间接地反映指针偏转满度时所需能量的大小。例如，“20,000Ω/V⎓”表示万用表指针偏转满度时，表头内带动指针偏转的线圈需要的直流电流值为 50mA，即 1V÷20kΩ=50mA。

图 2-6(c)为表头右下角的标记符号。其中的第一行以标度尺长度的满度相对误差形式来表示该表各大量程的精度等级。“⎓2.5”表示该表测量直流量时的仪表等级为 2.5 级，即直流量程满度相对误差为±2.5%；“~5.0”表示该表测量交流量时的仪表等级为 5.0 级，即交流量程满度相对误差为±5.0%。第二行表示了该表 dB 标度线上 0dB 点的交流电压换算标准。我国规定 1mW 的功率在 600Ω 负载上所产生的交流电压值(0.775V)为 0dB，所以表达式为“0dB=1mW 600Ω”。第三行“45-1000Hz”表示该表的工作频率范围，如果使用中超过这项指标，测量的数值将不准确。第四行的标记符号“☆”表示该表的绝缘强度试验电压，即对该表的导电部分与绝缘部分进行了 1min 的加载 3kV 交流电压的绝缘强度试验；“△”表示该表环境工作温度为 0~40℃；“ ”表示该表表头的结构是整流式磁电系结构；

“⊓”表示该仪表标度盘应该水平放置，在使用该表进行测量时，应该按照规定的水平放置方式使用；否则，测量就会出现附加误差。

2．模拟式万用表的结构原理

模拟式万用表要实现对多种电量、多个量程的测量，就需要通过测量线路将被测量转换成磁电式表头所能够接受的直流电流。万用表的功能越多，其测量线路就越复杂。通常情况下，模拟式万用表由表头、测量线路和转换开关组成。

1) 表头

表头是一个灵敏度较高的磁电式直流电流表，决定了万用表的主要性能。表头上一般有四条刻度线，从上到下依次排列，如图 2-7 所示。由上往下，第一条刻度线右侧标有“Ω”，表示测量电阻时，从这条刻度线上读数。该刻度线起始刻度在右侧，且刻度先疏后密。第二条刻度线的左侧标有“$\overline{\sim}$”，右侧标有“V.$\underline{mA}$”，表示测量直流电流以及测量除了 10V 交流电压以外的交、直流电压时，从这条刻度线上读数。该刻度线起始刻度在左侧，且刻度均匀。第三条刻度线标有“10$\underset{\sim}{V}$”，表示测量 10V 以下交流电压时，从此刻度线上读数。第四条刻度线标有“dB”，表示测量音频电平时，从该刻度线上读数。

2) 测量线路

测量线路将电压、电流、电阻等不同的被测量及其不同的量程，经过分压、分流、整流等方式，统一转换到适合表头测量的微小直流电流，并送入到表头中，进而实现测量。图 2-8 所示为模拟式万用表的内部结构实物图，从中可以看出，模拟式万用表测量线路中，较多的元件是电阻。

图 2-7　模拟式万用表表头的刻度线

图 2-8　模拟式万用表的内部结构实物图

3) 转换开关

转换开关实现了对各种不同测量线路的选择，从而可以满足对不同种类及不同测量要求的选择。

各种万用表的功能略有不同，但是，一般的模拟式万用表都具备测量电压、电流、电阻等基本功能，其工作原理如图 2-9 所示。

图 2-9 中，A 连接模拟式万用表的红表笔，B 连接黑表笔；M 为磁电式机构驱动的电流表；I_0 为表头满度偏转电流，一般为几百毫安；r_0 为表头等效内阻，一般为几百欧。如果把量程选择开关指向直流电流范围，电流表 M 与分流电阻 R0、R1、R2、R3、R4 并联连接，进而实现了 2.5mA、5mA 和 25mA 三个直流电流量程挡位，此时，只要在表头刻度盘第二条刻度线上读取直流电流的测量结果即可。同样，如果量程选择开关指向直流电压范围，

电流表 M 与分压电阻 R5、R6、R7 串联连接，进而实现了 5V、15V 和 50V 三个直流电压量程挡位，此时，在表头电压刻度线上指示的是被测直流电压的测量结果。在测量直流电压的电路中接入由二极管 VD1、VD2 和电阻 R8、R9 构成的整流电路，就可以测量交流电压了。测量电阻的原理与测量电压相似，只是在测量时还需要加入电动势为 1.2~1.5V 的电池，便可实现 R×1、R×10 和 R×100 三个电阻量程挡位。

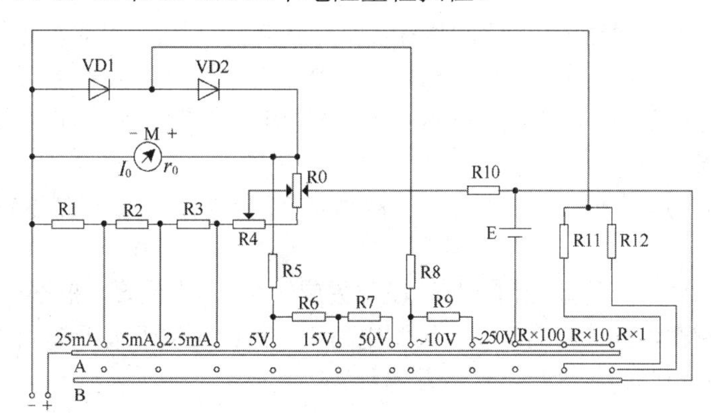

图 2-9　模拟式万用表的原理图

在使用模拟式万用表进行测量前，必须熟悉表盘上每个标志符号的含义以及每个量程选择开关的作用。在明确了待测内容和所要采取的测量方法后，将量程选择开关拨至合适的量程挡位，切不可弄错挡位。例如，要测量电流时，如果误将量程选择开关拨在电压或电阻挡位，易导致表头烧坏。在进行测量前，还要观察一下表盘指针是否指示零位置。如果指示不到零位置，需要调节表头中部的螺丝，使指针归零。一切就绪后，将红表笔插入万用表面板上的正极插口，黑表笔插入负极插口。

3．表盘标记基本量的测量

1) 测量电阻

先选择合适的倍率挡位，再将红、黑表笔短路，观察指针是否在右边的“0”刻度线上，如果不在“0”刻度线上，旋转欧姆调零旋钮，使指针指到“0”刻度线上，再用红黑表笔去测量未知电阻。从“Ω”刻度线上读取测量结果。被测电阻的大小等于“表盘读数×倍率”。测量电阻时，强调如下几个方面。

(1) 应避免带电测量，如果被测电阻在某个电路中，则需先断开被测电阻的电源及连接导线后再进行测量，否则将会损坏仪表，或者影响测量结果的准确性。

(2) 应根据被测电阻的估计值选择量程合适的挡位，尽量使指针指在刻度盘的中间位置，不宜偏向两端。测量过程中每变换一次量程挡位，就应重新进行一次欧姆调零。

(3) 测量过程中，测试表笔应与被测电阻接触良好，以减少接触电阻的影响；手不得触及表笔的金属部分，以防止将人体电阻与被测电阻并联，引起不必要的测量误差。

2) 测量电压

把红黑表笔插到对应的插孔内，根据被测电压的估计值将波段开关旋转至电压相应的量程挡位上，再将表笔跨接在被测电路两端，指针应位于大于2/3的刻度位置，否则改换量程。如果不能估计被测量的大小，波段开关就应旋转至最大量程的位置上。然后从对应的刻度尺上读出被测电压的大小，注意不要读错。测量过程中要注意以下几点。

(1) 表笔应与被测电路并联。

(2) 测量直流电压时，应分清被测电压的极性。如果无法区分正负极，则应先将一支表笔触牢，另一支表笔轻轻碰触，此时如果指针反向偏转，则应调换表笔进行测量。

(3) 测量中应与带电体保持安全距离，手不得触及表笔的金属部分，防止触电。同时还应防止短路和表笔脱落。测量高电压(500~2500V)时应带绝缘手套，站在绝缘垫上进行测量，并使用高压测试表笔。

(4) 测量直流电压时，要注意表内阻对被测电路的影响，否则将产生较大的测量误差。

3) 测量电流

把红黑表笔插到对应的插孔内，将波段开关旋转至"A"位置，根据被测电流的估计值选择合适的电流量程，再将表笔串联在被测电路中，指针应位于大于2/3的刻度位置，否则改换量程。然后从相应的刻度尺上读取测量结果。

小贴士

在测量电流时，千万不要将表笔跨接在电源两端，否则可能会损坏万用表，因为测量电流时万用表的内阻很小，容易因过流而烧毁；测量中也不能带电换挡，测量较大电流时应断开电源再撤表笔；测试完毕后应将转换开关置于空挡或者电压最高挡位。

延伸练：模拟式万用表测量电阻的实际操作

1) 操作目的

(1) 熟悉模拟式万用表的表盘标识。

(2) 掌握模拟式万用表测量电阻的方法。

2) 操作设备与仪器

散装电阻(直接标注法标注)两个，模拟式万用表一块。

3) 知识储备

用模拟式万用表测量电阻时，必须遵循如下操作步骤。

(1) 选择合适的倍率挡位。模拟式万用表电阻挡的刻度线右侧为零，左侧为无穷大，中间刻度是不均匀的，倍率挡的选择应使表盘指针停留在刻度线较稀疏的位置，一般应使指针指示在刻度尺的1/2左右的位置。

(2) 电气调零。测量电阻之前，首先将两个表笔短接，如果此时的表盘指针没有指示在电阻刻度线的零位置，则需要调节"欧姆电气调零"旋钮，使指针能够指示在零位上。如果指针不能调到零位置，则说明电池电压不足，或仪表内部有问题。

小贴士

测量电阻时，为了保证测量准确度，每换一次量程挡位，都要重新进行电气调零。

(3) 计算测量阻值。

被测电阻的电阻值 = 表头的读数 × 所选量程挡位的对应倍率

例如，用 R×1k 挡位测量某电阻，表头指针指示值为 20.5，那么被测电阻的电阻值为 20.5 × 1kΩ = 20.5kΩ。

4) 操作步骤

(1) 熟悉表盘上各个标志符号的含义以及各个量程选择开关的作用。

在明确了要测量的内容以及要采取的测量方法后，将量程选择开关拨至需要的量程挡位上，切不可弄错挡位。

(2) 机械调零。观察一下表盘指针是否指示零位置。如果指示不到零位置，需要调节表头中部的螺丝，使指针归零。

(3) 正确连接表笔。红表笔应插入标有“+”的插孔，黑表笔插入标有“-”的插孔。

小贴士

测直流电流和直流电压时，红表笔连接被测电压、电流的正极，黑表笔接负极。用欧姆挡“Ω”判断二极管的极性时，注意“+”插孔是接表内电池的负极，“-”插孔是接表内电池的正极。

(4) 电气调零。将红、黑两表笔短接，调节“欧姆调零”旋钮，使指针指示在欧姆刻度线右侧的零位置。如果调不到零位置，则说明该万用表内部电池电压不足，需要更换新电池。测量大电阻时，两手不能同时接触电阻，防止人体电阻与被测电阻并联造成测量误差。每变换一次量程，都要重新调零。如果以上方法不能调零，则有可能是该万用表的绕线电阻已经烧断，需要拆开万用表进行维修校正。

(5) 将红、黑表笔分别接触电阻器的两个引脚，观察表头指针的指示值，结合所选量程挡位，将测量结果记录于表 2-9 中。

表 2-9　模拟式万用表测量电阻

被测对象	标 称 值	测 量 值	绝对误差	测量值相对误差
电阻 1				
电阻 2				

小贴士

模拟式万用表电阻挡有 R×1、R×10、R×100、R×1k、R×10k 五个挡位，分别说明刻度的指示值要再乘上该倍频数，才能得到实际的电阻值。

(6) 模拟式万用表使用完毕后，应将其转换开关置于交流电压最大挡位。

5) 操作总结

(1) 整理实验数据，分析产生测量误差的原因。

(2) 思考并回答：如何尽量减小测量过程中产生的测量误差？

(3) 撰写操作报告。

2.1.4 电阻

电阻，全称为电阻器，英文缩写为R，是电气、电子设备中用得最多的基本元件之一。电阻为线性元件，即电阻两端的电压与流过电阻的电流成正比，它在电路中主要起到分压、分流、偏置、滤波和阻抗匹配的作用。

你知道吗

按照安装方式的不同，常用电子元件又可以分为直插式和贴片式两种类型。例如传统的直插式电阻，这种元件体积较大，电路板必须钻孔才能安置元件，完成钻孔后，插入元件，再过锡炉或喷锡(也可以手工焊接)，成本较高。直插式无源器件体积普遍要比贴片式大一些，而且直插式器件在制作PCB时需要打孔，焊接工艺跟贴片式也有差别，较为麻烦。相对而言，体积较小的表面贴片式元件SMD，不需要在印制电路板上钻孔，用钢膜将半熔状锡膏倒入电路板，再把SMD元件放上，即可焊接在电路板上了。

电阻的阻值表征了该电阻在电路中对电流阻碍作用的大小。电阻的基本单位为欧[姆]，用符号Ω表示。除了欧[姆]这个单位外，电阻的倍率单位还有千欧(kΩ)、兆欧(MΩ)、吉欧(GΩ)等。其换算关系为：1kΩ=1000Ω，$1M\Omega=1000k\Omega=10^6\Omega$，$1G\Omega=1000M\Omega=10^9\Omega$。

小贴士

1Ω是多少呢？假设有一段导线，如果在其两端加上1V的电压时，流过的电流为1A，那么，这段导线的电阻就是1Ω。

1. 电阻的分类

1) 按阻值特性分类

按照阻值特性的不同，可以将电阻分为固定电阻、可调电阻和特种电阻三种类型。固定电阻的阻值不能调节，例如色环电阻、直接标称阻值510kΩ的水泥电阻等。可调电阻的阻值可以调节，例如用于收音机音量调节的可调电阻。如果可调电阻主要应用于电压分配，则该可调电阻又称为电位器。特种电阻是指具有特殊用途的电阻，例如光敏电阻、压敏电阻、热敏电阻等。

2) 按制造材料分类

按照制造材料的不同，可以将电阻分为碳膜电阻、金属膜电阻、线绕电阻、水泥电阻等类型。

(1) 碳膜电阻。气态碳氢化合物在高温和真空中分解，碳沉积在瓷棒或者瓷管上，形成一层结晶碳膜。改变碳膜厚度或者用刻槽的方法变更碳膜的长度，可以得到不同的阻值。碳膜电阻制作工艺简单，成本低，但是其稳定性较差、噪声大、误差大。

(2) 金属膜电阻。在真空中加热合金，合金蒸发使瓷棒表面形成一层导电金属膜。刻槽和改变金属膜厚度可以控制阻值。金属膜电阻具有体积小、精度高、稳定性较好、噪声小、电感量小等优点，但是成本较高。

(3) 线绕电阻。线绕电阻是用电阻丝绕在绝缘骨架上构成的。电阻丝一般采用具有一定电阻率的镍铬、锰铜等合金制成。绝缘骨架是由陶瓷、塑料、涂覆绝缘层的金属等材料制成管形、扁形等各种形状。电阻丝在骨架上根据需要可以绕制一层，也可绕制多层，或采用无感绕法等。这种电阻具有成本低、阻值范围宽、功率大等优点，但有寄生电感，体积大、性能较差，不易用作阻值较大的电阻。

(4) 水泥电阻。把电阻体放入方形瓷器框内，用特殊不燃性耐热水泥充填密封而成。水泥电阻具有功率高、稳定性好、易于散热等优点，但有寄生电感，体积较大，不易用作阻值较大的电阻。

小贴士

一般依据背景颜色可以区分电阻的种类，淡绿、浅蓝、浅棕等浅色多为碳膜电阻；红色、棕色多为金属膜电阻；深绿、灰色表示线绕电阻。

2. 电阻的型号命名方法

除敏感电阻以外，国产电阻的型号由四部分组成，如表 2-10 所示。

第一部分为主称，用字母表示，表示产品的名字。如 R 表示电阻，W 表示电位器。第二部分表示电阻体用什么材料组成，通常用字母表示。第三部分表示产品属于什么类型，一般用数字表示，个别类型用字母表示。第四部分用数字表示同类产品中的不同品种，以区分产品的外形尺寸和性能指标等。

表 2-10　常用电阻元件型号的命名法

第一部分：主称		第二部分：材料		第三部分：特征分类			第四部分：序号
符　号	意　义	符　号	意　义	符　号	意　义		
					电 阻 器	电 位 器	
R	电阻器	T	碳膜	1	普通	普通	对主称、材料相同，仅性能指标、尺寸大小有差别，但基本不影响互换使用的产品，给予同一序号；若性能指标、尺寸大小明显影响互换使用时，则在序号后面用大写字母作为区别代号
W	电位器	H	合成膜	2	普通	普通	
		S	有机实芯	3	超高频	—	
		N	无机实芯	4	高阻	—	
		J	金属膜	5	高温	—	
		Y	氧化膜	6	—	—	
		C	沉积膜	7	精密	精密	
		I	玻璃釉膜	8	高压	特殊函数	
		P	硼碳膜	9	特殊	特殊	
		U	硅碳膜	G	高功率	—	
		X	线绕	T	可调	—	
		M	压敏	W	—	微调	
		G	光敏	D	—	多圈	
		R	热敏	B	温度补偿用	—	

续表

第一部分：主称		第二部分：材料		第三部分：特征分类			第四部分：序号
符　号	意　义	符　号	意　义	符　号	意　义		
					电阻器	电位器	
				C	温度测量用	—	
				P	旁热式	—	
				W	稳压式	—	
				Z	正温度系数	—	

例如，RT11 表示普通碳膜电阻，WH5-1 表示普通合成膜电位器。

3. 电阻的参数

电阻的参数主要有标称值、允许误差、额定功率以及其他辅助参数。

1) 标称值

标记在电阻上的电阻值称为电阻的标称值，该值并不是随意标记的，是在规定的温度(常温)、湿度等条件下测量的电阻值。

2) 允许误差

每只电阻的实际阻值不可能与标称阻值绝对相等，两者之间会存在一定的偏差，将该偏差的允许范围称为电阻的允许偏差，又称为允许误差。允许误差越小，精度越高，稳定性越好，成本也就越高。

电阻的允许误差常用值有±0.1%、±0.25%、±1%、±2%、±5%、±10%、±20%、±30%等。电阻的允许误差不是随意给定的，例如不可能出现±6%的误差。

小贴士

一般情况下，电阻实测值的误差都在其允许误差范围内，如果某电阻实测值的所得误差超过其允许误差，则该电阻是不合格的。

电阻的允许误差在标注时通常用英文字母标注，如表 2-11 所示。

表 2-11　用英文字母标注允许误差

字　母	允许误差	字　母	允许误差
B	±0.1%	J	±5%
C	±0.25%	K	±10%
D	±0.5%	M	±20%
F	±1%	N	±30%
G	±2%		

小贴士

表 2-11 中的字母无须都记住，只须记住常用的 F、J 和 K 所代表的允许误差即可。

电阻阻值大小的定义与其允许误差有关，即允许误差为±5%的电阻取值为 1.0、1.1、1.2、1.3、1.5、1.6、1.8、2.0、2.2、2.4、2.7、3.0、3.3、3.9、4.7、5.2、6.8、8.2，允许误差为±10%的电阻取值为 1.0、1.2、1.5、1.8、2.2、2.7、3.3、3.9、4.7、5.2、6.8、8.2，允许误差为±20%的电阻取值为 1.0、1.5、2.2、3.3、4.7、6.8。

小贴士

电阻的标称值为所对应取值的 10*n* 倍数，即取值单位可以是 Ω、kΩ 或 MΩ 等。考虑到允许误差的范围，电阻标称值取自允许误差范围内的数是没有必要的。例如，一个标称值为 3.3kΩ 的电阻，已知允许误差为±10%，则其测量值范围为 2.97~3.63kΩ，由此，电阻标称值取作 3.5kΩ 是没必要的。

3) 额定功率

当电流通过电阻时，电阻会发热，负荷功率越大，发热就越厉害。在一定条件下，电阻可以长时间承受的最大功率，即不被烧坏的功率，称为额定功率。额定功率通常有 1/8W、1/4W、1/2W、1W、2W、3W、5W、10W、20W 等。

小贴士

2W 以上的电阻的功率直接用数字印在电阻表面，2W 以下的电阻以自身体积大小来表征功率。

在电路图中，非线绕电阻额定功率的符号表示方式如图 2-10 所示。

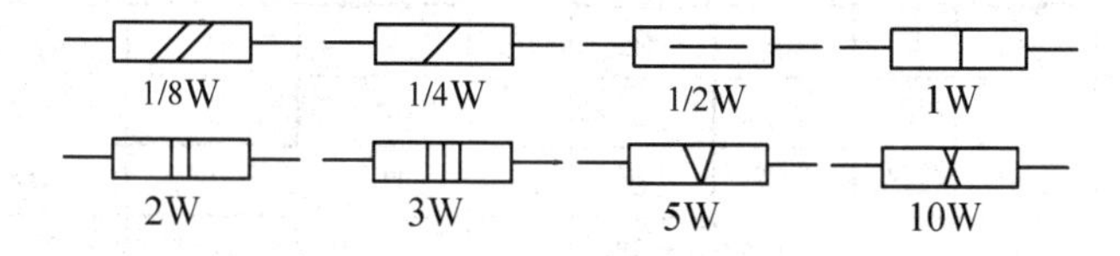

图 2-10　非线绕电阻额定功率的符号表示方式

小贴士

1~10W 标注方式实际上是 1、2、3、5、10 的大写罗马字母形式。

4) 其他参数

电阻的其他参数还有额定电压、最高工作电压、温度系数等。

(1) 额定电压。由阻值和额定功率换算出的电压。

(2) 最高工作电压。允许的最大连续工作电压。在低气压工作时，最高工作电压较低。

(3) 温度系数。温度每变化 1℃所引起的电阻值的相对变化。温度系数越小，电阻的稳定性越好。阻值随温度升高而增大的为正温度系数；反之为负温度系数。

(4) 老化系数。电阻在额定功率长期负荷下，阻值相对变化的百分数。它是表示电阻寿命长短的参数。

(5) 电压系数。在规定的电压范围内，电压每变化 1V，电阻的相对变化量。

(6) 噪声。产生于电阻中的一种不规则的电压起伏，包括热噪声和电流噪声两部分。其中，热噪声是指由于导体内部不规则的电子自由运动，使导体任意两点的电压不规则变化。

4. 电阻的标称值和允许误差的标注方法

电阻标称值和允许误差的标注方法主要有直标法、文字符号法和色标法。

1) 直标法

将电阻的主要参数和技术性能用数字或字母直接标注在电阻体上。一般用于功率较大的电阻。例如，在电阻体上直接标注“4.7k”，表示标称值为4.7kΩ的电阻。直接标注方法通常省略Ω。

2) 文字符号法

将数字与特殊符号有规律地组合起来，表示电阻的阻值和误差。常见符号有M、K、R，其中R表示Ω，K表示kΩ，M表示MΩ，符号前面的数字表示整数，符号后面的数字表示小数。例如，0.1Ω可以标注为Ω1或0R1；3.3Ω可以标注为3Ω3或3R3；4K7表示4.7kΩ。

3) 色标法

用不同颜色的色环来表示电阻的阻值及误差等级，一般适用于小功率电阻。其中有四环和五环之分，四环电阻比五环电阻的误差要大，一般用于普通电子产品上；而五环电阻一般都是金属膜电阻，主要用于精密设备或仪器上。当电阻为四环时，最后一环必为金色或银色，前2位为有效数字，第3位为乘方数，第4位为偏差。当电阻为五环时，最后一环与前面四环距离较大，前3位为有效数字，第4位为乘方数，第5位为偏差。电阻色环的含义如表2-12所示。

表2-12 电阻色环的含义

颜色	银	金	黑	棕	红	橙	黄	绿	蓝	紫	灰	白
有效数字	—	—	0	1	2	3	4	5	6	7	8	9
倍率	10^{-2}	10^{-1}	10^{0}	10^{1}	10^{2}	10^{3}	10^{4}	10^{5}	10^{6}	10^{7}	10^{8}	10^{9}
允许误差	±10%	±5%	—	±1%	±2%	—	±0.5%	±0.2%	±0.1%	—	—	—

小贴士

三个色环的电阻也是四色环电阻，只是其第四色环为无色，实际上没有三色环电阻的说法。

确定色环电阻的第一环是识别阻值的关键。对于四环电阻，表示误差的色环只有金色或银色，因此色环中的金色或银色环一定是第四环。对于五环电阻，有两种识别方法：其一是可以从阻值范围判断，因为一般电阻范围是0Ω~10MΩ，如果读出的阻值超过这个范围，可能就是第一环选错了。其二是从误差色环的颜色来判断。表示误差的色环颜色有银、金、黄、蓝、绿、红、棕。如果靠近电阻端头的色环不是误差颜色，则可确定其为第一环。

4) 数字标注法

一般适用于贴片电阻的标注。数字标注法通常用3位数字表示，前2位表示有效值，第3位表示有效值后加零的个数，单位为Ω。允许误差通常采用文字符号表示。0~10Ω带小数点电阻值表示为XRX或RXX。例如，471表示470Ω，105表示1MΩ，2R2表示2.2Ω。

5．排电阻

排电阻，也称为集成电阻或电阻网络，简称排阻，包含若干个参数完全相同的电阻，文字符号为 RP。排电阻一般应用在数字电路中，例如作为单片机输入与输出端口的上拉或下拉电阻。排电阻比分立电阻体积小，安装方便，但价格也稍贵。若线路中排电阻被损坏，完全可以由相应个数的分立电阻替代。排电阻以其体积小、安装方便、装配密度高等优点，被广泛应用于手机、电视机、显示器、计算机主板以及小家电中。

上拉电阻的“上拉”是相对于“下拉”来说的，上拉的作用可以简单地理解为用来给信号线提供一个驱动电压，即用来抵消线路中内阻对信号的损耗，进而使信号传输得更稳定，传输距离更远。

(1) 排电阻的结构。根据引脚布局的不同，可以将排电阻分为 A 结构和 B 结构两类。其中，A 结构排电阻引脚分布在同一侧，而 B 结构排电阻引脚分布在对立的两侧。图 2-11(a)和图 2-11(b)所示为 A 结构排电阻的内部结构图和实物图。A 结构排电阻的引脚数目通常是奇数，并且在左端有一个用白色圆点表示的公共端，常见的 A 结构排电阻有 4、6、8、10 个电阻连成一排，其相应的引脚有 5 个、7 个、9 个和 11 个。B 结构排阻的引脚数目总是偶数，并且没有公共端，常见的有 4 个电阻连成一排的，共 8 个引脚。

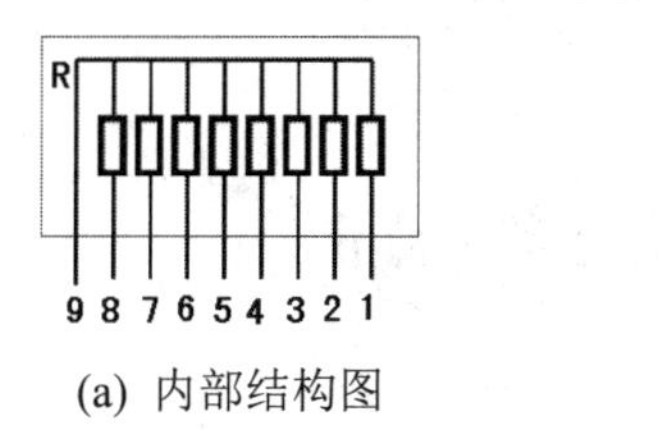

(a) 内部结构图

(b) 实物图

图 2-11　A 结构排电阻

直插式排电阻多为 A 结构类型，在排电阻内，若干个参数完全相同的电阻的一个引脚都连到一起，作为公共引脚，其余引脚正常引出。所以，如果一个排电阻是由 n 个电阻构成的，那么它就有 n+1 个引脚。一般来说，最左边的那个是公共引脚，它在排电阻上一般用一个色点标记出来。

(2) 排电阻的阻值识别。排电阻的阻值与内部电路结构可以从型号上识别出来，通常，用 3 位有效数字标示。在 3 位数字中，从左至右的第 1、第 2 位为有效数字，第 3 位表示前 2 位数字乘以 10 的 N 次幂，阻值单位为 Ω。如果阻值中有小数点，则用“R”表示，并占用 1 位有效数字位。例如，标示为“103”的排电阻的阻值为 $10\times10^3\Omega$=10kΩ；若标示为“222”，则其阻值为 $22\times10^2\Omega$=2.2kΩ。值得一提的是，标示为“0”或“000”的排电阻阻值为 0Ω，这种排电阻实际上是跳线，即短路线。

探究讨论

假设某个排电阻标示为“220”，则其标称阻值是22Ω，还是220Ω?

一些精密的排电阻通常采用4位数字加1个英文字母的标示方法，有时只有4位数字。前3位数字分别表示阻值的百位、十位、个位数字，第4位数字表示前面3位数字乘以10的N次幂，阻值单位为Ω。数字后面的字母代表允许误差，可参考表2-11给出的用英文字母表示的允许误差值。例如，标示为“1357”的排电阻的阻值为$135\times10^{7}\Omega = 1350M\Omega$。

以图2-11(b)所示的型号标示“A102J”为例，该排电阻是A结构类型，标称阻值为1kΩ。其中的前2位数字“10”，表示有效数字10；第3位数字“2”表示有效数字后边加“0”的个数，102即$10\times10^{2}\Omega=1000\Omega$，即1kΩ。字母J表示允许误差为±5%。该排电阻是8个电阻的集成，共9个引脚，其中最左边的一个引脚为公共引脚，由色点标出。用万用表测量时，将一支表笔固定接触在公共引脚上，然后用另一支表笔依次测量其他各引脚的电阻值，应该相等，即为1kΩ左右。如果将一支表笔接触除公共端以外的任意一个引脚，而另一个表笔接触除公共端以外的另外一个引脚，则测量值为2kΩ左右，即两个电阻的串联。

小贴士

对于不知引脚排列顺序的排电阻，可先将万用表的红表笔任意接该排电阻的一个引脚，然后用黑表笔去测试其他引脚，如果所得值相同，则说明红表笔所接的是被测量排电阻的公共引脚。

共同练：色环电阻的识读与检测的实际操作

1) 操作目的

(1) 掌握色环电阻的识读方法。

(2) 掌握以数字式万用表测量电阻的方法。

2) 操作设备与仪器

散装色环电阻三个，数字式万用表一块。

3) 知识储备

(1) 四色环电阻读取示例。

在四色环电阻的四个色环中，前2位为有效数字，第3位为乘方数，第4位为偏差。一般情况下，四色环电阻最后一环为金色或银色，由此可以确定4个色环的排序。以图2-12所示的四色环电阻为例，识别各色环颜色为图示颜色。可以确定，金色色环为第四色环，相应地，紫色色环为第一色环，绿色色环为第二色环，橙色色环为第三色环。

参考表2-12所示的电阻色环含义，前三个色环得到色环顺序对应数字“753”，即得到该电阻的阻值为$75\times10^{3}\Omega$，即为75kΩ，并且该电阻的允许误差为±5%。

进一步地，由$75k\Omega\times5\%=3.75k\Omega$和$75k\Omega\pm3.75k\Omega$计算得出，该电阻的测量值范围在71.25~78.75kΩ之间。

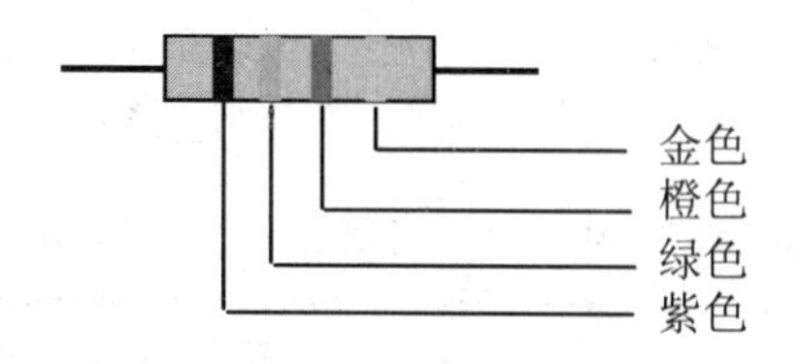

图 2-12　四色环电阻示例

(2) 五色环电阻读取示例。

当电阻为五个色环时，五色环的前 3 位为有效数字，第 4 位为乘方数，第 5 位为偏差。尤其对于偏差环与第一环(有效数字环)有相同颜色的五色环电阻，如果读反，识读结果将完全错误。因此，争取识读五色环电阻的第一环很关键。经验如下。

① 偏差环距其他环较远。

② 偏差环较宽。

③ 第一环距端部较近。

④ 有效数字环没有金色、银色。如果从某端环数起第一色环、第二色环有金色或银色，则另一端环是第一环。

⑤ 偏差环没有橙色、紫色、灰色和白色。如果某端环是橙色，或者是紫色，或者是灰色或白色，则一定是第一环。

⑥ 试读。一般成品电阻的阻值不大于 22MΩ，如果试读大于 22MΩ，说明读反。

⑦ 试测。如果用上述方法还不能识别，可进行试测，但前提是电阻必须是完好的。

以图 2-13 所示的五色环电阻为例，识别各色环颜色为图示颜色。目测色环之间的间距，初步确定，左侧棕色色环为第一色环，两个黑色色环依次为第二、第三色环，橙色色环为第四色环，右侧棕色色环为第五色环。

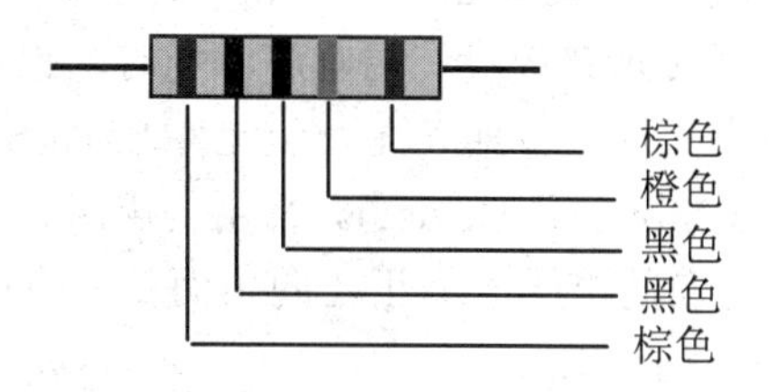

图 2-13　五色环电阻示例

参考表 2-12 所示的电阻色环含义，前四个色环得到色环顺序对应数字“1003”，即得到该电阻的阻值为 $100\times10^3\Omega$，即为 100kΩ，并且该电阻的允许误差为±1%。

进一步地，由 100kΩ×1% = 1kΩ和 100kΩ±1kΩ计算得出，该电阻的测量值范围在 99 ~ 101kΩ之间。

4) 操作步骤

(1) 进一步明确数字式万用表各个标志符号的含义以及各个量程选择开关的作用。

(2) 确保红表笔插入 V/Ω插孔，黑表笔插入 COM 插孔。将量程选择开关拨至需要的量程挡位上。

(3) 结合表 2-12，识读色环电阻标称值，并将识读结果记录于表 2-13 中。

(4) 用红、黑表笔分别接触电阻的两个引脚，观察读数，将测量结果记录于表 2-13 中。

(5) 数字式万用表使用完毕后，将量程开关拨到最高交流电压挡，并关闭电源。

表 2-13　用数字式万用表测量色环电阻

被测对象	标称值	测量值	测量值范围	绝对误差	测量值相对误差
电阻 1					
电阻 2					
电阻 3					

5) 操作总结

(1) 整理实验数据，分析产生测量误差的原因。

(2) 思考并回答：如何尽量减小测量过程中产生的测量误差？

(3) 撰写操作报告。

2.1.5　贴片式电阻

从早期“身材魁梧”的大哥大发展到现在以 iPhone 为代表的手机，从早期 12 英寸射线管的电视机发展到现在 60 英寸的 LED 液晶电视，集成电路使电子产品的体积越来越小，而性价比越来越高。如今，人们可以用电话与远方的亲友进行视频聊天；在回家的途中就可以用手机遥控家中的热水器、微波炉；自动导航仪可以指引自己驾车回家。以前这些看似科幻小说的情节，现在正一步步走进我们的生活。新科技引领新生活。这其中，贴片式元件及集成电路技术起到了举足轻重的作用。

SMT 是表面贴装技术 Surface Mounted Technology 的缩写，它从引脚直插式封装技术发展而来，主要优点是降低了 PCB 电路板设计的难度，同时，也大大降低了 PCB 板的尺寸。

SMT 元件是表面贴装技术元件，包括表面贴装元件 SMC(Surface Mounted Component)和表面贴装器件 SMD(Surface Mounted Device)。常用的电阻、电容、电感、二极管等电子元件都有贴片封装形式的。现在的电子产品正在向小而精的方向发展，众多的电子产品都使用贴片器件来减小产品的整体体积。

你知道吗

贴片元件个头小，容易集成。但是，贴片元件还不能完全取代传统的直插元件，就像电脑主板那样，还能看到直插大电容等器件。因为贴片元件的耐高压、大电流能力较弱，而且贴片无极电容容量很小，还不能完全代替直插大电容。鉴于目前技术水平的限制，有些较大功率的或高电压下工作的电感、三极管等，大容量、高耐压的电解电容等，暂时还不能制造为贴片式。有些元件即使也有贴片式的，也仅仅是引脚贴片，个头还是小不了的。

按照不同的分类依据，贴片电阻可以分为多种类型。例如，按照生产工艺的不同，可分为薄膜贴片电阻、厚膜贴片电阻和 MELF 电阻三类；按照外形的不同，可分为矩形、圆柱形；按照封装方式的不同，可分为 0201、0402、0603、0805、1206、1210、1812、2010、

2512 等；按照功率的不同，可分为 1/20W、1/16W、1/10W、1/8W、1/4W、1/2W、1W。

小贴士

通常将贴片式元件的长与宽组合在一起表示贴片元件体积的大小，并且通用单位为英寸(in)。常用贴片式元件的规格有：0402，表示该元件长 0.04in，宽 0.02in；0603，表示该元件长 0.06in，宽 0.03in；0805，表示该元件长 0.08in，宽 0.05in；1206，表示该元件长 0.12in，宽 0.06in；1210，表示该元件长 0.12in，宽 0.1in。

探究讨论

我们知道 1in 相当于 2.54cm，对于 0603 封装形式的贴片电阻，若将其外形尺寸换算为厘米(cm)形式，应该是多少呢？

1．矩形贴片电阻

矩形贴片电阻是一种外观上非常单一的元件，一般为表面黑色、底面白色、表面有丝印标识元件值的长方形，如图 2-14 所示。这类电阻的体积一般很小。矩形贴片电阻又有厚膜贴片电阻和薄膜贴片电阻两种类型，目前常用的是厚膜贴片电阻。

图 2-14　矩形贴片电阻的外形

1) 矩形贴片电阻的命名方式

矩形贴片电阻的命名没有统一的规定。例如，代号为 EC3216 的贴片电阻中，EC 表示矩形贴片电阻，32 表示电阻的长度为 3.2mm，16 表示电阻的宽度为 1.6mm。

2) 矩形贴片电阻的阻值标示方法

矩形贴片电阻的阻值一般直接标注在电阻的表面，黑底白字，如图 2-14 所示。美国电子工业协会(EIA)对电阻元件的规格进行了定义，其中电阻标称值和电阻误差范围规定了七个类别，即 E-3、E-6、E-12、E-24、E-48、E-96、E-192，其中首选 E-24 和 E-96。

(1) E-24 标示方法。E-24 有 2 位有效数字，精度在±2%(G)、±5%(J)、±10%(K)。

① 常用电阻的标注。前 2 位有效数字是有效数值，第 3 位是有效数值后面 0 的个数，单位为Ω。例如，在图 2-14 中，“470”表示 47×1Ω，即为 47Ω；“101”则表示 10×10Ω，即为 100Ω。

② 小于 10Ω的电阻标注。用 R 代表单位为Ω的电阻小数点，用 m 代表单位为 mΩ的电阻小数点。例如，“1R0”表示 1.0Ω；“R20”表示 0.20Ω；“2R49”表示 2.49Ω；“4m7”表示 4.7mΩ。

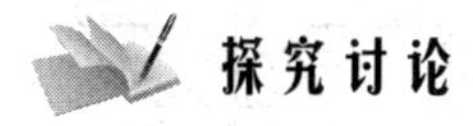

探究讨论

“R006”表示的电阻阻值是多少呢？

(2) E-96 标示方法。E-96 标示法有 3 位有效数字，精度为±1%(F)。

① 常用电阻的标注。前 3 位有效数字是有效数值，第 4 位是有效数值后面 0 的个数，单位为Ω，例如，“4700”为 470Ω；“1003”为 100kΩ；“2204”表示 220×10000Ω，即为 2.2MΩ。

② 小于 10Ω的电阻标注。也是用 R 代表单位为Ω的电阻小数点，用 m 代表单位为 mΩ 的电阻小数点。例如，“4m70”表示 4.70mΩ。

探究讨论

已知某贴片电阻的电阻丝印为“0100”，则该电阻的标称值为 10Ω，还是 100Ω？表示的电阻阻值是多少呢？

③ E-96 Multiplier Code 标注法。E-96 Multiplier Code 标注法是用 2 位数字后面加 1 个字母的表示方法。该方法中，前 2 位数字表示电阻值的有效数值，所加字母表示有效数值后面应乘以 10 的幂次，单位为Ω。其标识意义如表 2-14 和表 2-15 所示。具体数值需要从 Multiplier Code 表中查找，例如“02C”表示 $102×10^2Ω = 10.2kΩ$；“33F”表示 $215×10^5Ω$，即 21.5MΩ。

表 2-14　Multiplier Code 底数代码表

代码	含义	代码	含义	代码	含义	代码	含义	代码	含义
1	100	21	162	41	261	61	422	81	681
2	102	22	165	42	267	62	432	82	698
3	105	23	169	43	274	63	442	83	715
4	107	24	174	44	280	64	453	84	732
5	110	25	178	45	287	65	464	85	750
6	113	26	182	46	294	66	475	86	768
7	115	27	187	47	301	67	487	87	787
8	118	28	191	48	309	68	499	88	806
9	121	29	196	49	316	69	511	89	825
10	124	30	200	50	324	70	523	90	845
11	127	31	205	51	332	71	536	91	866
12	130	32	210	52	340	72	549	92	887
13	133	33	215	53	348	73	562	93	909
14	137	34	221	54	357	74	576	94	921
15	140	35	226	55	365	75	590	95	935
16	143	36	232	56	374	76	604	96	956
17	147	37	237	57	383	77	619	97	973
18	150	38	243	58	392	78	634	98	985
19	154	39	249	59	402	79	649	99	998
20	158	40	255	60	412	80	665		

表 2-15　Multiplier Code 指数代码表

代码	含义	代码	含义	代码	含义	代码	含义	代码	含义	代码	含义
A	10^0	C	10^2	E	10^4	G	10^6	X	10^{-1}	Z	10^{-3}
B	10^1	D	10^3	F	10^5	H	10^7	Y	10^{-2}		

3) 矩形贴片电阻允许误差的表示方法

通常，矩形贴片电阻的允许误差用字母来表示，字母的含义完全与普通电阻的允许误差表示意义相同，即如表 2-11 所示。通常，普通贴片电阻的允许误差为±5%或者±10%，高精度贴片电阻的允许误差为±1%或者±0.5%。

2. 圆柱形贴片电阻

圆柱形贴片电阻由通孔电阻去掉引线演变而来，其外形如图 2-15 所示，可分为碳膜和金属膜两类。圆柱形贴片电阻的额定功率有 1/10W、1/8W 和 1/4W 三种，对应的体积大小分别为 ϕ1.0mm×2.0mm、ϕ1.5mm×3.5mm、ϕ2.2mm×5.9mm。圆柱形贴片电阻的标注方法采用色环标注法，并且与普通电阻的色环意义相同(如表 2-12 所示)。

图 2-15　圆柱形贴片电阻的外形

与矩形贴片电阻相比，圆柱形贴片电阻的高频特性较差，但是，其噪声和三次谐波失真度较小。也正因为如此，矩形贴片电阻一般用于电子调谐器和移动通信等频率较高的产品中，圆柱形贴片电阻多用于音响设备。

小贴士

贴片式电阻尺寸小，有利于减小电气设备的体积，做到小型化、微型化。但是直插式电阻的耐压值和功率都会比贴片式电阻大一些。因此，在某些电路板上，有些是使用贴片式电阻，有些却仍然使用直插式电阻。

3. 贴片电位器

贴片电位器主要采用玻璃釉作为电阻体材料，具有高频特性好、阻值范围宽等优点，使用频率可超过 100MHz，阻值可在 10Ω～2MΩ范围内变化，其外形如图 2-16 所示。

图 2-16　贴片电位器的外形

技能驿站

1．目的

(1) 了解电路板上常用电子元件的类型。

(2) 掌握贴片电阻的识读与检测方法。

(3) 巩固关于以数字式万用表测量电阻的方法的知识。

2．设备与仪器

包含有贴片电阻等元件的电路板一块，数字式万用表一块。

3．内容及步骤

(1) 按照电路板上的器件标号，识别电阻元件。

(2) 用数字式万用表检测贴片电阻的阻值。首先将万用表的两个表笔与待测电阻的两个电极相连，即可测出实际的电阻值。如果测量电阻值为零或者无穷大，则说明所测贴片电阻可能已经损坏。将识读与检测结果记录于表 2-16 中。

表 2-16　电路板常用贴片电阻的识读与检测

被测对象	器件类型	名称标记	标 称 值	允许误差	测 量 值
电阻 1					
电阻 2					
电阻 3					
电阻 4					

注：“器件类型”填写直插式/贴片式；“名称标记”填写器件体上的标记符号，没有的可不写；“允许误差”如果无法读取可以不填。

以万用表检测贴片电阻时，手不要触及表笔和电阻的导电部分，表笔要与贴片电阻端电极充分接触，不要带电测量。在线电阻测量有一定的测量误差。如果用模拟式万用表检测，则要进行调零，并且挡位要正确。

4．总结

(1) 整理测量数据，分析产生测量误差的原因。

(2) 思考并回答如下问题。

① 直插式电阻和贴片式电阻在外观、标称值和测量方法上有什么区别？

② 总结贴片电阻的开路测量方法。

(3) 撰写任务报告。

任务 2.2　测量电容

任务描述

图 2-17 所示的电子元件是电气、电子设备中用得最多的基本元件之一。

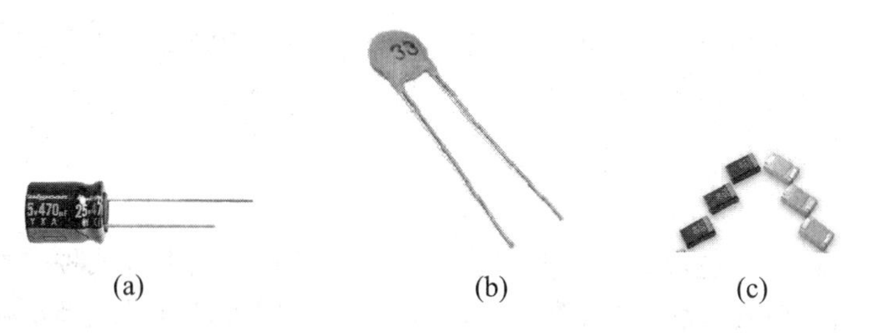

(a)　(b)　(c)

图 2-17　电子元件示例

根据经验，可以看出，图 2-17(a)所示为电解电容，并且它的相关参数可以从器件体上的文字信息“……470μF……”中识读出。但图 2-17(b)所示的是什么器件呢？器件体上的“33”又有什么含义？图 2-17(c)所示的器件体上有的没有任何信息，那么它又是什么器件呢？

任务要求

识别图 2-17 所示电子元件的类型，分析它们的标称值大小，选择检测仪器，确定检测方案。

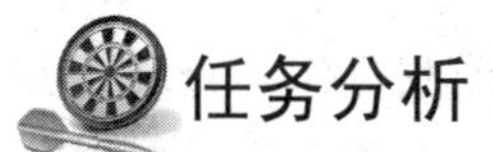

任务分析

要检测图 2-17 所示的电子元件，可供选择的电子测量仪器中首推的是数字式万用表。

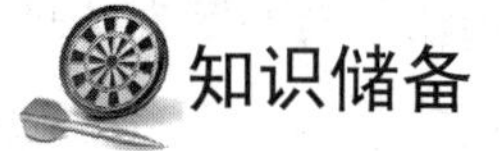

知识储备

电容，全称为电容器，是一种能储存电荷的容器，文字符号为 C。电容的特性主要是通交流、隔直流、阻低频、通高频。

跟电阻一样，电容也是电气、电子设备中用得最多的基本元件之一。

电容是由两片金属板紧密靠近，中间用绝缘材料隔开而组成的元件。两片金属称为极板，中间的物质称为介质。

电容的容量值表征了该电容储存电荷能力的大小。规定把电容外加 1V 直流电压时所储存的电荷量称为该电容的电容量。

电容的基本单位为法[拉]，用符号 F 表示。除了法拉这个单位外，电容的倍率单位还有微法(μF)、纳法(nF)和皮法(pF)等，它们的换算关系为：$1\text{F} = 10^6\mu\text{F} = 10^9\text{nF} = 10^{12}\text{pF}$。

小贴士

实际应用中的电容容量往往比 F 小很多，因此 F 是一个不常用的单位，常用的电容单位有μF 和 pF。

自己练

一个标称容量值为 100μF 的电容，若换算为 pF 单位，结果是多少？

2.2.1 电容的分类

根据容量值的特点，电容分为可变电容、微变电容和固定电容三种类型。顾名思义，可变电容的电容值可以在比较大的范围内进行调节，多用于耦合及调谐电路中，常见的有双联电容、陶瓷电容等。微变电容也称为半可变电容，其电容量可在某一小范围内调节，并可在调整后固定于某个电容值。固定电容的电容量是固定的，无法调节；根据介质的不同，又可将其分为陶瓷电容、云母电容、纸介电容、薄膜电容和电解电容等几种。

小贴士

一般 1μF 以上的电容均为电解电容，而 1μF 以下的电容多为瓷片电容，当然，也有其他电容，如独石电容、涤纶电容、小容量的云母电容等。

1. 陶瓷电容

陶瓷电容是用高介电常数的钛酸钡-氧化钛陶瓷挤压成圆管、圆片或圆盘作为介质，并用烧渗法将银镀在陶瓷上作为电极制成。图 2-17(b)所示即为陶瓷电容。陶瓷电容又可以分为高频瓷介质和低频瓷介质两种。高频瓷介质电容适用于无线电、电子设备的高频电路。低频瓷介质电容限于在工作频率较低的回路中作旁路或隔直流用，或应用于对稳定性和损耗要求不高的场合。

2. 云母电容

就结构而言，云母电容又可分为箔片式和被银式。被银式电容的电极由直接在云母片上用真空蒸发法或烧渗法镀上的银层构成，由于消除了空气间隙，温度系数大为下降，电容稳定性也比箔片式电容高。云母电容广泛应用于高频电路，也可用作标准电容。

3. 纸介电容

纸介电容一般是用两条铝箔作为电极，中间以厚度为 0.008 ~ 0.012mm 的电容器纸隔开重叠卷绕而成。其制造工艺简单，价格便宜，能得到较大的电容量，因此在无线电和电子设备中应用广泛。以往的纸介电容仅用地蜡、石蜡或氯化二苯基等浸渍封闭，为非密封型，容易老化，稳定性较差。电容器芯置于金属或陶瓷管内加以密封的纸质电容质量较好，外界气候条件的影响极小，可在相对湿度达 95% ~ 98%的场合中正常使用。纸质电容是中频电容器，一般应用在低频电路内，通常不能在高于 3MHz 的频率上使用。

金属化纸介电容的电极是用真空蒸发法，直接将金属蒸发，附着于电容器纸上，体积仅为普通纸质电容的 1/4 左右。它具有“自恢复”作用，即在击穿后能“自愈”，是纸质电容的改进型。

油浸电容的耐压比普通纸质电容高，稳定性也好，适用于高压电路。

4．薄膜电容

薄膜电容的结构与纸质电容相似，采用聚脂、聚苯乙烯等低损耗塑材作为介质。

聚苯乙烯电容性能优良，介电吸收作用极微而放电迅速，可用作低频电路中的耦合电容，同时还适用于 RC 时间常数电路。

耐高温薄膜电容有涤纶电容、聚四氟乙烯电容和聚碳酸脂电容。涤纶电容也称为聚脂电容，其电性能优于金属化纸介电容，在电路中主要用作旁路和隔直流等，以代替纸介电容。聚碳酸脂电容的电性能优于涤纶电容，可长期工作于 120~130℃。

聚丙烯电容的电性能与聚苯乙烯电容相似，而单位体积电容量较大，能耐 100℃以上高温，但温度稳定性则稍差。

5．电解电容

电解电容是用薄的氧化膜作为介质的电容器。图 2-17(a)所示即为电解电容。因为氧化膜有单向导电性质，所以电解电容具有极性。

小贴士

电解电容有个铝壳，里面充满了电解质，并引出两个电极，作为正(+)、负(−)极，正极引脚长，负极引脚短，且在外壳标有负极性，所以很容易区分。电解电容在电路中的极性不能接错，如果接错，会造成电解电容击穿。

常见的电解电容又有铝电解电容和固体钽电解电容两种类型。

1) 铝电解电容

铝电解电容用浸有糊状电解质的吸水纸夹在两条铝箔中间卷绕而成。普通铝电解电容通常用作低频旁路、耦合和电源滤波，不适于在高频和低温下使用，也不适于在 25kHz 以上频率的电路中使用。

2) 固体钽电解电容

固体钽电解电容是用烧结的钽块作为正极，其电解质使用固体二氧化锰。这种电容的温度特性、频率特性和可靠性均优于普通电解电容，特别是具有漏电流极小、储存性良好、寿命长、体积小等优点。钽电解电容在单位体积下能得到最大的电容电压乘积，适用于超小型、高可靠性的电子线路。

2.2.2　电容的参数

电容的主要参数有标称容量、允许误差和额定工作电压，辅助参数有漏电流、绝缘电阻等。

1．标称容量

电容的标称容量是标示在电容上的“名义”电容量，其标示方法通常有四种。

1) 直标法

直标法是指直接标明电容的容量和单位。例如 16V 220μF、470μF 25V 等。有些电容采用 R 表示小数点，例如用 R47μF 表示 0.47μF。如果是“零点零几”，又常常把整数位的零省去，例如 01μF 表示 0.01μF。

小贴士

对于体积较小的电容，通常采用只标数字不标单位的表示方法。例如，普通电容上标有“75”，则表示该电容的容量值为 75pF，而对于电解电容，“47”表示 47μF。

2) 字母表示法

字母表示法是国际电工委(IEC)推荐的一种标注方法，它常用 2~4 位数字附带 1 个字母的形式来表示。字母表示数值的量级，其中 p 表征 10^{-12}F；n 表征 10^{-9}F；μ 表征 10^{-6}F；m 表征 10^{-3}F。

字母所在位置表示了小数点的位置。例如 1p2 表征 1.2pF；1m 表征 1mF=1000μF；330n 表征 330nF=0.33μF；1p0 表征 1pF。

3) 数标法

数标法通常采用 3 位数字表示容量大小，前 2 位表示有效数字，第 3 位数字是倍率，数码表示的容量单位为 pF。例如 102 表示 10×10^{2}pF，等于 0.001μF；224 表示 22×10^{4}pF，等于 0.22μF；229 表示 22×10^{-1}pF，即 2.2pF。

小贴士

数标法中的第 3 位数字如果是 9，则表示 10^{-1} 数量级。

4) 色标法

电容的色标法与电阻的色环标注方法基本相同，读码方向从顶部向引脚方向读。一般由三条色环组成，第一、第二条表示有效数字，第三条表示倍率，单位为 pF。

小贴士

对于色标法标注的电容，如果某条色环宽度为其他颜色的两倍，则表示是相同颜色的两个色环。

2．允许误差

电容的允许误差通常有百分数表示、分级表示和字母表示三种形式。

1) 百分数表示

直接用“%”标出误差。

2) 分级表示

将电容器允许误差分为三级，即 I 级为±5%、II 级为±10%、III级为±20%。

小贴士

铝电解电容的允许误差可能大于III级。

3) 字母表示

与电阻允许误差的表示方法相同，用字母表示电容的允许误差，详见表 2-12 电阻色环的含义。例如，104K 表示 0.1μF±10%。

3．额定工作电压

电容的额定工作电压，是指电容在规定的工作温度范围内长期可靠工作所能承受的最高直流电压，又称为电容的耐压值。该值通常为击穿电压的一半。常用电容的工作电压有以下几种系列：1.6V、4V、6.3V、10V、16V、25V、32V*、40V、50V、63V、100V、125V*、160V、250V、300V*、400V、450V*、500V、1000V 等，其中的 32V、125V、300V 和 450V 只限于电解电容使用。耐压值一般直接标在电容上，但有些电解电容在正极根部用色点来表示耐压等级，通常 6.3V 用棕色，10V 用红色，16V 用灰色。

小贴士

电容在使用时不允许超过其耐压值，否则就有可能损坏或击穿电容，甚至发生器件爆裂。

4．漏电流

电容的介质材料不是绝对绝缘体，它在一定的工作温度及电压条件下，也会有电流流过，此电流即为漏电流。一般电解电容的漏电流较大。

5．绝缘电阻

绝缘电阻也称漏电阻，是电容两极板之间的电阻。漏电阻越低，漏电流越大，介质耗能越大，电容的性能就越差，寿命也越短。一般电容的绝缘电阻在 $10^8\sim10^{10}\Omega$ 之间。

小贴士

电容最重要的两个参数是耐压和电容量。容量大的电容往往用于滤波和存储电荷，其容量值在电容上直接标明，如 10μF/16V。容量小的电容通常在高频电路中使用，如收音机、发射机和振荡器中，其容量值在电容上用字母表示，或者用数标表示。

2.2.3　贴片电容

常用的贴片电容一般都是叠层结构的陶瓷电容，它具有比容大、内部电感小、损耗小、高频特性好、内电极与介质材料共烧结、耐潮湿性好、可靠性高等优点。

按照加工工艺的不同，可将贴片电容分为NPO系列、X系列、Y系列和Z系列。

NPO系列的贴片电容带有温度系数，常见的有N80、N150、N220、N470、N750等类型，该系列的电容容量较小，允许误差也比较小，一般在5%以下。

常见的X系列的贴片电容有X7R，它的允许误差一般在10%以下。

常见的Y系列贴片电容有Y5V，它的允许误差比较大，在20%以上，最大允许误差可达到80%。

Z5V和Z5U是较常见的Z系列贴片电容，它的允许误差也在20%以上。

如图2-18所示，有的贴片电容无极性、无丝印，例如贴片瓷片电容。有的贴片电容有极性，丝印上标明了电容值和耐压值，例如贴片钽电解电容。

(a) 无极贴片电容

(b) 贴片钽电解电容

图2-18 贴片电容的外形

1. 矩形贴片电容

贴片电容也有矩形和圆柱形两种外形，其中，图2-18所示的矩形贴片电容应用最多，占各种贴片电容的80%以上。

矩形贴片电容容量的表示方法以及允许误差的表示方法与贴片电阻相似，只是单位为pF。采用数字法表示容量的，前2位数字表示有效数字，第3位表示倍率，单位为pF。例如，151表示150pF，1P5表示1.5pF。

小贴士

数字标示的贴片电容，有的会有一个“n”，n的意思是1000，并且n所处的位置与容量有关。例如，标示为10n的电容的容量为10000pF，标示为4n7的电容的容量为4700pF，也即4.7nF。

2. 贴片电解电容

贴片电解电容又分为铝电解电容和钽电解电容两类。

铝电解电容的外观及参数与普通铝电解电容相似，只是其引脚形式有变化。贴片铝电解电容体积较大，价格也较便宜，适用于消费类电子产品。

贴片钽电解电容体积较小，价格较贵，响应速度快，适合在需要高速运算的电路中使用。钽电解电容还有多种封装，使用最广泛的是端帽型树脂封装，标志直接丝印在元件上，有横标端为正极。

容量标称系列值与普通电容类似，最高容量为330μF，其耐压值在4~50V之间。

如图2-18(b)所示，其中的107表示10×10^7pF，即为100μF，两个电容的耐压值分别为6V和16V。

3. 绝缘电阻贴片电容与贴片电阻的区别方法

1) 看颜色

贴片电容多为灰色、黄色、青灰色，电解电容也有红色的。而贴片电阻多为白底黑面，有的为藏蓝色表面。

2) 看标识

贴片电容在电路中的文字符号为C，贴片电阻在电路中的文字符号为R。

3) 测量法

一般贴片电容的阻值很大，而贴片电阻具有相对应的电阻。贴片电容具有一定的充放电特性，而贴片电阻在测量时不会出现使模拟式万用表指针“来回”摆动的充放电现象。

4. 电容的检测方法

1) 模拟式万用表检测直插式电容

用模拟式万用表并不能测出电容的容量以及电容所能承受的耐压值等确切参数，但却可以用模拟式万用表的电阻挡粗略地判断电容质量的好坏。其判断方法又分为电解电容的检测和非电解电容的检测两种情况。

(1) 电解电容的检测。电解电容的容量较一般的电容大得多，所以检测时，应针对不同容量值选用合适的量程。一般情况下，容量值在 47μF 以下的电解电容可以采用 R×1k 挡进行检测，当容量值大于 47μF 时，采用 R×10k 挡进行测量。具体操作方法是，将模拟式万用表的红表笔接电解电容的负极，黑表笔接正极，在表笔刚刚接触到电容引脚的瞬间，万用表指针随即向右大幅度偏转，紧接着指针逐渐向左回转，直到停在某一位置。此时的阻值便是电解电容的漏电阻。实践表明，电解电容的漏电阻一般应在几百 kΩ以上。测试过程中，如果正向、反向表盘指针均不摆动，即不表现充电现象，则说明该电解电容器的容量消失或内部断路；如果指针有摆动，但所测阻值很小或为零，则说明该电解电容漏电较大，或者已被击穿。

小贴士

对于极性不清的电解电容，也可以利用上述方法来判别极性。即先任意测一下漏电阻，然后交换两个表笔测出另外一个阻值，两次测量中阻值较大的那一次，黑表笔接的是正极，红表笔接的是负极。

(2) 非电解电容的检测。用模拟式万用表检测 10pF 以下的小容量电容时，由于其容量较小，只能定性地判断它是否漏电、内部是否短路或击穿等。测量时，可用模拟式万用表的 R×10k 挡，将模拟式万用表的两支表笔分别任意连接电容器的两个引脚。正常情况下，阻值应该无穷大。如果测出的阻值为零，则说明该电容器漏电损坏，或已击穿。对于 10pF 以上的电容器，可以用 R×10k 挡测试，根据指针摆动的幅度大小，可以估计出其容量值。

2) 数字式万用表检测直插式电容

将数字式万用表的量程选择开关旋转到相应的电容量程上，将被测电容插入电容插孔，即可在显示屏上读取该电容的容量值。这里要特别说明一点，如果所选数字式万用表没有专用的电容插孔，此时需要将数字式万用表的红表笔插入 mA 插孔，黑表笔插孔不变，用两个表笔分别接触电容两端，观察读数即可。一般数字式万用表上都有CX标记，用以进行电容测量。

使用数字式万用表的二极管测试挡，可以检查未曾使用过的电解电容的质量，具体操作方法如下。

(1) 将电解电容两端串上阻值较大的电阻，保持1s左右，对电解电容器放电。

(2) 将数字式万用表拨到二极管测试挡位“→+”，红表笔接电容的正极，黑表笔接电容的负极，此时应能听到一阵短促的蜂鸣音(或者能看到万用表的指示灯短暂亮)，随即声音停止，同时显示溢出符号“1”。

电源刚开始对电容充电时，充电电流较大，相当于通路，所以蜂鸣器发声。随着电容两端电压不断升高，充电电流迅速减小，蜂鸣器停止发声。如果蜂鸣器一直响，说明电解电容内部短路。电容的容量越大，蜂鸣器响的时间就越长。测量100~2200μF的电解电容时，响声持续时间约为零点几秒至几秒。如果被测电容已经充好电，测量时就听不到响声。

3) 贴片电容的检测方法

与贴片电阻不同，贴片电容上面没有量值，因此不可以直接读出容量值，需要使用电容表、Q表、C电桥等测量仪表进行测量。

(1) 万用表检测贴片电容。

① 贴片电容质量的判断。将数字式万用表拨到二极管测试挡，两支表笔直接接触贴片电容两端，如果贴片电容质量好，数字式万用表读数为无穷大，即显示溢出。如果数字式万用表的读数为零，则表示该电容已被击穿短路。贴片电容漏电时，无法用数字式万用表检测，只能用替代法判断其好坏。

② 贴片电解电容极性的检测。电解电容的极性可以通过外壳极性标识来识别。如果不能够识别，可以使用模拟式万用表的欧姆挡检测查找。检测依据是模拟式万用表内部的电池被用作电源，电解电容反向漏电流比正向漏电流大。首先把模拟式万用表拨到R×10k挡，然后分别两次对调测量电容器两端的阻值，当表针稳定时，比较两次测量的读数大小。在取值较大的那次测量中，模拟式万用表的黑色表笔接的是贴片电解电容的正极，红色表笔接的是贴片电解电容的负极。

小贴士

贴片电容的容量可以通过电容测试仪、万用表来判断。另外，对于一些贴片电容的容量，可以通过观察颜色来判断，即同一厂家的电容，颜色越深，其容量越大。

(2) 贴片电容的损坏故障及检测方法。

贴片电容的常见损坏故障有断开、裂缝、短路等现象。导致损坏的原因，往往在于容量值发生变化，或者耐压值不够。

如果用示波器检测到通道中电容两侧的信号相差太大，则应更换电容。将模拟式万用表拨到欧姆挡，并把两支表笔分别放在电容两端，电容的电阻值应该很大，假若电阻阻值很小或者为0，则说明电容已被击穿，需要更换。

5．电容的选用和使用

1) 电容的选用原则

电容的选用涉及的问题很多，在选好了型号和容量值后，首先还是考虑耐压的问题。

(1) 选择型号。根据电路要求，纸介电容、电解电容、涤纶电容等一般用于低频耦合、旁路、去耦等，并且电气性能要求较低。在中频电路中，可选用 0.01~0.1μF 的纸介电容、金属化纸介电容、有机薄膜电容、陶瓷电容。高频电路中应该选用高频陶瓷或云母电容。如果在高温环境下工作，应该选用玻璃釉电容。在电源滤波和退耦电路中，首先应该选用电解电容。

(2) 确定容量值和允许误差。大多数情况下，对于电容的容量值要求并不严格，只要与规定的标称值大致相同即可。对于电容允许误差的选择，在低频耦合、去耦、电源滤波等电路中，可选用 5%、10%、20%、30%的允许误差值，但是在振荡回路、延时电路、音调控制电路中，精度要求相对高些。在各种滤波电路中，应该选择允许误差小于 5%的高精度电容。

(3) 选择耐压值。电路中的工作电压升高有时会发生波动，因此，为了保证电容能够正常工作，应该选择电容的耐压值大于实际工作电压。因此，电容的额定电压应高于其实际工作电压，以确保电容不被击穿损坏。对于一般电路，应使电容耐压值高于实际工作电压的 10% ~ 20%，波动大的电路应选更大的余量(1.5~2 倍)。但耐压值不是越大越好，除了考虑经济因素(耐压越高，体积越大，价格越高)外，对电解电容而言，高耐压电容用于低压电路时，额定容量会减小。

可用两只以上相同耐压值的电容并联代替一只电容，例如 $C=C_1+C_2+C_3$。同时，也可用两只以上的电容串联代替一只电容。如果串联电容容量相等，则承受的电压也相等，并且各只电容的耐压值相加应该等于或大于原来电容的耐压值。串联各电容容量不相等时，容量大的电容承受的电压小，其原因是串联时各电容的充电电流相等。

2) 电容使用的经验与误区

在电子线路中，如果不能确定线路的极性，建议使用无极电解电容。

通过电解电容的波纹电流不能超过其允许范围，如果超过了规定值，则需要选用耐大纹波电流的电容。同时，电容的工作电压不能超过其额定电压。

焊接电容时，电烙铁应与电容的塑料外壳应保持一定的距离，以防止过热，造成塑料套管破裂，并且焊接时间不应超过 10s，焊接温度不应超过 260℃。

电容在使用过程中，往往存在以下四方面的认识误区。

(1) “电容容量越大越好。”很多人在电容的替换中往往爱用大容量的电容。虽然电容越大，为电路提供的电流补偿的能力越强，然而，且不说电容容量的增大会在体积变大、增加成本的同时影响空气流动和散热，关键在于，电容上存在寄生电感，电容放电回路会在某个频点上发生谐振。在谐振点，电容的阻抗小，因此放电回路的阻抗最小，补充能量的效果也最好。但当频率超过谐振点时，放电回路的阻抗开始增加，电容提供电流的能力便开始下降。电容的容量越大，谐振频率越低，电容能有效补偿电流的频率范围也越小。

从保证电容提供高频电流的能力的角度来说，“电容越大越好”的观点是错误的，一般的电路设计中都有一个参考值。

(2) “等容量的电容，并联的小电容越多越好。”耐压值、耐温值、容值、等效电阻(ESR)等是电容的几个重要参数，对于 ESR 自然是越低越好。ESR 与电容的容量、频率、电压、温度等都有关系。当电压固定时，容量越大，ESR 越低。在板卡设计中采用多个小电容并联多是出于 PCB 空间的限制，这样有人就认为，并联越多的小电阻，ESR 越低，效果越好。理论上是如此，但是，还要考虑到电容引脚焊点的阻抗。采用多个小电容并联，效果并不一定突出。

(3) “ESR 越低，效果越好。”对于供电电路的输入电容，容量要大一点。相对于容量的要求，对于 ESR 的要求可以适当降低。因为输入电容主要是耐压，其次是吸收 MOSFET 的开关脉冲。对于输出电容，耐压的要求和容量可以适当地降低一点，ESR 的要求则高一点，因为这里要保证的是足够的电流通过量。这里要注意的是，ESR 并不是越低越好，低 ESR 电容会引起开关电路振荡。而消振电路较为复杂，同时会导致成本增加。在板卡设计中，一般有一个参考值，以参考值作为元件选用参数，可避免因消振电路而导致成本增加。

(4) “好电容代表高品质。”唯电容论曾经盛极一时，一些厂商和媒体也刻意地把这个事情做成一个卖点。在板卡设计中，电路设计水平是关键。与有些厂商可以用两相供电做出比采用四相供电更稳定的产品一样，一味地采用高价电容，不一定能做出好产品。衡量一个产品，一定要全方位多角度地去考虑，切不可把电容的作用有意无意地夸大。

技能驿站

1. 目的

(1) 了解常用电容器的类型。
(2) 掌握直插式和贴片式电容的识读与检测方法。
(3) 巩固数字式万用表测量电阻的方法。

2. 设备与仪器

散装直插式和贴片式电容若干，包含贴片电容的电路板一块，数字式万用表一块。

3. 内容及步骤

1) 数字式万用表检测直插式电容

将量程选择开关旋转到相应的电容量程上，被测电容器插入电容器插孔，即可在显示屏上读取该电容的容量值。这里要特别说明一点，如果所选数字式万用表没有专用的电容插孔，此时需要将万用表的红表笔插入 mA 插孔，黑表笔插孔不变，用两个表笔分别接触电容两端，观察读数即可。一般数字式万用表上都有 CX 标记，用以进行电容测量。

2) 数字式万用表定性检测贴片电容

将数字式万用表拨到二极管测试挡，两表笔直接接触贴片电容两端，好的贴片电容，万用表读数为无穷大，即显示溢出。如果万用表读数为零，则表示该电容已击穿短路。贴片电容漏电时无法用万用表检测，只能用替代法判断好坏。

将上述两个步骤的识读与检测结果记录于表 2-17 中。

表 2-17　电容的识读与检测

被测对象	器件类型	名称标记	标称值	允许误差	测量值	绝对误差	测量值相对误差
电容 1		**222**					
电容 2		**104**					
电容 3		**331**					
电容 4		**681**					
电容 5							

注：“器件类型”填写直插式/贴片式；“名称标记”填写器件体上的标记符号，表格中给出了范例，没有的可以不填写；“允许误差”项，如果无法读取，可以不填写；“测量值”项，如果无法测量，可以不填写。

4．总结

(1) 整理测量数据，分析产生测量误差的原因。

(2) 思考并回答如下问题。

① 直插式元件和贴片式元件在外观、标称值和测量方法上有什么区别？

② 如何识别贴片电容和贴片电阻？

(3) 撰写任务报告。

任务 2.3　测量半导体器件

任务描述

图 2-19 所示为 11W 台灯镇流器的典型电路板，识读电路板上的元件，试着说明图中相应元件的类型、名称，以及功能。

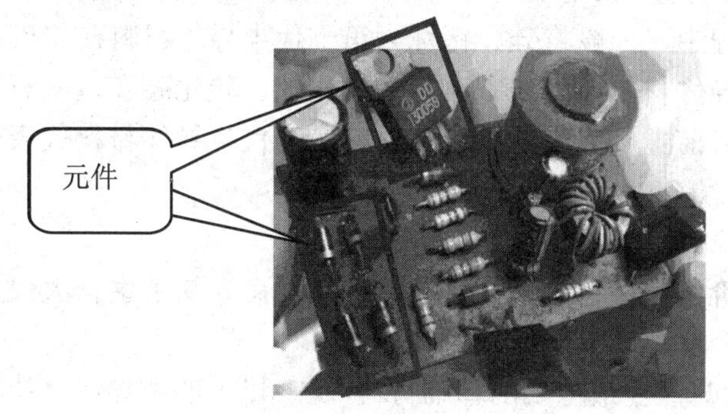

图 2-19　元件识读电路板示例

任务要求

图 2-19 所示电路板上电子元件是什么类型的？识别其引脚，分析其特性，选择检测仪器，确定检测方案。

任务分析

要检测图 2-19 所示的电子元件，可供选择的电子测量仪器中首推的是万用表，其中，普遍使用的是数字式万用表。

知识储备

电子元件具有独立电路功能的，是构成电路的基本单元。按产品功能的不同，电子元件可以分为被动元件、集成电路(IC)、分立器件、印制电路板(PCB)、显示器件(TFT-LCD、PDP)以及其他元件等。常用的电阻、电容、电感属于被动元件，二极管、三极管、场效应管等属于半导体分立器件，微处理器、集成运算放大器等属于集成电路。

2.3.1 半导体分立器件

根据导电能力大小，可以将自然界的物质、材料分为导体、半导体和绝缘体三大类，半导体的电阻率在 $10^{-3} \sim 10^{9}\,\Omega\cdot\text{cm}$ 之间。半导体材料是制作晶体管、集成电路、电力电子器件、光电子器件的重要基础材料，支撑着通信、计算机、信息家电与网络技术等电子信息产业的发展。半导体材料的各种半导体性质，赋予不同类型半导体器件以不同的功能和特性。各种半导体器件、集成电路和半导体激光器等已得到广泛的应用。

1. 半导体材料的分类

随着科技的进步和经济技术的发展，半导体器件在人们生活中的应用越来越广泛。世界半导体行业巨头纷纷到我国投资，促使我国整个半导体行业快速发展，这也要求材料业要跟上半导体行业发展的步伐。可以说，市场发展为半导体材料业带来前所未有的发展机遇。

在半导体产业的发展过程中，一般将硅、锗称为第一代半导体材料，将砷化镓、磷化铟、磷化镓等称为第二代半导体材料，而将宽禁带的氮化镓、碳化硅和金刚石等称为第三代半导体材料。上述材料是目前主要应用的半导体材料，三代半导体材料代表品种分别为硅(Si)、砷化镓(GaAs)和氮化镓(GaN)。

1) 硅

硅材料具有储量丰富、价格低廉、热性能与机械性能优良、易于生长大尺寸高纯度晶体等优点，处在成熟的发展阶段。

目前，硅材料仍是电子信息产业最主要的基础材料，95%以上的半导体器件和 99%以上的集成电路(IC)是用硅材料制作的。在 21 世纪中，它的主导和核心地位仍不会动摇。但是硅材料的物理性质限制了其在光电子和高频高功率器件上的应用。

2) 砷化镓

砷化镓材料的电子迁移率是硅的 6 倍多，其器件具有硅器件所不具有的高频、高速和光电性能，并可在同一芯片同时处理光电信号，被公认是新一代的通信用材料。随着高速信息产业的蓬勃发展，砷化镓成为继硅之后发展最快、应用最广、产量最大的半导体材料。同时，砷化镓在军事电子系统中的应用日益广泛，并占据着不可取代的重要地位。

3) 氮化镓

氮化镓材料的禁带宽度为硅材料的 3 倍多，其器件在大功率、高温、高频、高速和光电子应用方面具有远比硅器件和砷化镓器件更为优良的特性，具有宽的直接带隙、强的原子键、高的热导率、好的化学稳定性和强的抗辐照能力等优点，可制成蓝绿光、紫外光的发光器件和探测器件。

氮化镓材料以其独特的优点，已成为全球半导体研究与应用的前沿和热点，在光电子器件、高温大功率器件和高频微波器件等国防建设和国民经济领域有着广阔的应用前景。

半导体材料的主要用途如表 2-18 所示，以硅材料为主体，砷化镓材料以及新一代宽禁带氮化镓材料共同发展，已成为集成电路以及半导体器件产业发展的主流。

表 2-18　半导体材料的主要用途

材　料	制作器件	主要用途
硅	二极管、三极管	通信、雷达、广播、电视、自动控制
	集成电路	各种计算机、通信、广播、自动控制、电子钟表、仪表
	整流器	整流
	晶闸管	整流、直流输配电、电气机车、设备自控、高频振荡器、超声波振荡器
	射线探测器	原子能分析、光量子检测
	太阳电池	太阳能发电
砷化镓	各种微波管	雷达、微波通信、电视、移动通信
	激光管	光纤通信
	红外发光管	小功率红外光源
	霍尔元件	磁场控制
	激光调制器	激光通信
	高速集成电路	高速计算机、移动通信
	太阳电池	太阳能发电
氮化镓	激光器件	光学存储、激光打印机、医疗、军事应用
	发光二极管	信号灯、视频显示、微型灯泡、移动电话、普通照明
	紫外探测器	分析仪器、火焰检测、臭氧监测
	集成电路	通信基站、永远性内存、电子开关、微波电路、卫星、导弹

英国曼彻斯特大学物理和天文学院的 Andre Geim 和 Konstantin Novoselov 因为在二维空间材料石墨烯(graphene)方面的开创性实验，获得了诺贝尔物理学奖。单层石墨烯强度大，耐高温，电阻小，有望成为下一代半导体材料。AV 设备、PC 机和通信/网络技术正在融合，诸多数字设备进入了可以相互连接的时代。手机等电子产品的多功能化以及和 PC 机的融合，为半导体开拓了新的应用空间，电子材料已成为各种数字化器材的核心。

2. 半导体分立器件分类

半导体器件按其封装形式，分为“分立”和“集成”两类，作为半导体产业的两大分支之一，分立器件产业在中国有着悠久的发展历史。分立器件是电子工业的支撑产业，也是电子工业发展的基础。消费电子、通信技术和汽车等市场的持续升温，使得新技术、新工艺、新产品不断涌现，也推动着半导体器件市场的蓬勃发展。

在 1874 年，人们就开始了半导体器件的研究。然而，直到 1947 年朗讯(Lucent)科技公司所属贝尔实验室的一个研究小组发明了双极晶体管后，半导体器件的研究才有了根本性的突破，也从此拉开了人类社会步入电子时代的序幕。在发明晶体管之后，随着硅平面工艺的进步和集成电路的发明，从小规模、中规模集成电路到大规模、超大规模集成电路不断发展，出现了以微电子技术为基础的电子信息技术与产业，所以晶体管及其相关的半导体器件成了当今全球市场份额最大的电子工业基础。

探究讨论

你能分别举出两个非半导体分立器件、半导体分立器件、集成器件的实际器件吗?

按照安装方式的不同，半导体分立器件可以分为通孔安装(THT)元件和表面安装(SMT)元件两种形式。半导体分立器件的主流类型主要包括二极管、三极管和半导体特殊器件，如场效应管和晶闸管等。通常，二极管按应用领域进行分类，三极管按功率、频率进行分类，场效应管按特点进行分类，晶闸管按特性进行分类。

1) 二极管

二极管应该算是半导体分立器件家族中的元老了，其最明显的性质就是单向导电性，也就是说，电流只能从正极流向负极，却不能从负极流向正极。

小贴士

用万用表对常见的 1N4007 型硅整流二极管进行测量，红表笔接二极管的负极，黑表笔接二极管的正极时，表针会动，说明二极管能够导电；然后将黑表笔接二极管负极，红表笔接二极管正极，这时万用表的表针根本不动或者只偏转一点点，说明二极管导电不良。

(1) 二极管的结构与种类。二极管有一个 PN 结，安装在密封的壳体中，再由两条引线引出。因其功能和用途不同，二极管外形各异。按照 PN 结材料的不同，可以分为锗材料二极管和硅材料二极管两种；按照封装材料的不同，可以分为玻璃二极管和塑封二极管；按照势垒结构的不同，可以分为点接触型二极管和面接触型二极管；按照用途的不同，可以分为整流二极管、检波二极管、稳压二极管、变容二极管、开关二极管、发光二极管、红外线发射/接收管、光敏二极管、混频二极管、阻尼二极管等。

你知道吗

二极管有极性区分，一般二极管的负极用白色、红色或黑色色环标识；发光二极管一般用引脚长度不同来区分极性，较短的引脚为负极。不同的半导体材料特性不同，一般开关二极管采用锗二极管，整流二极管、发光二极管多采用硅二极管。一般锗二极管采用玻璃封装，硅二极管采用塑料封装。

① 整流二极管可以将交流电变成直流电，常用的有 IN4007 型整流二极管。

② 检波二极管一般用在收音机、电视机等接收电路中，常用型号有 2AP9 型锗管。

③ 稳压二极管一般用在小电流场合，起稳压作用。

④ 变容二极管一般用在调频发射电路中，实现自动频率控制功能。

⑤ 开关二极管，例如 IN4148，用来开关隔离不同的信号。

⑥ 发光二极管多被用作信号指示或者照明。

你知道吗

发光二极管的发光颜色一般与它本身的颜色相同，但是，近年来出现了透明色的发光二极管，它也能发出红黄绿等颜色的光，只有通电了才能知道发光颜色。

辨别发光二极管正负极的方法，有实验法和目测法。实验法就是通电看看能不能发光，若不能，就是极性接错或是发光管损坏。目测法就是观察发光二极管，可以发现内部的两个电极一大一小。一般来说，电极较小、个头较矮的是发光二极管的正极，电极较大的就是负极。若是新的发光二极管，引脚较长的是正极。

发光二极管是一种电流型器件，虽然在它的两端直接接上 3V 的电压后能够发光，但容易损坏，在实际使用中，一定要串接限流电阻，工作电流根据型号不同一般为 1~30mA。

⑦ 红外线发射/接收管一般用于遥控电路，其外形类同普通的 5mm 发光二极管。

⑧ 光敏二极管，也称光电二极管或激光接收管，一般用在信号检测电路中，有很多不同的外形，DR 系列激光二极管就属于光敏二极管。

⑨ 光电耦合器是一种特殊的二极管，由发光二极管和光敏二极管组成。

(2) 二极管的主要参数。二极管单向导电的特性决定了以下几个主要参数。

① 最大整流电流 I_{OM}。在最大整流电流下，二极管可以长期地正常工作，超过此电流时，二极管的 PN 结会发热并造成损坏。

② 最大反向工作电压 U_{RM}。最大反向工作电压是指二极管在电路中工作时容许承受的最大反向电压，超过此电压时，二极管容易被击穿，造成永久损坏。

③ 反向电流 I_R。反向电流是指二极管在正常的反向工作电压下产生的反向电流。反向电流越小，表明二极管的反向特性越好。

小贴士

反向电压与反向电流之比称为反向电阻。

④ 导通电阻。导通电阻是指在二极管的两端施加合适的正向直流电压使其导通时，所加电压与流过二极管的电流之比。正常二极管的正向导通电阻为几十欧到几千欧。

⑤ 极间电容。二极管是点或面接触型器件，两极之间存在电容效应，在交流情况下，会影响其交流阻抗。

(3) 模拟式万用表检测二极管。经验告诉我们，二极管的正、负极可以通过观察其外壳上的标记符号进行识别。例如，在二极管外壳上有二极管符号的，则带有三角箭头的一端为正极；在点接触型二极管外壳上标有白色或红色的色点的一端为正极；二极管标有色环的一端为负极；发光二极管的较长引脚为正极等。

如果二极管引脚正负未知，则可以用模拟式万用表的电阻挡进行识别。首先选取模拟式万用表的 R×100 或 R×1k 挡，然后将万用表的两支表笔分别接触二极管的两个引脚，得到第一个电阻值，交换两支表笔，测得第二个电阻值，相比阻值较小的那次测量中，黑表笔接的是二极管正极，如图 2-20 所示。

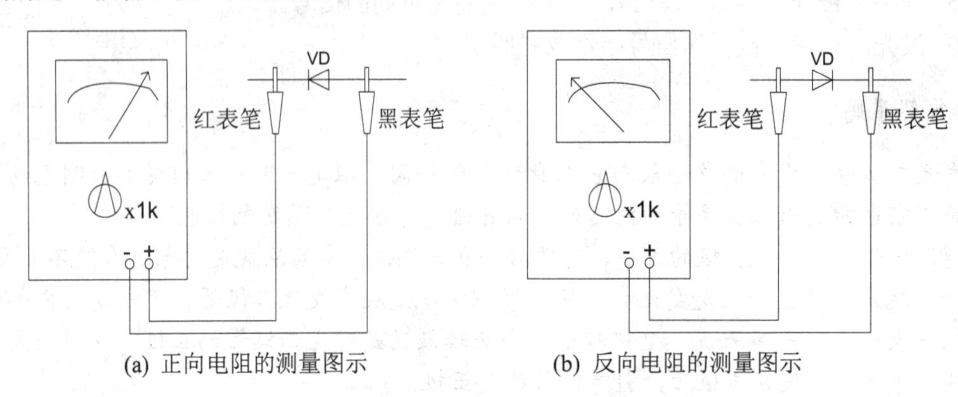

(a) 正向电阻的测量图示　　(b) 反向电阻的测量图示

图 2-20　二极管的极性判别

对于小功率锗管，正向电阻 $R_{正}$(黑表笔接二极管的正极，红表笔接二极管的负极)在 200~600Ω之间，反向电阻 $R_{反}$大于 20kΩ，则符合一般要求。对于小功率硅管，正向电阻 $R_{正}$在 900~2kΩ之间，反向电阻 $R_{反}$大于 500kΩ以上，则符合一般要求。二极管正、反向电阻的差值越大越好。如果测得正、反向电阻均为无穷大，则表明二极管断路；如果测得正、反向电阻均接近于零，则说明二极管短路。

探究讨论

模拟式万用表的黑表笔连接的是表内电池的哪一极呢？

(4) 数字式万用表检测二极管。与模拟式万用表不同，数字式万用表红表笔接内电池的正极，黑表笔接内电池的负极。测量二极管时，将功能开关置于二极管测试挡位“→+”，红表笔接二极管正极，黑表笔接负极，这时的显示值为二极管的正向压降，单位为 mV。如果二极管接反，则显示溢出符号“1”。

探究讨论

用数字式万用表测量正常的硅二极管，红表笔接二极管的正极，黑表笔接二极管的负极，如果显示屏显示为 673，那么，这个二极管的正向压降是多少？

因为数字式万用表的β值测试插座也接有 2.8V 电压，因此也可以用该测试插座来检测发光二极管。具体方法是将发光二极管的正极插入 NPN 挡的 C 孔，负极插入 E 孔，此时的发光二极管能正常发光。因为正向电流较大，显示屏会显示过载符号“1”。如果将发光二极管正负极接反，或者二极管内部已经开路，显示屏将显示“000”。由此可以判断发光二极管是否开路或者短路。

2) 三极管

三极管全称为晶体三极管，是一种内部有两个相互关联的 PN 结，外部具有三个引脚的半导体器件。三极管在电路中主要起放大信号、开关信号的作用，另外，在其非线性区域内配合其他组件还可实现频率转换功能。通常情况下，三极管的发射极与基极之间的 PN 结，即发射结，总是处于正向偏置状态；而集电极与基极之间的 PN 结，即集电结，处于反向偏置状态。流过基极电流的少许变化会引起集电极电流的很大变化(即“放大”特性)，三极管也正是由于这一特性，在电子电路中得到了广泛的应用。

(1) 三极管的结构与种类。三极管种类很多，并且不同型号有各自不同的用途。三极管大都采用塑料封装或金属封装，大的很大，小的很小。三极管的图形符号有两种：发射极箭头朝外的是 NPN 型三极管，而箭头朝内的是 PNP 型三极管。箭头所指的方向是实际电流的方向。

探究讨论

你能画出两种类型的三极管的图形符号吗?

在实际应用中，可从不同的角度对三极管进行分类。例如，按照材质的不同，可以分为硅管和锗管；按照结构的不同，可以分为 NPN 型管和 PNP 型管；按照工作频率的不同，可以分为高频管和低频管；按照制造工艺的不同，可以分为合金管和平面管。

① 小信号放大三极管多用于信号放大，常用型号有 2SC945、9014。

② 小信号开关管在小信号电路中起开关作用，常用型号有 BC817。

③ 当驱动电流比较大时，小信号放大管和开关管因温度升高，将不能使用，这时就需要用到中功率管，例如 D8050、D8850。

④ 大功率管，当处理电流很大(几安到几百安)时，将会用到大功率管，例如 3DD15。

电子爱好者的设计制作中，常用的三极管有 90××系列，包括低频小功率硅管 9013 (NPN)、9012(PNP)，低噪声管 9014(NPN)，高频小功率管 9018(NPN)等。它们的型号一般都直接标注在塑壳上，其外形都一样，都是 TO-92 标准封装。在老式的电子产品中还能见到 3DG6(高频小功率硅管)、3AX31(低频小功率锗管)等，它们的型号也都印在金属外壳上。

(2) 三极管的参数。在满足一定的条件时，对小信号输入电流进行线性放大，或者控制大信号，即开关信号的传递，是三极管的基本特征。三极管的电参数很多，具体分为以下几种类型。

① 运用参数。运用参数表明三极管在一般工作时的特性，主要有直流放大系数$\overline{\beta}$和交流放大系数β。前者表示三极管集电极电流 I_{CQ} 与基极电流 I_{BQ} 的比值，后者表示三极管集电极电流的变化量 ΔI_C 与基极电流变化量 ΔI_B 的比值。$\overline{\beta}$ 与 β 相差不大，一般认为相等。

② 极间反向电流。典型的反向电流有 I_{CBO} 和 I_{CEO}。I_{CBO} 是指发射极开路时，集电极与基极间的反向饱和电流；I_{CEO} 是指基极开路时，集电极与发射极间的反向饱和电流，又称穿透电流。两者满足关系式：

$$I_{CEO} = (1+\beta)I_{CBO} \tag{2-2}$$

I_{CEO}和I_{CBO}都是衡量三极管质量的重要参数，由于I_{CEO}比I_{CBO}大，容易测量，因此常以I_{CEO}作为判断三极管质量的依据。I_{CEO}越小越好，一般硅管的I_{CEO}比锗管小几个数量级。

③ 特征参数。特征参数表明三极管的特征。特征频率f_T是典型的特征参数。f_T是指当频率上升到使β下降为 1 时的工作频率。

④ 极限参数。极限参数表明三极管的安全使用范围。典型的极限参数有反向击穿电压$U_{(BR)CEO}$、集电极最大允许电流I_{CM}和集电极最大允许耗散功率P_{CM}。其中，$U_{(BR)CEO}$是指基极开路时，集电极与发射极间的反向击穿电压。这些参数可以通过晶体管手册查找或使用晶体管特性图示仪进行测量。

(3) 模拟式万用表检测三极管。三极管的三个引脚基极 B、集电极 C 和发射极 E 虽然没有明确标注在器件体上，但是根据经验和规律，当器件有字的那一面向上并且引脚向下方向放置时，自左至右三个引脚排序依次是 E、B、C。我们可以用模拟式万用表的电阻挡检测三极管，涉及引脚、管型、材质以及质量好坏的判别。

① 三极管基极和管型的判别。选择模拟式万用表的 R×1k 挡，先任意假设三极管某一引脚为 B 极，用黑表笔接触该引脚并保持不动，红表笔分别接触另外两个引脚，测得两个电阻值。如果两个电阻值都很小，则说明黑表笔所接触的该引脚是 B 极，并且该管为 NPN 型；如果两个电阻值都很大，则该管为 PNP 型。

② 三极管集电极和发射极的判别。选择模拟式万用表的 R×10k 挡，假设被测三极管为 NPN 型，则用黑、红表笔颠倒测量三极管另外两个引脚两极间的正、反向电阻。虽然两次测量中表盘指针的偏转角度都很小，但是仔细观察会发现总有一次偏转角度稍大。此时，黑表笔所连接的一定是 C 极，红表笔所接的是 E 极。如果是 PNP 型的三极管，道理类似于 NPN 型，黑表笔所接的是 E 极，红表笔连接的是 C 极。

③ 估测电流放大倍数β。选择模拟式万用表的 R×1k 挡，假设测量的是 NPN 型三极管，用黑表笔接 C 极，红表笔接 E 极，并将一只 30~100kΩ的电阻跨接在 B、C 两个电极之间，电阻读数应该立即偏向低阻值一侧。表盘指针偏转幅度越大，说明三极管的β值越高。

(4) 数字式万用表检测三极管。利用数字式万用表可判断三极管的各个引脚、测量直流电流放大倍数β等。由于数字式万用表电阻挡的测试电流很小，不适于检测三极管，所以应该使用二极管挡和h_{FE}插孔进行检测。

① 判断基极。将数字式万用表拨至二极管测试挡，红表笔固定接在某个引脚上，黑表笔依次接触另外两个引脚。若两次显示值都在 1V 以下，或者都显示溢出，则说明红表笔接的是基极；若两次显示值中一次在 1V 以下，另一次溢出，则说明红表笔接的不是基极，此时应该改换其他引脚重新测量。

② 判别管型。确定基极之后，红表笔接在基极上保持不动，黑表笔依次接触其他两个引脚。如果显示值在 1V 以下，则该管为 NPN 型管；如果两次显示都溢出，则该管为 PNP 型管。

③ 测量β值。将数字式万用表拨至h_{FE}挡，根据被测管的管型，将三极管基极插入β值测试插座的相应插孔，另外两个管脚暂随意插放。如果显示屏显示值在几十到几百之间，则三极管的集电极和发射极与对应插孔标记一致。如果显示为“000”，则说明三极管已坏。

小贴士

对于小功率三极管，如果两次测得的β值都很小(几至十几)，说明被测管的功放能力较差，这种三极管不宜使用。有的硅三极管在 C、E 极反接时测得的β值为 0，这属于正常现象。测量晶体管的β值时，由于工作电压仅为 2.8V，测量的只是近似值。

3) 场效应管

场效应管是一种按照场效应原理工作的半导体器件，它用输入电压的变化来控制输出电流的变化，属于电压控制型有源器件。它不仅兼有三极管体积小、重量轻、功耗低、寿命长等特点，还有输入阻抗极高(绝缘栅场效应管最高可达 $10^5\Omega$)、噪声低(噪声系数可低至 0.5~1dB)、热稳定性好、抗干扰能力强、受温度和外界辐射影响小和易于集成等优点，因此为创造新型而优异的电路，尤其是大规模、超大规模集成电路提供了有利条件。

(1) 场效应管的特性及分类。场效应管的输入阻抗极高，故其在工作时的输入电流几乎为零，输出电压的变化取决于输入电压的变化。场效应管也有三个电极，分别为栅极、漏极和源极，分别用 G、D 和 S 表示。

根据结构的不同，场效应管有结型场效应管(JFET)和绝缘栅场效应管(IGFET)两大类。

场效应管的主要参数有饱和漏极电流 I_{DSS}、夹断电压 U_P、转移跨导 g_m、最大漏源电压 $U_{(BR)DS}$、最大栅源电压 $U_{(BR)GS}$、直流输入电阻 R_{GS}、输出电阻 R_D 和最大耗散功率 P_{DM} 等。这些参数可以从半导体手册上查得，也可以用专用测量仪器来测得。此外，场效应管还有噪声系数、高频参数、极间电容等其他参数。

(2) 场效应管的检测。用模拟式万用表的电阻挡位，可以判断场效应管极性及其质量的好坏。

① 判断场效应管的极性。

选择模拟式万用表的 R×1k 挡位，用黑表笔接触场效应管的某一个电极，用红表笔分别接触另外两个电极，若两次测得的阻值都很小，则黑表笔所接的是栅极 G，而且该管是 N 型沟道场效应管。若用红表笔接触场效应管的某一个电极，用黑表笔分别接触另外两个电极，如果两次测得的阻值都很小，则红表笔所接的就是栅极，而且该管是 P 型沟道场效应管。对于场效应管，一般源极 S 和漏极 D 可互换，所以只需判断出栅极 G 即可。

② 判断场效应管的好坏。

仍然选择模拟式万用表的 R×1k 挡位，对于 P 型沟道场效应管来说，将红表笔接源极或漏极，黑表笔接栅极时，测得的电阻应很大，交换表笔重测时，阻值应很小，表明场效应管基本上是好的。若测量结果不符，说明场效应管有问题。如果栅极与源极间、栅极与漏极间均无反向电阻，则表明场效应管是坏的。

4) 晶闸管

晶闸管是晶体闸流管的简称，又可称为可控硅整流器，曾被简称为可控硅。它是一种大功率开关型半导体器件。晶闸管有阳极、阴极和门极共三个电极，其内有四层 PNPN 半导体，三个 PN 结。当门极不加电压时，阳极、阴极间正向电压不导通，阳极、阴极间加反向电压也不导通，分别称为正向阻断和反向阻断。如果阳极、阴极加正向电压，门极、阴极加一电压触发，晶闸管导通，此时门极去除触发电压，晶闸管仍导通，称为触发导通。

要想关断，只要电流小于维持电流即可，去除正向电压也能关断。

1957年，美国通用电气公司开发出世界上第一款晶闸管产品，并于1958年将其商业化。晶闸管是PNPN四层半导体结构，有三个电极，即阳极、阴极和门极。它具有硅整流器件的特性，能在高电压、大电流条件下工作，并且其工作过程可以控制，被广泛应用于整流、交流调压、无触点电子开关、逆变以及变频等电子线路中。

晶闸管的主要参数包括正向转折电压、门极触发电压、门极触发电流、维持电流，下面分别予以介绍。

(1) 正向转折电压 U_{BO}。正向转折电压是指在额定结温为100℃且门极开路的情况下，使晶闸管由关断状态变为导通状态所对应的峰值电压。

(2) 门极触发电压 U_{GT}。门极触发电压是指在规定温度下，当晶闸管阳极与阴极间加上一定电压时，使晶闸管从阻断状态转变为导通状态所需要的最小门极电压。

(3) 门极触发电流 I_{GT}。门极触发电流是指在规定温度下，当晶闸管阳极与阴极间加上一定电压时，使晶闸管从阻断状态转变为导通状态所需要的最小门极电流。

(4) 维持电流 I_H。维持电流是指维持晶闸管导通的最小电流。当正向电流小于 I_H 时，导通的晶闸管自动关闭。

3．半导体分立器件的发展趋势

半导体分立器件的发展趋势主要表现在如下两个方面。

1) 新工艺，新技术

新型半导体分立器件随着新工艺、新技术的发展将不断涌现，在替代原有市场应用的同时，还将开拓出新的应用领域。为了使现有半导体分立器件能适应市场需求的快速变化，应采用新技术，不断改进材料、结构设计、制造工艺和封装等，提高器件的性能。

2) 微型化，模块化

电子信息系统的小型化，甚至微型化，必然要求其各部分，包括半导体分立器件在内尽可能小型化、微型化、多功能模块化、集成化。

在手机、笔记本电脑、数码相机、液晶电视等领域，中国已经成为世界组装制造中心，其中手机、笔记本电脑和数码相机已经占据全球50%以上份额。而手机产业占比的数据则表明，中国国内产值占比不仅在量上占据50%份额，而且最近几年一直呈现上升趋势。主要消费电子产品下游需求的发展也给上游元件行业带来需求刺激，由于分立半导体器件就地供应的特点，给中国电子制造行业带来发展机遇。

中国分立半导体需求已占据全球28%的份额，且占比呈上升趋势。分立器件销售额占全球比重的数据同样表明下游产业发展对分立器件产生强劲需求。因此，从需求角度看，电子元件的市场是巨大的。

2.3.2 集成电路

集成电路在外观上是一个不可分割的完整器件，是指利用半导体工艺，将晶体管、电阻、电容等元件集成在硅基片上而形成的一种具有一定功能的器件，俗称芯片，其英文全称为Integrated Circuit(IC)。

集成电路是 20 世纪 60 年代出现的，当时只集成了十几个元件，后来集成度越来越高。摩尔定律指出，当价格不变时，集成电路上可容纳的晶体管数目，约每隔 18 个月便会增加一倍，性能也将提升一倍；或者说，每一美元所能买到的电脑性能，将每隔 18 个月翻两倍以上。这一定律揭示了信息技术进步的速度。

近 60 年来，集成电路的集成度基本上验证了摩尔定律的有效性。

1965 年，每个芯片上只有 65 个三极管，2011 年达到了 10 亿个。

2000 年 CPU 芯片上的线宽做到了 0.18μm，2006 年已经做到 0.06μm(或 60nm)。《日经电子学》曾经发表了一个微细化的具体进度表说：2011—2013 年为 22~20nm 时代，2013—2015 年为 15~14nm 时代，2015—2017 年为 11nm 时代，2017—2019 年为 7nm 时代。

如此发展下去有无尽头、有无极限呢？答案是肯定的，计算机技术的发展将受到多方面的制约。其一是诸如隧道效应、延迟和串音、散热等方面的物理极限。其二是工艺极限，从前业界采用的普通光刻系统只能用于 0.13μm 以上的工艺，进一步发展，需要使用波长为 240nm 的深超紫外线(DUV)，其工艺需要进一步达到小于 100nm，显然 DUV 也不能满足要求。其三是经济可行性的极限，20 世纪 90 年代，建造一个生产 0.25μm 工艺芯片的车间需要 20~25 亿美元；使用 0.18μm 工艺时，这一费用则跳跃到 30~40 亿美元，进入小于 0.10μm 的阶段后，一个车间的费用达到 100~200 亿美元。

你知道吗

1965 年，飞兆半导体研发总监戈登·摩尔写过一份内部文件，他整理了 1959—1964 年间开发的 5 组产品，并把芯片的集成度和单个器件的最低成本做成图表，然后画一条连线穿过这些点。从这个图上，戈登·摩尔发现，每个新芯片大体上包含其前任两倍的容量，而且每个新芯片的产生都是在前一个芯片产生后的 18~24 个月内。如果按这个趋势继续的话，计算能力相对于时间周期将呈指数式的上升。戈登·摩尔的观察结果，就是现在所谓的摩尔定律。他当时预测，在今后的十年中，芯片上的器件数将每年翻一倍，并会在 1975 年达到 65000 个。

集成电路在体积、重量、耗电、寿命、可靠性以及电性能等方面远远优于晶体管等分立元件组成的电路，目前已广泛应用于手机、电视机、摄像机、仪器仪表等电子设备中。

探究讨论

纵使集成电路有很多优点，但却没有哪个电路完全是由集成电路组成的。例如，在一些电子仪器的电路板上，就会发现电路内仍有一些电阻、电容或晶体管等分立器件。为什么不用集成电路来完全取代其他的电子元件呢？

1. 集成电路的分类

(1) 按功能和用途分类。集成电路根据不同的功能和用途，可分为模拟和数字两大类。模拟集成电路用来产生、放大和处理各种模拟电信号，主要包括集成运算放大器、集成稳压电源、音响专用集成电路、电视专用集成电路、摄录专用集成电路等。数字集成电路则用来产生、放大和处理各种数字电信号。

你知道吗

模拟信号是指幅度随时间连续变化的信号，例如，人对着话筒讲话，话筒输出的音频电信号就是模拟信号。收音机及电视机中接收的无线信号、音响放大设备中的音频信号也是模拟信号。数字信号是指在时间上和幅度上离散取值的信号，例如电报电码信号，按一下电键，产生一个电信号，而产生的电信号是不连续的。这种不连续的电信号，一般称为电脉冲或脉冲信号。计算机中运行的信号是脉冲信号，但这些脉冲信号均代表着确切的数字，因而又称为数字信号。在电子技术中，通常把模拟信号以外的非连续变化的信号，统称为数字信号。

目前，在家电维修或电子爱好者的设计制作中，涉及较多的是模拟信号，故而，人们接触最多的也是模拟集成电路。

(2) 按制作工艺分类。根据制作工艺的不同，集成电路可分为半导体集成电路、膜集成电路和混合集成电路三类。

半导体集成电路采用半导体工艺技术，在硅基片上制作包括电阻、电容、三极管、二极管等元件并具有某种电路功能的集成电路。

膜集成电路是在玻璃或陶瓷片等绝缘物体上，以“膜”的形式制作电阻、电容等无源元件。无源元件的数值范围可以做得很宽，精度可以做得很高。但目前的技术水平尚无法用“膜”的形式制作二极管、三极管等有源器件，也因此使膜集成电路的应用范围受到很大的限制。实际应用中，多半是在无源膜电路上外加半导体集成电路或二极管、三极管等有源器件，使之构成一个整体，这便是混合集成电路。根据膜的厚薄不同，膜集成电路又可分为厚膜集成电路和薄膜集成电路两种，厚膜集成电路膜厚为1~10μm，薄膜集成电路膜厚为1μm以下。在家电维修或电子爱好者的设计制作中，涉及较多的是半导体集成电路、厚膜集成电路以及少量的混合集成电路。

(3) 按内部集成度分类。根据内部集成度高低的不同，集成电路可分为小规模、中规模、大规模以及超大规模四类。

对于模拟集成电路来说，由于其工艺要求较高、电路较为复杂，所以一般认为集成50个以下元件的为小规模集成电路，集成50~100个元件的为中规模集成电路，集成100个以上元件的为大规模集成电路。对于数字集成电路而言，一般认为集成1~10个等效门/片或者10~100个元件/片的为小规模集成电路，集成10~100个等效门/片或者100~1000个元件/片的为中规模集成电路，集成100~10000个等效门/片或者1000~100000个元件/片的为大规模集成电路，集成10000个以上等效门/片或者100000个以上元件/片的为超大规模集成电路。

(4) 按导电类型分类。根据导电类型的不同，集成电路又分为双极型和单极型两类。

双极型集成电路频率特性好，但功耗较大，而且制作工艺复杂，绝大多数模拟集成电路以及数字集成电路中的TTL、ECL、HTL、LSTTL、STTL型属于这一类。单极型集成电路工作速度低，但输入阻抗高、功耗小、制作工艺简单、易于大规模集成，其主要产品为MOS型集成电路。MOS电路又分为NMOS、PMOS、CMOS型。

你知道吗

74LS/HC 等系列是最常见的 TTL 电路，它们使用 5V 的电压，逻辑“0”输出电压小于等于 0.2V，逻辑“1”输出电压约为 3V。CMOS 型集成电路的工作电压范围为 3~18V，所以它不像 TTL 集成电路那样，要用标准的 5V 电压。相比 TTL 电路，CMOS 电路具有输入阻抗高、工作电压范围宽、静态功耗低、抗干扰能力强等诸多优点，但是容易被静电击穿，需要妥善保存。

(5) 按封装形式分类。集成电路封装有多种形式，“双列直插”和“单列直插”最为常见，消费类电子产品中用软封装的 IC，精密产品中用贴片封装的 IC 等。

小贴士

集成电路都有两个或三个电源接线端，通常用 V_{CC}、V_{DD}、V_{SS}、$+U$ 、$-U$ 或 GND 来表示。这是一般应用所需要的。数字集成电路有个特点，就是它们有确定的供电引脚位置，比如 16 脚的集成电路，其第 8 脚是电源负极，第 16 脚是电源正极。如果是 14 脚的集成芯片，那么它的第 7 脚是电源负极，第 14 脚是电源正极。

2. 集成电路的发展概况

集成电路是半导体技术的核心，是国际竞争的焦点，也是衡量一个国家或地区现代化程度以及综合国力的重要标志。

集成电路的发展经历了电子管→晶体管→集成电路→超大规模集成电路的漫长过程，时间要追溯到 20 世纪初期。1906 年第一个电子管诞生；1912 年电子管的制作日趋成熟，进而引发了无线电技术的发展；1918 年半导体材料诞生；1920 年发现了半导体材料所具有的光敏特性；1932 年依据量子学说建立了能带理论来研究半导体现象；1956 年硅台面晶体管问世；1960 年世界上第一块硅集成电路制造成功；1966 年美国贝尔实验室使用比较完善的硅外延平面工艺制造出第一块公认的较大规模集成电路；1988 年 16MB DRAM 问世，$1cm^2$ 大小的硅片上集成了 3500 万个晶体管，标志着进入了超大规模集成电路的更高阶段；1997 年 300MHz 奔腾Ⅱ问世，它采用 0.25μm 工艺，奔腾系列芯片的推出，让计算机的发展如虎添翼，发展速度让人惊叹。2009 年 Intel 酷睿 i 系列全新推出，创纪录地采用了领先的 32nm 工艺；现在，新一代 10nm 工件也已实用化。集成电路制作工艺的日益成熟和各集成电路厂商的不断竞争，使集成电路发挥了更大的作用。

集成电路高集成度、微型化和低成本的要求，对半导体单晶材料的电阻率均匀性、金属杂质含量、微缺陷、晶片平整度、表面洁净度等提出了更加苛刻的要求，晶片大尺寸和高质量成为必然趋势。目前全球主流硅晶片已由直径 8 英寸逐渐过渡到 12 英寸，研制水平达到 16 英寸。

可是，仍有不少问题妨碍集成电路的发展。首先，信息传播的速度最终将取决于电子流动的速度；其次，集成电路运作时所产生的热量亦不容忽视。当大量集成电路组装在一个组件上时，如果不能及时散热，便会出现电流失控。再次，集成电路的原理基于经典物理学，但是当集成电路的体积日趋细小时，终有一日会发展到由量子物理学所管辖的微观世界，届时，我们将要对集成电路的原理做一番重新评估及整顿。

如今，半导体产业的驱动力一方面体现于 LED 液晶电视、LED 照明和 iPad 平板电脑等便携产品的加速发展和上市；另一方面是新兴市场对数字电子产品的殷切需求，还有就是工业先进国家对“环保/节电”、“安全”、“健康”等的热心追求，这些都是今后世界半导体业的前进引擎。

3. 集成电路的引脚排列识别

不同外形结构的集成电路有不同的引脚识别规律。

(1) 圆形结构的集成电路跟金属壳封装的半导体三极管差不多，只是其体积更大、电极引脚更多。这种集成电路的引脚排列是从识别标记开始，沿顺时针方向依次为 1、2、3 等，如图 2-21(a)所示。

(2) 单列直插型集成电路的识别标记，有的用倒角，有的用豁口。这类集成电路的引脚排列也是从标记开始，从左向右依次为 1、2、3 等，如图 2-21(b)和图 2-21(c)所示。

(3) 扁平型封装的集成电路多为双列型。为了识别这种集成电路的引脚，一般在端面一侧有一个类似引脚的小金属片，或者在封装表面上用一个色标或者豁口作为标记。这类集成电路的引脚排列方式是从标记开始，沿逆时针方向依次为 1、2、3 等，如图 2-21(d)所示。

极少量的扁平型封装集成电路的引脚也是沿顺时针方向排列的。

(4) 双列直插型是集成电路最通用的封装形式。其引脚标记有半圆形豁口、标志线、标志圆点、金属封装标记等。这类集成电路的引脚排列方式也是从标记开始，沿逆时针方向依次为 1、2、3 等，如图 2-21(e)和图 2-21(f)所示。

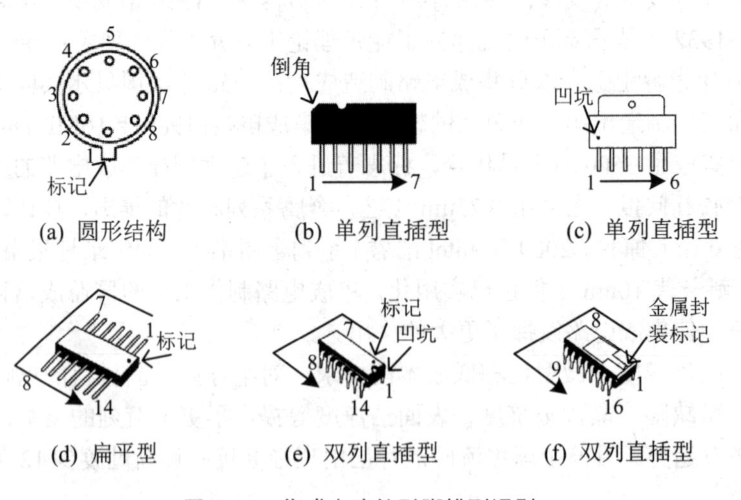

图 2-21 集成电路的引脚排列识别

4. 常用集成电路的检测方法

1) 微处理器集成电路的检测

微处理器集成电路的关键测试引脚是电源端 V_{CC}、复位端 RESET、晶振信号输入端 X_{IN}、

晶振信号输出端 X_{OUT} 以及其他各个输入、输出端。在路测量这些关键脚对地的电阻值和电压值，看是否与正常值(可从产品电路图或有关维修资料中查出)相同。

不同型号微处理器的 RESET 复位电压也不相同，有的是低电平复位，即在开机瞬间为低电平，复位后维持高电平；有的是高电平复位，即在开机瞬间为高电平，复位后维持低电平。

2) 开关电源集成电路的检测

开关电源集成电路的关键测试引脚是电源端 V_{CC}、激励脉冲输出端、电压检测输入端、电流检测输入端。测量各引脚对地的电压值和电阻值，若与正常值相差较大，在其外围元件正常的情况下，可以确定是该集成电路已损坏。

内置大功率开关管的厚膜集成电路，还可通过测量开关管 C、B、E 极之间的正、反向电阻值，来判断开关管是否正常。

3) 音频功放集成电路的检测

检查音频功放集成电路时，应该先检测其正电源端和负电源端、音频输入端、音频输出端及反馈端对地的电压值和电阻值。如果测得各引脚的数据值与正常值相差较大，则表明该集成电路内部已经损坏。

对引起无声故障的音频功放集成电路，检测其电源电压是否正常时，可采用信号干扰法。测量时，应将万用表置于 R×1 挡，将红表笔接地，用黑表笔点触音频输入端，正常时扬声器中应有较强的“喀喀”声。

4) 运算放大器的检测

可以使用万用表的直流电压挡，测量运算放大器输出端与负电源端之间的电压值，来检测运算放大器集成电路。为加入干扰信号，用金属镊子依次点触运算放大器的两个输入端，如果万用表表针有较大幅度的摆动，则说明该运算放大器完好，如果万用表表针不动，则说明运算放大器已损坏。

5) 时基集成电路的检测

时基集成电路内部既有数字电路部分又有模拟电路部分，用万用表很难直接测出其好坏，可以用测试电路来检测时基集成电路的好坏。测试电路由阻容元件、发光二极管(LED)、6V 直流电源、电源开关 S 和 8 脚的 IC 插座组成。测试时，将时基集成电路，例如 NE555，插入 IC 插座后，按下电源开关 S，如果该集成电路正常，则 LED 闪烁。如果 LED 不亮或者一直亮，则说明该被测集成电路性能不良。

6) 三端稳压器的检测

检测三端稳压器时，必须配备一台稳压电源，例如测试 7805、7905 等系列三端稳压器，使用的稳压电源输出电压可调范围应该在 5~30V 之间，再结合万用表，即可进行测试。值得注意的是，测试时，稳压电源的输出电压应该比所测三端稳压器的标称值高出 5V 左右。

你知道吗

常用的固定三端稳压器有 78××、79××系列等。对于 78××系列，将封装上的字符面向操作者，左边引脚为电压输入，右边引脚为电压输出，中间引脚为接地。对于 79××系列，将封装上的字符面向操作者，左边引脚为电压输入，中间引脚为电压输出，右边引脚为接地。

2.3.3 贴片式半导体器件

贴片式半导体器件主要包括贴片二极管、贴片三极管，以及贴片集成电路等。

1. 贴片二极管

常见的贴片二极管有圆柱形和矩形两种，如图 2-22 所示。圆柱形贴片二极管没有引脚，二极管芯片被封装在具有内部电极的细玻璃管中，两端装的金属圆帽作为正、负极。矩形贴片二极管有三条 0.65mm 的短引脚。

(a) 圆柱形贴片二极管

(b) 矩形贴片二极管

图 2-22 贴片二极管

贴片二极管的型号标示由字母或字母与数字组合而成，一般最多不会超过 4 位，如图 2-22(b)所示。需要说明的是，即使是同一标记，因为生产厂家的不同，也可能代表不同的型号，或可能代表不同的器件。根据管内所含二极管数量及连接方式的不同，矩形贴片二极管有单管和对管之分，对管中又有共阳、共阴、串接等方式，如图 2-23 所示，其中 NC 表示空脚。

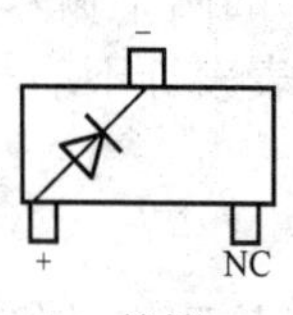

(a) 单管一

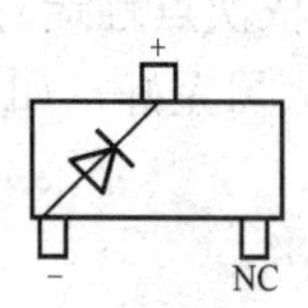

(b) 单管二

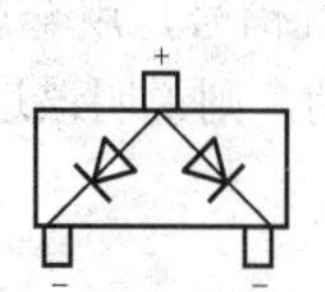

(c) 共阳极对管

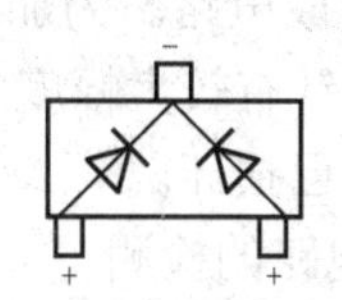

(d) 共阴极对管

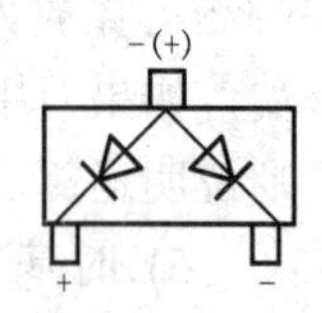

(e) 串接对管

图 2-23 贴片二极管的内部结构

1) 贴片二极管按功能特点分类

根据贴片二极管的功能特点，可将其分为变容贴片二极管、稳压贴片二极管、瞬态电压抑制贴片二极管、快恢复贴片二极管、整流贴片二极管、肖特基贴片二极管、开关贴片二极管等类型。

(1) 变容贴片二极管。变容贴片二极管是采用特殊工艺使 PN 结电容随反向偏压变化比较灵敏的一种特殊二极管。二极管结电容的大小与本身结构、工艺、外加反向电压有关。与一般的二极管不同的是，变容贴片二极管需要反向偏压才能正常工作。当反向偏压增大时，变容二极管的结电容变小；当反向偏压减小时，变容二极管的结电容增大。变容贴片二极管属于电压控制型器件，一般用在振荡电路中，与其他元件一起构成压控振荡器。

(2) 稳压贴片二极管。稳压贴片二极管利用 PN 结反向击穿时两端的电压固定在某一数值而基本不随电流大小变化的特性，可在电路中起到稳定直流电压的作用。一般稳压贴片二极管的稳压值为 3~30V，功率为 0.3~1W。

(3) 瞬态电压抑制贴片二极管。瞬态电压抑制贴片二极管是利用反向击穿特性来进行电压钳位与分流浪涌电流的，以抑制和消除电路系统中的瞬间电压，是一种起到保护作用的二极管。瞬态电压抑制贴片二极管响应速度快，瞬间耐流高。

(4) 快速恢复贴片二极管。快速恢复贴片二极管是一种反向恢复时间特别短、具有良好的开关特性、主要用于高频或超高频工作的二极管。一般情况下，反向恢复时间在几百 ns 以内的二极管为超快速恢复二极管。

(5) 整流贴片二极管。整流贴片二极管将交流变成直流，其主要参数是最高反向工作电压(U_R)、额定正向整流平均值(I_F)。整流贴片二极管分为标准整流二极管、快速整流二极管、超快速整流二极管、肖特基整流二极管、贴片整流桥等。

(6) 肖特基贴片二极管。肖特基贴片二极管是利用金属与半导体接触产生势垒而形成的具有单向导电特性的一种二极管，具有低功耗、大电流、比快速恢复二极管工作效率更高等特点。肖特基贴片二极管反向恢复时间可以为 10ns，甚至在 4ns 以下，可谓之超快速恢复二极管。肖特基贴片二极管的工作频率为 1~3GHz，正向压降大约为 0.4V，反向峰值电压一般小于 100V，额定正向电流为 0.1A 至几安。

(7) 开关贴片二极管。开关贴片二极管反向恢复时间特别短。开关贴片二极管的正向平均电流一般为 100~200mA，反向峰值电压一般为几十伏；高速开关贴片二极管反向恢复时间一般不大于 4ns；超高速开关贴片二极管的反向恢复时间一般不大于 1.6ns。

2) 贴片二极管与贴片电阻、贴片电容的区分方法

(1) 带 V 字母。贴片稳压二极管的型号丝印中通常带有 V 字母，贴片电阻基本上不会出现表示电压的参数标志符号，贴片电容若出现符号 V，则表示其耐压值，但不会独自出现，往往结合某个表示容量的标示一起出现。

(2) 两位数字。两位数字+色带标志一般是稳压二极管。

(3) 极性标志。二极管均具有极性标志，由此可作为区分电阻、非极性电容的特征。

2. 贴片三极管

贴片三极管经常被称为芝麻三极管。贴片三极管体积微小，种类很多，有 NPN 管、PNP 管、普通管、超高频管、达林顿管、高反压管等类型。

常见的矩形贴片三极管的外形如图 2-24 所示。

图 2-24 矩形贴片三极管

贴片三极管的型号标示也是由字母或字母与数字组合而成的，最多不会超过 4 位。少数贴片三极管用 1 位代码来表示。同样需要说明的是，即使是同一标记，因为生产厂家的不同，也可能代表不同的型号，甚至可能代表不同的器件。

与对应的直插式元件相比，贴片二极管和贴片三极管体积小，耗散功率也较小，其他参数变化不大。电路设计时，应该考虑散热条件，可以借助热焊盘将器件与热通路连接，

或者用在封装顶部加散热片的方法加快散热。另外，还可以采用降额使用来提高可靠性，即选用额定电流和电压为实际最大值的 1.5 倍，额定功率为实际耗散功率的 2 倍左右。

1) 贴片三极管基极的判断

将模拟式万用表拨到 R×1k 或者 R×100Ω挡，用黑表笔接触贴片三极管的某一管脚，红色表笔接触另外两个管脚。如果万用表读数都很小，则与黑表笔接触的那一管脚就是基极，并且可以判定此贴片三极管为 NPN 型结构。

小贴士

三极管 C、E 极间有两个 PN 结，无论万用表的表笔怎样接触，均有 PN 结处于反偏状态，即三极管的 C、E 极间呈现高阻状态。

2) 结型场效应管栅极的判断

用模拟式万用表检测结型场效应管时，会发现有两个电极间，无论红、黑色表笔中的哪一个放在这两个电极上，其间的电阻均为无穷大，这种情况下，另一个电极就是结型场效应管的栅极。

也可以根据结型场效应管的外形特征来确定漏极，一般引脚最宽的一端是漏极。

然后，将待确定漏极与其他两端分别正反测量，即可判断出来。

3．贴片集成电路

贴片集成电路有 SOP、PLCC、QFP 和 BGA 等几种封装形式。

1) SOP 封装贴片集成电路

SOP 是集成电路双列直插式 DIP 封装的变形，如图 2-25 所示，其引脚一般有 L 型和 J 形两种，引脚间距有 1.27mm、1.0mm 和 0.76mm 三种，厚度一般为 2~3mm。大多数逻辑电路和线性电路均可以采用 SOP 封装，但是其功率小，一般在 1W 以内。与 DIP 形式相比，安装时占用 PCB 面积小，重量也减轻了 20%左右。

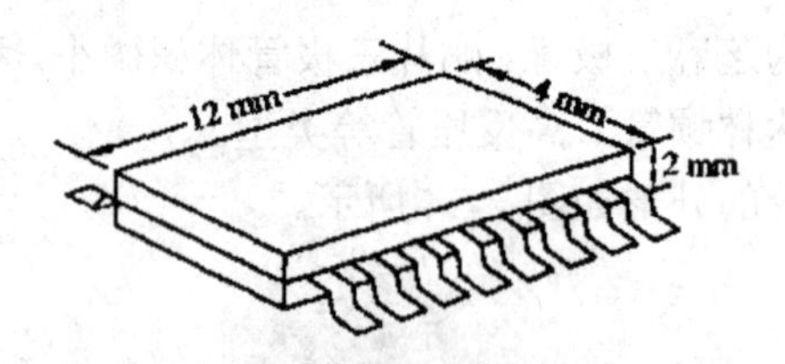

图 2-25　贴片小型集成电路

2) PLCC、QFP 和 BGA 封装贴片集成电路

在集成电路的集成量和功能增加的同时，集成电路的引脚也在不断地增多，而 IC 的体积却不能增大太多，因此，为解决这个矛盾，设计出四边都有引脚的正四方集成电路封装形式。PLCC 是四方 J 形引脚，QFP 是正四方翅形引脚，BGA 是球栅阵列结构。

国际上采用集成电路脚位的统一标准为：将 IC 的方向指示缺口朝左边，靠近自己一边的引脚从左至右依次为第一脚至第 N 脚，远离自己的一边从右至左为第 N+1 脚至最后一脚，即引脚按逆时针方向依次排列。

当 IC 的引脚数大于 208 脚时，传统的封装方式有困难。因此，除使用 QFP 封装方式外，现今大多数的高引脚数芯片皆转而使用 BGA 封装。BGA 一出现便成为 CPU、高引脚数封装的最佳选择。BGA 封装的器件绝大多数用于手机、网络及通信设备、数码相机、微型计算机、笔记本电脑、PAD 和各类平板显示器等高档消费市场。

技能驿站

1. 目的

1) 了解常用半导体器件的类型。
2) 掌握二极管和三极管的识别与检测方法。
3) 巩固以数字式万用表测量电阻的方法的知识。

2. 设备与仪器

散装直插式二极管、三极管若干；直插式元件和贴片式元件混合的电路板一块；数字式万用表一块。

3. 内容及步骤

1) 直插式二极管的检测

将数字式万用表的功能开关置于二极管测试挡“→+”，红表笔接二极管的正极，黑表笔接二极管的负极，此时，数字式万用表显示值为二极管的正向压降，单位为 V。如果二极管正、负极引脚接反，则显示为溢出符号“1.”。

用数字式万用表测量正常的硅材质二极管时，红表笔接二极管的正极，黑表笔接二极管的负极，假设显示屏显示为“570”，那么，二极管的正向压降是 0.570V。

将二极管名称标记侧朝上，用数字式万用表测试两个二极管的质量好坏、引脚极性、正向压降及材质，并做相应的实验记录。

第一个二极管名称标记为________，质量________(好/坏)，引脚________(如何识别正极)，正向压降________，属于___材质二极管(硅/锗)。

第二个二极管名称标记为________，质量________，引脚________，正向压降________，属于___材质二极管。

2) 直插式三极管的检测

(1) 将三极管标有文字(例如 S8050)的一侧朝上，引脚面向测试者，自左至右给三个引脚编上序号①、②、③。

(2) 将数字式万用表拨至二极管测试挡，进行表 2-19 所示的六次测量，并将测量结果记录于表 2-19 中(显示“1.”表示溢出，此时可以记录“1.”，也可记录“溢出”文字)。

表 2-19　数字式万用表测试三极管引脚

红 表 笔	黑 表 笔	数字式万用表的显示值
①	②	
①	③	
②	①	
②	③	
③	①	
③	②	

(3) 在表 2-19 的六次测量中，假设某两次的显示值均小于 1V，如果此时是红表笔接某一引脚，黑表笔接另外两个引脚所得，则红表笔所接引脚为基极，并且该三极管为 NPN 型管；如果为黑表笔接某一引脚，红表笔接另外两个引脚所得，则黑表笔所接引脚为基极，该三极管为 PNP 型管。

同时，如果显示值在 0.15~0.3V 之间，则说明该三极管为锗材质；如果显示值在 0.5~0.7V 之间，则说明该三极管为硅材质。

由此，可以确定三个引脚中，引脚____为基极(填引脚编号)，此管为____材质的____型管。

(4) 将数字式万用表拨至 h_{FE} 挡，对应操作(3)中得出的管型插孔，将基极插入 B 孔，按照集电极和发射极的区分原则，判断出引脚___为 C 极(填引脚编号)，引脚____为 E 极，该管静态放大系数 β 为________。

3) 贴片式半导体器件的识别与检测

识读并检测包含贴片式半导体器件的电路板(如有需要，可以添置模拟式万用表)，并将结果记录于表 2-20 中。

表 2-20　贴片式半导体器件的识读与检测

被测对象	器件类型	名称标记	引脚极性	测 量 值
V1				
V2				
V3				
V4				
IC				

注：“器件类型”填写直插式/贴片式；“名称标记”填写器件体上的标记符号，没有的可不写；“引脚极性”可给予自行编号，然后识别极性，比如二极管的正、负极，如果无法识别，可以不填写；“测量值”如果无法测量，可以不填写。

4. 总结

(1) 整理测量数据，分析产生测量误差的原因。

(2) 思考并回答：直插式元件和贴片式元件在外观、测量方法上有什么区别？

(3) 撰写任务报告。

项 目 小 结

本项目中讨论了模拟式万用表、数字式万用表的基本原理及使用方法，以及常用电子元件的基本知识。

(1) 万用表是电子测量技术中最基本、最常用的测量仪表之一，按照工作原理的不同，可将其分为模拟式万用表和数字式万用表两大类。比较而言，数字式万用表操作更方便，测量精度更高，得到了更为普遍的使用。

(2) 模拟式万用表将被测量转换为直流电流信号，通过驱动表头指针偏转来实现读数。可以直接对电压、电流等模拟量进行测量。数字式万用表需要将被测模拟量转换为直流数字电压信号，再进行显示和处理，测量速度快，准确度高，分辨率高，同时具有较高的输入阻抗和抗干扰能力，并具有自动调零、自动识别极性等优点。

(3) 常用电子元件分为直插式和贴片式两种类型。电阻、电容、电感、二极管等电子元件都有贴片封装。贴片式元件体积小，易于集成，但并不能完全取代传统的直插式元件。

(4) 标称值和允许误差是电阻、电容、电感等常用元件的两个主要参数。标称值的标示方法有直标法、色环法、数字法等。允许误差的标示方法有字母法、百分数法、分级法等，强调用字母 F、J 和 K 表示常用允许误差值。

(5) 根据导电能力的不同，可以将材料分为导体、半导体和绝缘体三大类。半导体材料是制作各种晶体管、集成电路、电力电子元件、光电子器件的基本材料。半导体器件依据其封装形式的不同，又可以分为分立器件和集成电路两类。常见的半导体分立器件有二极管、三极管和场效应管等。

思考与习题

1. 填空题

(1) 现有“0402”封装形式的贴片电阻，其长为_____cm，宽为____cm。

(2) 根据安装方式的不同，常用电子元件可以分为直插式和_______两种类型。

(3) 电路图中某支路需要阻值为 8MΩ的电阻，但是现在只有 2kΩ的电阻若干，在这种情况下，可以用_____个 2kΩ电阻串联，等效实现。

(4) 某四色环电阻，已知其色环依次为绿色、棕色、黄色和金色，则该电阻的标称值为_______，允许误差为______。

(5) 某电阻，直接标记为“300RJ”，则该电阻的标称值为___，其允许误差为____。

(6) 矩形贴片电阻一般是表面为黑色，底面为___色，表面有丝印标识_____的长方形。

(7) 表面丝印标识为 470 的矩形贴片电阻，其阻值为__________。

(8) 一个标称容量值为 100μF 的电容，如果改用 pF 单位，则可表示为_______。

(9) 模拟式万用表的调零分为______调零和______调零，其中每次进行电阻换挡测量时，都必须进行______调零。

(10) 模拟式万用表欧姆挡的零刻度位于表盘的最______端(左或右)，其刻度线是不均匀的，由左至右刻度线由______(疏或密)变______(疏或密)。为提高读数的准确度，应通过选择合适量程，使指针指示在满刻度的______左右。

(11) 用数字式万用表测量硅二极管时，假设显示屏显示为“670”，则该二极管的正向压降为_______。

(12) 用数字式万用表测量三极管直流放大倍数时，应先将万用表拨至______挡，然后根据管型选择插孔进行测量。

(13) 用数字式万用表测量电阻时，量程选用 20kΩ挡，万用表液晶显示为 19.00，则所测电阻的阻值为______。

2．单项选择题

(1) 用模拟式万用表进行测量时，应尽量使指针偏转到满刻度的(　　)。

A. 1/4 处　　B. 1/2 处　　C. 1/3 处　　D. 2/3 处

(2) 用数字式万用表测量硅二极管时，红表笔接二极管的正极，黑表笔接二极管的负极，则表的显示值为(　　)。

A. 1.　　B. .673　　C. 0.3　　D. 0

(3) 用数字式万用表判断三极管的三个电极，一般用(　　)挡。

A. 电阻　　B. 直流电压　　C. 二极管测试挡　　D. 交流电压

(4) 用数字式万用表测量一个 10kΩ的电阻，量程挡位为 2kΩ，结果万用表显示值为“1.　”，则表明(　　)。

A. 表已损坏　　B. 超过量程　　C. 电阻值过小　　D. 表的精确度不够

3．简答题

(1) 简述色环标注电阻规则中，电阻色环的含义。

(2) 电阻的标称值与允许误差的标示方法有哪些？

(3) 根据介质的不同，电容可以分为哪几类？简述每种类型的特点。

(4) 简述贴片电阻、贴片电容的区分方法。

(5) 简述集成电路引脚排列的识别方法。

(6) 什么是排电阻？与普通分立电阻相比，排电阻有什么优点？并试着从引脚数量、阻值大小等方面列举出三个排电阻实际器件。

4．计算题

(1) 图 2-26 是某模拟式万用表测量某电压时的表盘指示结果，请根据指针位置进行读数，将结果填入表 2-21 中(要求多估读一位)。

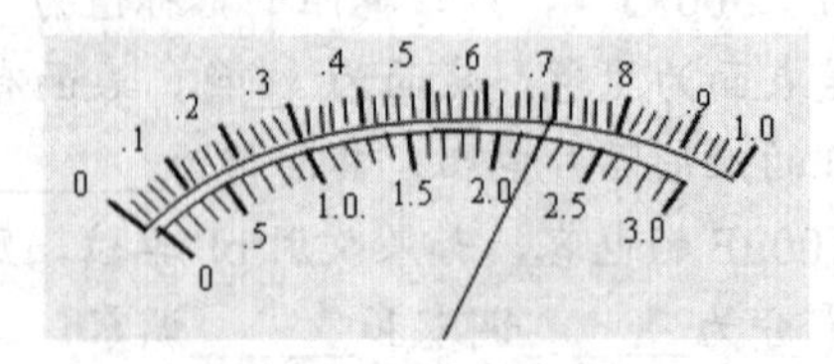

图 2-26　模拟式万用表指针的指示值

表 2-21　模拟式万用表检测电压读数

量程选择	读　数
30mV	
100mV	
10V	
30V	
100V	

(2) 现有两只电阻，第一只电阻的第一色环至第四色环分别是棕色、灰色、红色和金色，第二只电阻直接标记为 200RJ，试问这两只电阻的标称阻值分别是多少？其允许误差分别是多少？

(3) 标注数值为 104 和 333 的两只瓷片电容的容量值分别是多少？

项目 3

信号发生器的原理与使用

知识目标

- 了解信号发生器的作用与分类。
- 了解信号发生器的性能指标。
- 掌握典型信号发生器的结构原理及操作规范。

能力目标

- 熟悉实体信号发生器的面板布局。
- 能够使用实体信号发生器。
- 能够设置和使用虚拟信号发生器。

任务 3.1　信号发生器的工作原理

任务描述

在电子线路的分析与设计过程中，经常需要用到一些仪器，以模拟波形、数字数据码型、调制信号、失真、噪声等形式为电路提供激励信号。例如，无线电调幅通信系统中的包络检波电路分析，需要全载波调幅(AM)信号作为检波电路的输入激励信号。而实际的调幅通信系统中的 AM 信号是通过无线通信系统发射，再由接收端输入到解调电路进行检波。在实验中，通常利用能够产生类似信号的仪器来产生 AM 信号，接入如图 3-1 所示的包络检波电路来观测解调过程。那么，该如何利用这类仪器产生实验所需信号呢？

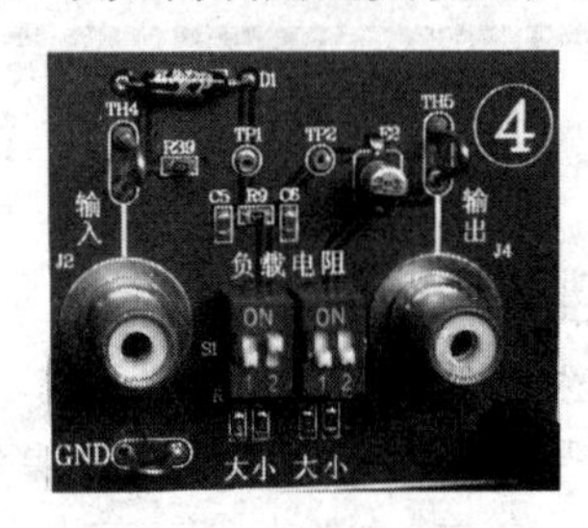

图 3-1　全载波调幅 AM 信号的包络检波电路

任务要求

产生一个载波频率为 465kHz，调制信号频率为 1kHz，调制指数 m_a 为 30%的全载波调幅 AM 信号，作为包络检波电路的输入激励信号。

任务分析

电子测量仪器从宏观上可以分为两大类，即激励和检测，激励仪器主要是各类信号发生器。信号发生器又称为信号源，在测试、研究及调试电子电路及设备时，提供满足被测电路所需特定参数的电测试信号。信号发生器是电子测量中最基本、应用最广泛的电子测量仪器之一。要产生图 3-1 所需的较为复杂的信号，通常使用信号源产生电路激励信号。

知识储备

3.1.1　信号发生器的作用与分类

大多数电路都需要某种幅度随时间变化的输入信号。

信号可以是真实峰值在接地参考点上下振荡的双极 AC 信号，也可以是在 DC 偏置范围内变化的信号。可以是正弦波或其他模拟函数波形、数字脉冲、二进制码型或纯任意波形，信号的频率可以从几毫赫到几十兆赫不等。

正常情况下，AC 一词是指信号在接地 0V 参考点左右变负和变正，因此在每个周期中电流流动方向会颠倒一次。但电路中的真实 AC 通常定义为任何变动的信号，而不管其与接地的关系如何。例如，即使一直在同一方向吸收电流，但在 1~3V 之间振荡的信号仍构成 AC 波形。大多数信号发生器可以生成以接地为中心的波形或偏置波形，即真实的 AC。

1．信号发生器的作用

归纳起来，信号发生器的作用主要表现在以下三个方面。

1) 作为电子设备的激励信号

大多数电子系统的性能只有在一定的信号作用下才能显现出来。例如，扬声器只有在外加音频信号的情况下才能实现发声；电视机也只有在外加电视信号的条件下其屏幕上才会有图像。信号发生器输出的信号，可以对元件的特性及参数进行测量，还可以对电工和电子产品整机进行指标验证、参数调整以及性能鉴定等。在各种配置中，信号发生器可以以模拟波形、数字数据码型、调制信号、故意失真、噪声等形式提供激励信号。在多级电路传递网络、电容与电感组合电路、电容与电阻组合电路以及信号调制器的频率、相位的特性测试中，信号发生器都得到了广泛的应用。

你知道吗

激励源只是测量过程的一个组成部分，另外还需要检测被测部件响应特性的仪器，在射频和微波频段，激励和检测往往构成一体化系统，以便获得更快速的扫频响应特性，例如频谱分析仪和网络矢量分析仪等。但是，大部分测量系统仍然会采用独立的激励源。

2) 作为信号仿真

在电子设备的研制与生产过程中，尤其是在军事、航空、交通运输等领域，鉴于某些电路运行环境比较恶劣，或者是由于费用较高，再或者是风险性较大，需要模拟这些电子设备所需的与实际环境特性相同的信号，以实现对设备性能的测试。

当需要研究设备在实际环境下所受的影响，但又无法在实际环境中测量时，可以利用信号发生器给该设备施加与实际环境相同特性的信号来测量；就如同飞机在设计制造过程中，需要事先知道机体及其相关设备在气流、雷击、温变等情况下的反应，所以设计人员运用大型风洞等来模拟真实环境。

3) 作为标准信号源

作为标准信号源的信号发生器用来校对或对比一般信号发生器产生的信号。

2．信号发生器的分类

信号发生器型号繁多、性能各异，分类方法也不尽一致。按照用途的不同，信号发生器可以分为专用信号发生器和通用信号发生器两大类。专用信号发生器为了某种特殊测量目的而研制，例如电视信号发生器、脉冲编码信号发生器、误码仪等，能够提供专门的测试信号。专用信号发生器的特性往往因测量对象的要求而受到制约。通用信号发生器应用面广，灵活性好，又可以分为以下几种类型。

1) 按输出信号的波形特性分类

根据使用需求，信号发生器可以输出不同波形的信号，按照输出信号的波形特性，信号发生器可以分为正弦信号发生器和非正弦信号发生器。正弦信号发生器最具普遍性和广泛性。非正弦信号发生器又可以分为函数信号发生器、脉冲信号发生器、扫频式信号发生器、数字序列信号发生器、噪声信号发生器等。

小贴士

波形可以分为多种形状和形式，电子测量所涉及的波形主要有正弦波、方波和矩形波、锯齿波和三角波、阶跃和脉冲形状以及复合波，大多数情况下又是一个或多个波形同时使用，并且会伴有噪声或失真。

2) 按输出信号的频率覆盖范围分类

根据不同的应用领域的具体需求，信号发生器可以输出不同频率的信号，按照输出信号的频率覆盖范围，信号发生器可以分为低频信号发生器、高频信号发生器和微波信号发生器。

3) 按产生频率的方法分类

根据产生频率方法的不同，信号发生器可以分为谐振式信号发生器和频率合成式信号发生器两种。一般传统的信号发生器都采用谐振法，即用频率选择回路来产生正弦振荡，进而获得所需要的频率。也可以通过频率合成技术来获得所需要的频率。频率合成式信号发生器由基准频率通过加、减、乘、除组合而成一系列频率。自第一台正弦波信号发生器问世以来，信号发生器的设计已经经历了多次演进，伴随着数字技术的飞速发展，当前的信号发生器较多采用直接数字合成技术，即 DDS 技术。

4) 按应用领域分类

信号发生器在广义上分成混合信号发生器和逻辑信号源两大类，混合信号发生器针对模拟信号应用，又分为任意波形发生器(AWG)和任意/函数发生器。逻辑信号源针对数字信号应用，又可以分为脉冲发生器和码型发生器。每种信号发生器都有独特的优势，或多或少地适合某种特定应用，基本满足了全系列信号生成需求。

5) 按调制方式分类

根据调制方式的不同，信号发生器可分为调幅、调频、调相、脉冲调制等类型。

小贴士

在被调制信号中，幅度、相位或频率变化把低频信息嵌入到高频的载波信号中。得到的信号可以传送从语音到数据再到视频的任何信号。复现波形可能是一个挑战，除非有专门配备的信号发生器。

从上述信号发生器的常用分类方法可以看出，某种信号发生器具体归为哪一类，并没有明确的界限。随着科技的发展，实际应用到的信号形式越来越多，越来越复杂，频率也越来越高，所以信号发生器的种类也越来越多，同时，信号发生器的电路结构形式也不断向着智能化、软件化、可编程化发展。例如，同一台信号发生器往往具有相当宽的频率覆盖范围，同时，又具有输出多种波形信号的能力。目前，大多数信号发生器基于数字技术。许多信号发生器可以同时满足模拟信号和数字信号要求，但最高效的解决方案通常是选用具有模拟应用或数字应用优化功能的信号发生器。

共同练：信号发生器产生正弦波的实际操作

1) 操作目的

(1) 熟悉双通道函数/任意波形发生器的面板。

(2) 掌握双通道函数/任意波形发生器的使用方法。

2) 操作设备与仪器

DG1022 型双通道函数/任意波形发生器一台。

3) 知识储备

DG1022 型双通道函数/任意波形发生器(简称双通道任意波形发生器)，具有两个独立可调的通道，该仪器的前面板如图 3-2 所示。在操作面板左侧下方有一系列带有波形图案的按键，分别是正弦波、方波、锯齿波、脉冲波、噪声波、任意波，此外，还有通道切换键和视图切换键两个常用按键。

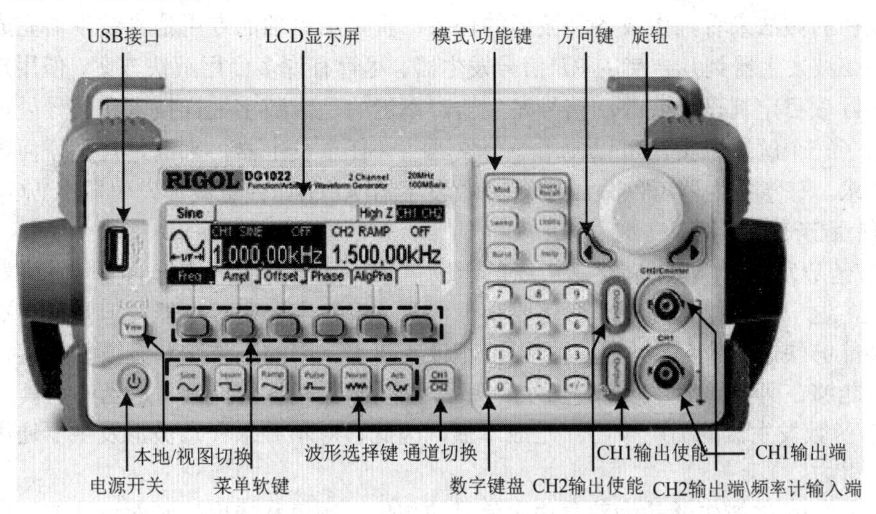

图 3-2　DG1022 型双通道函数/任意波形发生器的前面板

4) 操作步骤

输出一个频率为 20kHz、幅值为 2.5V_{PP}、偏移量为 500mV_{DC}、初始相位为 10° 的正弦波形。

(1) 设置频率值。

① 按 Sine→按 频率/周期 软键切换，软键菜单 频率 反色显示。

② 使用数字键盘输入“20”，选择单位 kHz，设置频率为 20kHz。

(2) 设置幅度值。

① 按 幅值/高电平 软键切换，软键菜单 幅值 反色显示。

② 使用数字键盘输入“2.5”，选择单位 V_{PP}，设置幅值为 $2.5V_{PP}$。

(3) 设置偏移量。

① 按 偏移/低电平 软键切换，软键菜单 偏移 反色显示。

② 使用数字键盘输入“500”，选择单位 mV_{DC}，设置偏移量为 $500mV_{DC}$。

(4) 设置相位。

① 按 相位 软键使其反色显示。

② 使用数字键盘输入“10”，选择单位“°”，设置初始相位为 10°。

上述设置完成后，按 View 键切换为图形显示模式，信号发生器显示正弦波。

5) 操作总结

(1) 整理实验数据，描绘实验曲线，完成相应的记录。

(2) 思考并回答：双通道任意波形发生器的工作原理是什么？

(3) 撰写操作报告。

3.1.2 典型信号发生器

1. 混合信号发生器

从以往的做法来看，生成各种波形的任务一直是用单独的专用信号发生器完成，从超纯音频正弦波发生器到几吉赫的 RF 信号发生器。尽管有许多商用解决方案，但用户通常必须根据实际项目定制设计或改动信号发生器。幸运的是，数字采样技术和信号处理技术给我们带来了一个解决方案，可以使用一台仪器——任意发生器，来满足几乎任何类型的信号发生需求。任意发生器可以分成任意/函数发生器(AFG)和任意波形发生器(AWG)。

1) 任意/函数发生器

任意/函数发生器(AFG)满足了广泛的激励需求，是当前业内流行的信号发生器结构。一般来说，这一仪器提供的波形变化要少于任意波形发生器同等仪器，但是具有杰出的稳定性，并能够快速响应频率变化。如果被测设备要求典型的正弦波和方波以及其他波形，并且要求能够在两个频率之间即时开关，那么任意/函数发生器提供了适当的工具。

任意/函数发生器的另一个特点是成本低，因此，对不要求任意波形发生器通用性的应用极具吸引力。

当前任意/函数发生器是为改善输出信号的相位、频率和幅度控制而设计的。此外，众多任意/函数发生器提供了从内部来源或外部来源调制信号的方式，这对某些类型的标准一致性测试至关重要。

过去，任意/函数发生器使用模拟振荡器和信号调节创建输出信号。最新的任意/函数发生器依赖直接数字合成(DDS)技术确定样点，从存储器中输出时钟的速率。

2) 任意波形发生器

任意波形发生器(AWG)可以生成任何波形，例如测试基于 GSM 或 CDMA 的手机时，需要复调制的 RF 信号。AWG 可以使用各种方法，从数学公式到“画出”波形，来创建所需要的输出。图 3-3 为任意波形发生器的结构框图，从本质上看，任意波形发生器是一种完善的播放系统，它根据存储的数字数据提供波形，这些数字数据描述了 AC 信号不断变化的电压电平。

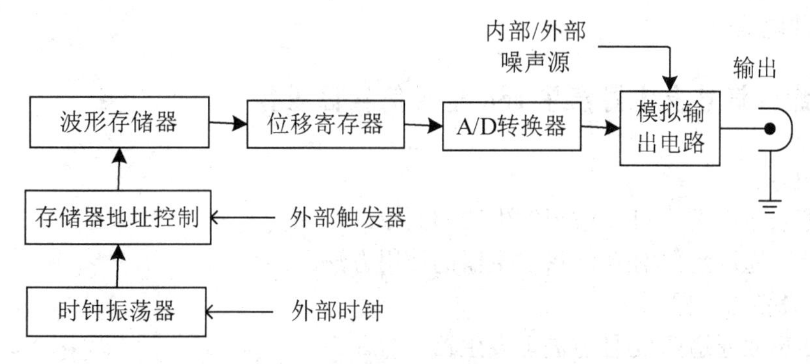

图 3-3　任意波形发生器的结构框图

任意波形发生器提供了几乎任何其他仪器都不能匹配的通用性。由于它能够生成任何波形，因此任意波形发生器支持从汽车防抱死制动系统模拟到无线网络极限测试的各种应用。

3) 混合信号发生器性能参数

混合信号发生器的主要性能参数包括存储深度、采样速率、带宽、垂直分辨率、水平分辨率、输出通道数量、数据导入功能等，下面分别予以介绍。

(1) 存储深度。存储深度又称为记录长度，与时钟频率一起使用。存储深度决定着可以存储的最大样点数量。每个波形样点占用一个存储器位置。每个位置等于当前时钟频率下采样间隔的时间。例如，如果时钟以 100MHz 运行，那么存储的样点间隔是 10ns。

(2) 采样速率。采样速率通常用每秒兆样点或千兆样点来表示，表明了仪器可以运行的最大时钟或采样速率。采样速率影响着主要输出信号的频率和保真度。存储的波形必须有足够的点数，以真实地重现希望的信号细节。信号发生器可以获得这些样点，然后以规定极限范围内的任何频率从存储器中读出这些样点。

(3) 带宽。仪器的带宽是一种模拟术语，它与采样速率无关。信号发生器输出电路的模拟带宽必须足以处理其采样速率将支持的最大频率。换句话说，必须有足够的带宽，能够传送从存储器中输出时钟的最高频率和转换时间，而不会劣化信号特点。

(4) 垂直分辨率。在混合信号发生器中，垂直分辨率与仪器的数/模转换器的二进制字长度有关，位越多，分辨率越高。D/A 转换器的垂直分辨率决定着复现波形的幅度精度和失真。分辨率不足的 D/A 转换器会导致量化误差，导致波形生成不理想。

(5) 水平分辨率。水平分辨率又称为定时分辨率，表示创建波形可以使用的最小时间增量。一般来说，这个指标是使用下面的公式计算得出的：

$$T=1/f \tag{3-1}$$

式中，T 是定时分辨率，单位为 s；f 是采样频率，单位为 Hz。

小贴士

根据公式 3-1 的定义，最大时钟速率是 100MHz 的信号发生器的定时分辨率为 10ns。换句话说，这一混合信号发生器输出波形的特点是由一串相距 10ns 的步进确定的。

(6) 输出通道数量。许多应用要求信号发生器有一条以上的输出通道。例如，测试汽车防抱死制动系统要求四个激励信号。生物物理研究应用要求以多个信号发生器，来模拟人体产生的各种电信号。

延伸练：信号发生器产生FSK信号的实际操作

1) 操作目的

(1) 熟悉双通道函数/任意波形发生器的面板。

(2) 掌握双通道函数/任意波形发生器的使用方法。

2) 操作设备与仪器

DG1022型双通道函数/任意波形发生器一台。

3) 知识储备

DG1022型双通道函数/任意波形发生器(简称双通道任意波形发生器)，可产生正弦波、方波、锯齿波、脉冲波、噪声波、任意波等多种波形的信号，同时，双通道任意波形发生器带有内调制功能，可产生AM、FM等典型的调制信号。

该双通道任意波形发生器具有通道选择按钮，可分别通过两个通道输出两路独立信号，另外，该双通道任意波形发生器还具有视图切换键，可在参数设计界面与输出波形视图界面进行切换。

4) 操作步骤

输出一个采用内部调制，跳频为800Hz、速率为200Hz的FSK波形。载波为10kHz的正弦波。

(1) 选择载波的函数。按Sine键，选择载波的函数为正弦波。此操作的设置，默认信源选择的类型为内部信源。

(2) 设置载波的频率。按 频率/周期 软键切换，软件菜单 频率 反色显示，使用数字键盘输入“10”，选择单位为kHz，设置频率值为10kHz。

其他参数默认，参数设置完毕。此时，可以在图形显示模式看到相应参数的载波波形。

(3) 选择调制类型为FSK。按 Mod → 类型 → FSK ，选择“频移键控”。注意在显示屏的左上部显示状态消息FSK。

(4) 设置跳频。按 跳频 软键，使用数字键盘输入“800”，选择单位为Hz，设置跳频为800Hz。

(5) 设置速率。按 速率 软键，使用数字键盘输入“200”，选择单位为Hz，设置速率为200Hz。

上述设置完成后，信号发生器以指定的调制参数输出FSK波形。按View键，得到图3-4所示的FSK调制波形。

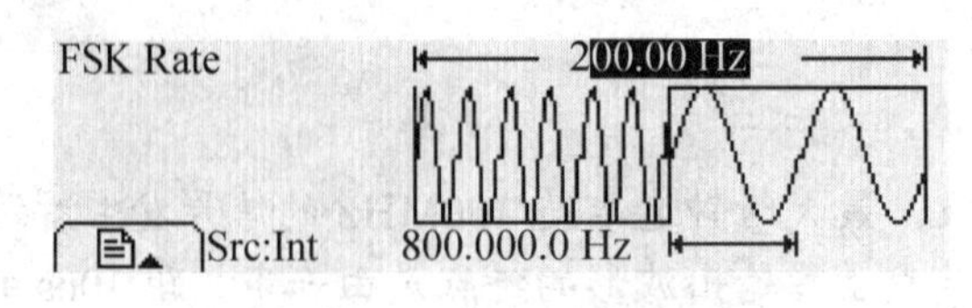

图3-4 输出FSK调制波形

5) 操作总结

(1) 整理实验数据，描绘实验曲线，完成相应的实验记录。

(2) 思考并回答：对于操作任务中所输出的波形，哪些是自己熟悉的？现实生活中有这些波形的激励源，你知道其中哪些激励源呢？

(3) 撰写操作报告。

2. 其他典型信号发生器

1) 数字信号发生器

真正的数字信号发生器必须驱动数字系统，其输出是二进制脉冲流(专用数字信号发生器不能生成正弦波或三角波)。数字信号发生器的功能是为满足计算机总线需求和类似应用而优化的。这些功能包括加快码型开发速度的软件工具，也可能包括为匹配各种逻辑系列而设计的探头之类的硬件工具。

总地来说，从函数信号发生器到任意信号发生器再到码型发生器，当前几乎所有的高性能信号发生器都基于数字结构，支持灵活的编程能力和杰出的精确度。

2) 通用锁相环频率合成器

电子干扰使雷达、通信面临着新的挑战，在空间通信、雷达测量、遥测遥控、射电天文、无线电定位、卫星导航和数字通信等先进的电子系统中都需要有一个频率高度稳定的频率合成器。锁相环式频率合成器可以利用低频参考信号生成稳定度很高的高频信号，一个性能优良的频率合成器应同时具备输出相位噪声低、频率捷变速度快、输出频率范围宽和捷变频率点数多等特点。为了满足现代电子技术领域对锁相技术的要求，必须不断地对锁相环的各项指标进行优化。

(1) 通用锁相环频率合成器的工作原理。通用锁相环频率合成器进行频率合成的基本方法是，锁相环路对高稳定度的参考振荡器锁定，环内串接可编程的程序分频器，通过编程改变程序分频器的分频比 N，从而得到 N 倍参考频率的稳定输出。

按上述方式构成的单环锁相频率合成器是锁相环频率合成器的基本单元。通用锁相环式频率合成器的原理框图如图 3-5 所示。

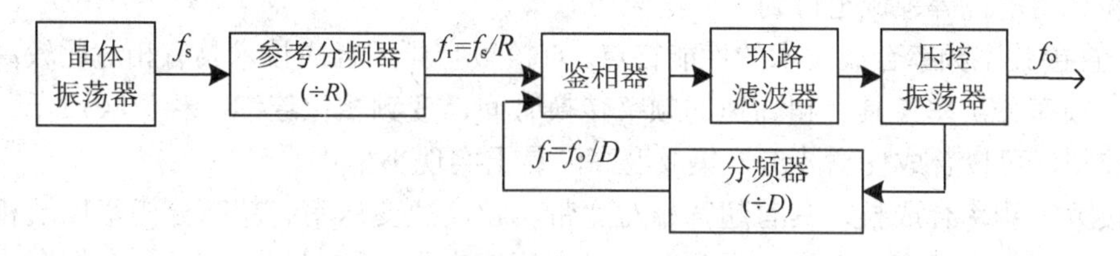

图 3-5　锁相环式频率合成器的原理框图

用锁相环来实现输出和输入两个信号之间的相位同步。当没有基准(参考)输入信号时，环路滤波器的输出为零(或为某一固定值)。这时，压控振荡器按其固有频率 f_o 进行自由振荡。当有频率为 f_r 的参考信号输入时，u_r 和 u_v 同时加到鉴相器。如果 f_r 和 f_o 相差不大，鉴相器对 u_r 和 u_v 进行鉴相的结果，输出一个与 u_r 和 u_v 的相位差成正比的误差电压 u_d，再经过环路滤波器滤去 u_d 中的高频成分，输出一个控制电压 u_c，u_c 将使压控振荡器的频率 f_v (和相位)发生变化，朝着参考输入信号的频率靠拢，最后使 f_v= f_r。压控振荡器的输出信号与环路的输入信号(参考信号)之间只有一个固定的稳态相位差，而没有频差存在。相位差不再随时间变化，误差电压也为一固定值，这时，环路就进入“锁定”状态。

这样就可以实现按照 f_r 来改变输出频率，实现频率合成，当然 f_r 也是可以通过选择不同的 R 来改变的。

(2) 通用锁相环频率合成器的性能指标

通用锁相环频率合成器以一个或少量的高准确度、高稳定度的标准频率作为参考频率，并由此导出多个或大量的输出频率，这些频率的准确度和稳定度与参考频率是一致的。通用锁相环频率合成器的性能指标主要有频率范围、频率分辨率、频率转换时间、频率准确度与稳定度等。

① 频率范围。频率范围是指频率合成器输出的最低频率 f_{omin} 和最高频率 f_{omax} 之间的变化范围，也可以用覆盖系数 k 来表示，$k=f_{omax}/f_{omin}$，又称为波段系数。当 k 大于 2~3 时，可将整个频段划分为几个分频段。在频率合成器中，分频段的覆盖系数一般取决于压控振荡器的特性。

② 频率分辨率。频率合成器的输出是不连续的，两个相邻频率之间的最小间隔称为频率分辨率，又称为频率间隔。不同用途的频率合成器对频率分辨率的要求是不一样的。

③ 频率转换时间。频率转换时间是指频率合成器从某一个频率转换到另一个频率，并达到稳定所需要的时间。该参数与采用的频率合成方法有密切关系。

④ 频率准确度与稳定度。频率准确度是指频率合成器工作频率偏离规定频率的数值，即频率误差。频率稳定度是衡量在规定的时间间隔内，频率合成器偏离规定频率相对变化的大小。

3) 直接数字频率合成信号发生器

直接数字频率合成(DDS)技术作为第三代频率合成技术，突破了前两种频率合成方法的原理，从“相位”的概念出发进行频率合成，它完全没有振荡器，而是用数字合成方法产生一连串的数据流。随着电子工程领域的实际需要以及数字集成电路和微电子技术的发展，DDS 在理论上的探讨以及实际应用都得到了飞速发展。由于它日益显露优越性，DDS 技术已成为雷达、通信、电子等系统中信号源的首选，并且在线性调频、扩频和跳频系统、数字广播和高清电视等领域也得到了广泛应用。

(1) 直接数字频率合成技术的性能特点。直接数字频率合成技术具有相对比较高的频率稳定度、频率分辨率，具有超高速的频率转换时间，变频相位连续，相位噪声低，全数字自动化控制，可以合成任意波形，集成度高，易于实现小型化。

直接数字频率合成技术具有超宽相对宽带、超高捷变速率、超高分辨率以及相位连续性特点，可实现全数字化编程，同时，可以方便地实现各种调制。但是，在拥有诸多优越性的同时，也存在输出杂散大的缺点。

① 输出频率相对带宽较宽。理论上，直接数字频率合成技术的输出频率带宽可以达到 $50\%f_s$。实际上，即使考虑到低通滤波器的特性、设计难度以及对输出信号杂散的抑制，实际输出频率带宽也仍然能达到 $40\%f_s$。

② 频率转换时间短。直接数字频率合成是一个开环系统，没有任何反馈环节，这种结构使得直接数字频率合成的频率转换时间极短。频率时间等于频率控制字的传输时间，也就是一个时钟周期的时间。时钟频率越高，转换时间越短。直接数字频率合成的频率转换时间可以达到纳秒数量级，比其他频率合成方法要小数个数量级。

③ 频率分辨率极高。目前，大多数直接数字频率合成的分辨率在 1Hz 数量级，有的小于 1mHz，甚至更小。

④ 相位变化连续。改变直接数字频率合成输出频率，实际上改变的是每一个时钟周期的相位增量，相位函数的曲线是连续的，只是在改变频率的瞬间其频率发生了突变，因而保持了信号相位的连续性。

⑤ 输出波形灵活多样。只要在直接数字频率合成内部加上相应的控制模块，例如调频控制(FM)、调相控制(PM)和调幅控制(AM)等，就可以方便灵活地实现调频、调相和调幅等功能，产生 FSK、PSK、ASK 和 MSK 等信号。

⑥ 输出杂散大。由于直接数字频率合成采用全数字结构，不可避免地引入了杂散。

(2) 直接数字频率合成技术在通信和仪器仪表中的应用。直接频率合成可以用数字方式精确地控制输出信号的频率和相位，因此，用直接频率合成，可以较方便地实现频移键控(FSK)、二进制相移键控(BPSK)和正交相移键控(QPSK)等数字调制方式。在现代电子测量仪器中，由直接数字频率合成技术实现的任意波形发生器是当前较新一类信号源，它不仅能产生传统函数发生器所有的正弦波、余弦波、方波、三角波等常见波形，还可以利用各种编辑手段，产生传统函数发生器所不能产生的任意波。目前，直接数字频率合成技术在仪器仪表中的应用较为广泛。

技能驿站

1. 目的

(1) 熟悉双通道函数/任意波形发生器的面板。

(2) 掌握双通道函数/任意波形发生器的使用方法。

2. 设备与仪器

DG1022 型双通道函数/任意波形发生器一台，全载波调幅 AM 信号包络检波电路模块一个，双通道数字示波器一台。

3. 内容及步骤

(1) 输出 AM 调制波。

通过函数信号发生器的通道 1，输出一个采用内部调制，具有 30%调制深度的 AM 波形。载波为 465kHz 的正弦波，调制波形为 1kHz 的正弦波。

① 选择通道 1 产生 AM 信号。按 CH1/CH2 按钮，可切换产生信号的通道，切换当前通道为 CH1，即通道 1。

② 选择载波的函数。按 Sine 键，选择载波的函数为正弦波。此操作的设置，默认信源选择的类型为内部信源。

③ 设置载波的频率。按 频率/周期 软键切换，软件菜单 频率 反色显示，使用数字键盘输入“465”，选择单位为 kHz，设置频率值为 465kHz。

④ 选择调制类型 AM。按 Mod → 类型 → AM →▲，选择“幅度调制”。注意在显示屏的左上部显示状态消息 AM。

⑤ 设置调制深度。按 深度 软键，使用数字键盘输入“30”，选择单位为%，设置调制深度为 30%。

⑥ 设置调幅频率。按 频率 软键，使用数字键盘输入“1”，选择单位为 kHz，设置调幅频率为 1kHz。

⑦ 选择调制波形的形状。按 调制波 → Sine，选择调制波形的形状为正弦波。注意在显示屏的左上部显示状态消息 Sine。

上述设置完成后，信号发生器以指定的调制参数输出 AM 波形，按 View 键，看到调幅指数为 30%的 AM 调幅波形。

⑧ 通过通道 1 输出该信号。按下如图 3-2 所示通道 1 对应的输出控制 OUTPUT 按键，则可从双通道波形信号发生器的通道 1 输出 AM 信号。

(2) 将 AM 信号接入包络检波电路，观察输入输出波形。将以上电路产生的 AM 信号接入全载波调幅 AM 信号包络检波电路模块，作为待解调的已调波信号。在电路模块通电状态下，将示波器接入模块的输出端，观察输出波形。

(3) 观察惰性失真(对角切割失真)和负峰切割失真(底部切割失真)。

调整信号发生器的调制深度，使得 m_a=100%，切换通道开关，在全载波调幅 AM 信号包络检波电路模块输出端用示波器观察波形并记录，与无失真波形进行比较。

4．总结

(1) 整理测量数据，描绘实验曲线，完成相应的实验记录。

(2) 思考并回答：如何切换视图以便在双通道波形发生器上看见自己设置的波形参数是否正确？如何切换 CH1 与 CH2 通道？

(3) 撰写任务报告。

任务 3.2　虚拟信号发生器的使用

任务描述

绘制大信号包络检波仿真电路，运用虚拟信号发生器产生一个 AM 信号作为仿真电路的输入激励信号，分析大信号包络检波电路的特性。

任务要求

正确设置虚拟信号发生器的控制面板，产生一个载波频率为 100kHz，调制信号频率为 1kHz，调幅指数为 30%的全载波调幅 AM 信号，将该信号作为大信号检波电路的解调信号，确保包络检波仿真电路能获得不失真的解调信号。

任务分析

CAD 技术、CAT 技术以及模块化技术的发展大大节约了仪器仪表的购买和维护费用。

在电子测量技术中，最具特色的仿真软件首推 Multisim。该软件中带有多种用于电路测试的虚拟仪器，这些虚拟仪器能够逼真地与原电路原理图放置在同一个操作界面中，并能完成各种测试。Multisim 提供了两种虚拟的函数信号发生器，可分别用于产生简单信号和高性能的合成信号。

知识储备

3.2.1　虚拟函数信号发生器

Multisim 是美国国家仪器(NI)有限公司推出的以 Windows 为基础的仿真软件工具，适用于板级的模拟/数字电路板的设计工作。它包含了电路原理图的图形输入、电路硬件描述语言输入方式，具有丰富的仿真分析能力。Multisim 的函数信号发生器(Function Generator)是可以提供正弦波、三角波、方波三种不同波形信号的电压信号源。如图 3-6 所示，从左至右分别为函数信号发生器图标和操作界面。

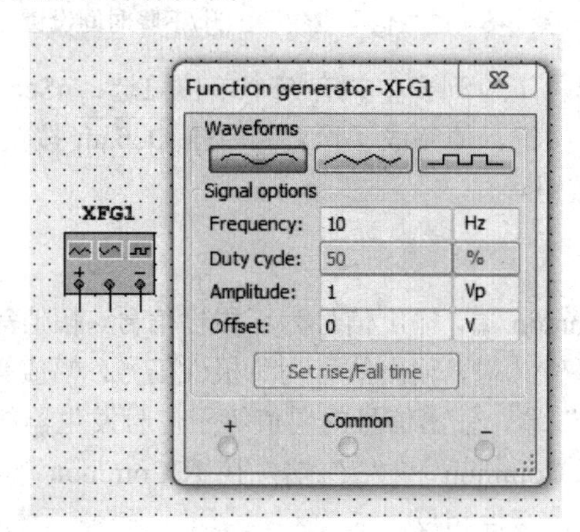

图 3-6　Multisim 中的函数信号发生器图标和操作界面

1．操作界面

(1) 在图 3-6 所示的仪器界面中，在 Waveforms 选项组中，有三种周期信号可供选择。点击按钮代表输出电压波形为正弦波；点击按钮代表输出电压波形为三角波；点击按钮代表输出电压波形为方波。

(2) 在界面的 Signal options 选项组中，可对信号的频率、占空比、幅度大小以及偏置值进行设置。

① Frequency：信号产生频率设置，其选择范围在 1Hz ~ 999MHz。

② Duty cycle：产生信号的占空比设置，其选择范围在 1%~99%。如图 3-7 所示，占空比为 A/B。

③ Amplitude：产生信号的最大值设置，可选范围为 1μV ~ 999kV。

④ Offset：偏置电压设置，也就是把正弦波、三角波、方波叠加在设置的偏置电压上输出，可选范围为-999~999kV。

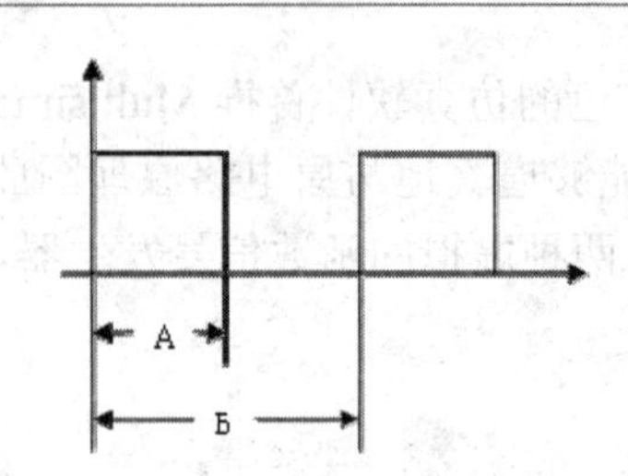

图 3-7　占空比为 A/B

⑤ 按钮Set rise/Fall time用来设置产生信号的上升和下降时间，该按钮只有在产生方波时有效。单击该按钮后，出现如图 3-8 所示的对话框。

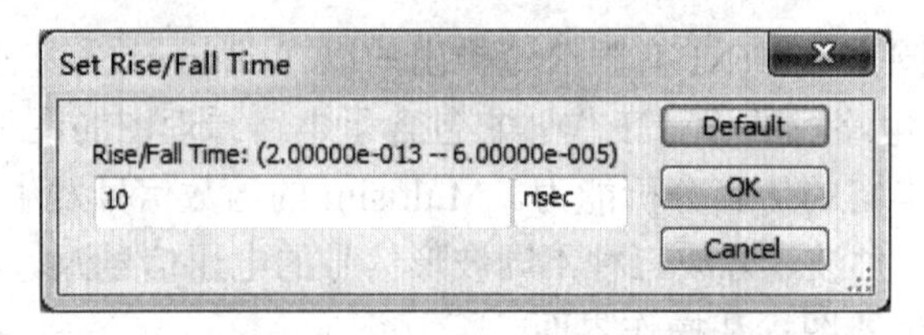

图 3-8　函数信号发生器上升/下降时间设置

对话框的时间设置单位下拉列表中共有三个单位可选：nSec、uSec、mSec，在左边的格内输入数值后单击OK按钮，便完成了设置。单击Default按钮，则恢复默认设置，若取消设置，则单击Cancel按钮。

2．使用注意事项

(1) 连接“+”和 Common 端，输出信号为正极性信号，幅值等于信号发生器的有效值。

(2) 连接 Common 和“−”端，输出信号为负极性信号，幅值等于信号发生器的有效值。

(3) 连接“+”和“−”端，输出信号的幅值等于信号发生器的有效值的两倍。

(4) 同时连接“+”、Common 和“−”端，且把 Common 端接地(公共地 Ground)，则输出的两个信号幅度相等，极性相反。

共同练：虚拟函数信号发生器产生常见波形的实际操作

1) 操作目的

(1) 熟悉虚拟函数信号发生器的面板。

(2) 掌握虚拟函数信号发生器的使用方法。

2) 操作步骤

(1) 运用虚拟函数信号发生器产生一个频率为 1kHz，最大值为 1V 的正弦波信号，运用示波器观察该信号。

① 绘制如图 3-9 所示的电路。图 3-9 中，XSC 为虚拟示波器(见任务 4.2“虚拟示波器的使用”部分)。

② 设置函数信号发生器的波形及参数。双击函数信号发生器(XFG1)图标，打开图 3-10 所示的函数信号发生器设置界面。单击～～设置输出波形为正弦波，设置信号频率(Frequency)为 1kHz，幅度(Amplitude)为 1V(最大值)。

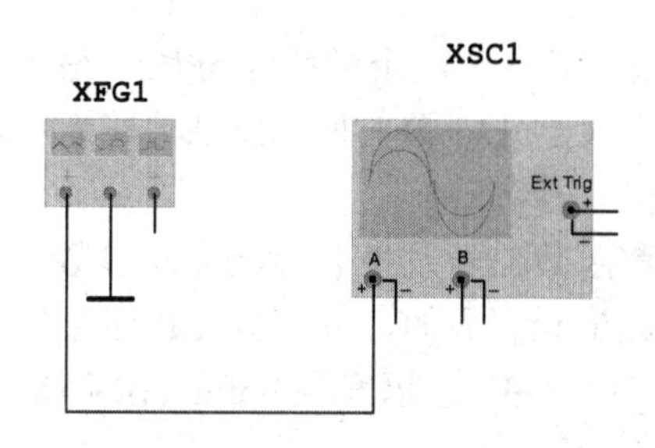

图 3-9　绘制函数信号发生器应用电路

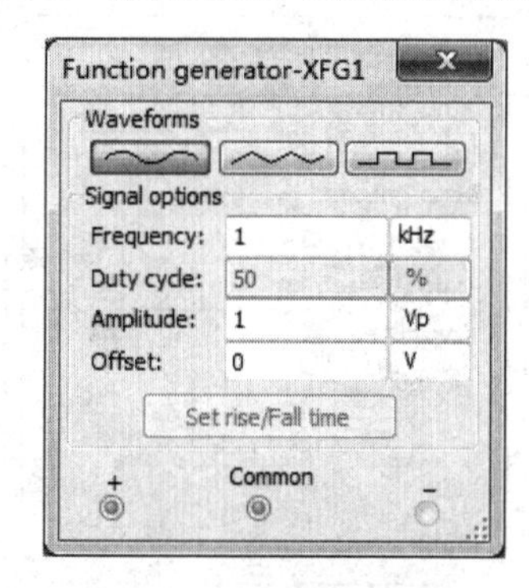

图 3-10　函数信号发生器设置界面(正弦波)

③ 观测函数信号发生器产生的信号。打开示波器，调整至合适的比例，观测函数信号发生器产生的波形。读出该波形的频率及幅度。

(2) 运用虚拟函数信号发生器产生一个频率为 10kHz，最大值为 3V，占空比为 50%，偏置电压为 0V 的三角波信号，运用示波器观察该信号。

① 使用图 3-9 所示的仿真电路。

② 根据仿真要求，设置函数信号发生器的波形及参数。双击函数信号发生器(XFG1)的图标，打开函数信号发生器的设置界面，如图 3-11 所示。单击设置输出波形为三角波。设置信号频率(Frequency)为 10kHz，幅度(Amplitude)为 3V(最大值)，占空比(Duty cycle)为 50%，偏置电压(Offset)为 0V。

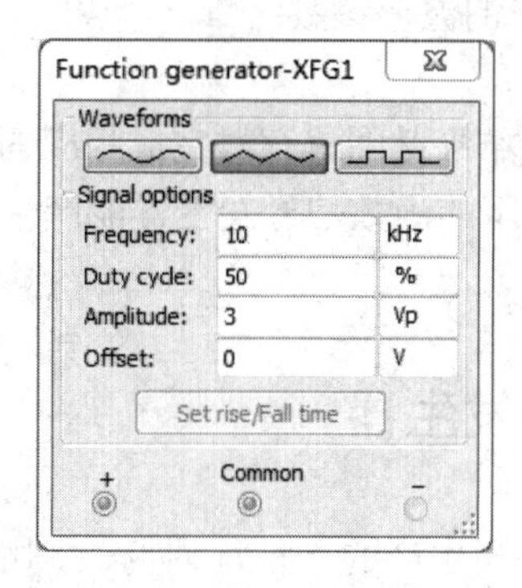

图 3-11　函数信号发生器设置界面(三角波)

③ 观测函数信号发生器产生的信号。打开示波器，调整至合适的比例，观测函数信号发生器产生的波形。读出该波形的波形参数。

(3) 运用虚拟函数信号发生器产生一个频率为5kHz，最大值为1V，占空比为30%，偏置电压为0V的方波信号，设置上升/下降时间为默认值，运用示波器观察该信号。

① 使用图3-9所示的仿真电路。

② 根据仿真要求，设置函数信号发生器的波形及参数。双击函数信号发生器(XFG1)的图标，打开函数信号发生器的设置界面，如图3-12所示。单击[方波按钮]设置输出波形为三角波。设置信号频率(Frequency)为5kHz，幅度(Amplitude)为1V(最大值)，占空比(Duty cycle)为30%，偏置电压(Offset)为0V。

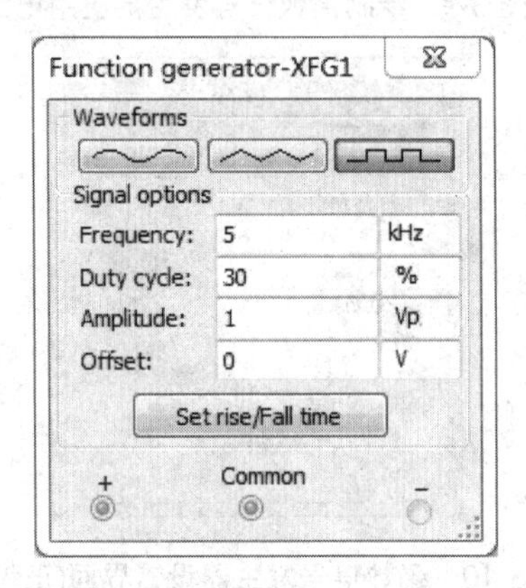

图3-12　函数信号发生器设置界面

单击控制面板上的Set rise/Fall time，设置为默认值，如图3-13所示。

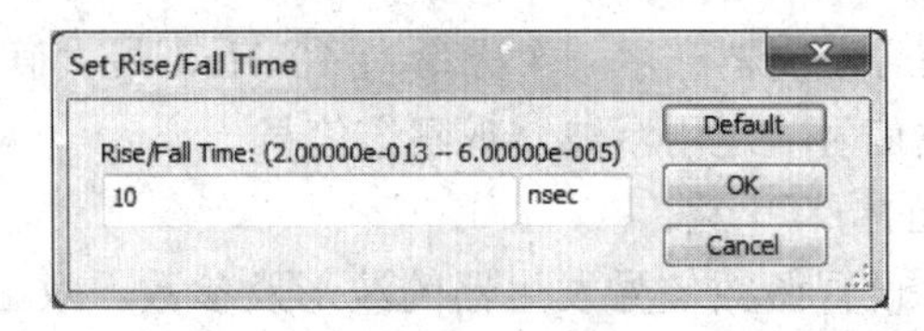

图3-13　函数信号发生器上升/下降时间设置

③ 观测函数信号发生器产生的信号。打开示波器，调整至合适的比例，观测函数信号发生器产生的波形。读出该波形的波形参数。

3) 操作总结

(1) 整理仿真数据，将仿真结果截图保存，完成相应的仿真记录。

(2) 思考并回答：Multisim下的函数信号发生器能产生几种波形？

(3) 撰写仿真报告。

3.2.2　虚拟安捷伦信号发生器

Agilent 33120A是安捷伦公司生产的一种宽频带、多用途、高性能的函数发生器。它不仅能产生正弦波、方波、三角波、锯齿波、噪声源和直流电压六种标准波形，而且还能产生按指数下降的波形、按指数上升的波形、负斜波函数、Sa(x)及Cardiac(心律波)五种系统存储的特殊波形和由8~256点描述的任意波形。

在 Multisim 仿真工具中，虚拟的安捷伦函数信号发生器的面板各按钮、旋钮和输入、输出端口等被设计成和实物安捷伦函数信号发生器面板一模一样，这使我们坐在电脑前就能享受到在实验室操作高级仪器的愉悦，且无损坏仪器的担忧。Agilent 33120A 的图标及其引线如图 3-14 所示。其面板如图 3-15 所示。

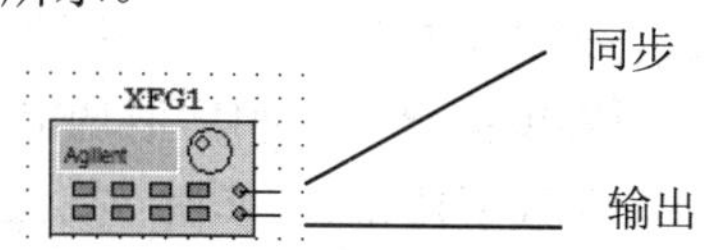

图 3-14　Agilent 33120A 信号发生器的图标

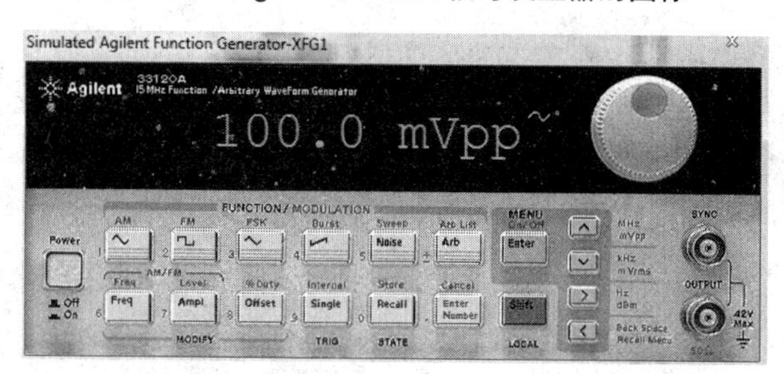

图 3-15　Agilent 33120A 信号发生器的面板

1. 使用步骤

(1) 单击安捷伦信号发生器工具栏图标，将其放置在工作区，双击图标打开仪器，并单击仪器的电源开关。

(2) 按照图 3-14 的连接方法连接电路。

安捷伦信号发生器包括以下特征。

① 标准波形包括正弦波、方波、三角波、斜面、噪声和直流电压。

② 系统任意波形包括 Sinc、负斜面、升指数、降指数和心脏形。

③ 用户自定义波形为任意类型的 8~256 点的波形。

④ 调制方式有调幅、调频、Burst、频移键控、Sweep 和无。

⑤ 存储器部分包括四个存储部分，分别为#0 ~ #3，其中#0 为系统默认存储器。

⑥ 触发模式包括 Auto/Single，只适合 Burst 和 Sweep 调制器。

⑦ 数据显示屏幕。电压显示模式有 Vpp、Vrams 和 dBm 三种。

⑧ 编辑数字化数值。可通过鼠标单击按钮、数字键或者使用旋钮、输入数字键直接输入数值。

⑨ 菜单部分包括如下几个方面。

调制菜单：AM 波形、FM 波形、BURST CNT、BURST 率、BURST 相位、FSK 频率、FSK RATE。

菜单：开始频率、停止频率、扫描时间、扫描模式。

编辑菜单：新建任意波形、点、线形编辑、点编辑、转换、另存为、删除。

系统菜单：Comma。

⑩ 在 Multisim 中，该信号发生器不支持的功能包括远程模式、后面板连接终端、自检

和意见错误检测等方面。

2. **面板按钮功能**

面板上的 Power 按钮为电源开关，单击它可以接通电源，让仪表开始工作。

1) Shift 和 Enter Number 功能按钮

Shift 为换挡按钮，同时单击该按钮和其他功能按钮，执行的是功能按钮上方的功能。Enter Number 按钮是输入数字按钮。单击按钮后，再单击面板上的数字按钮，即可输入数字，如图 3-16 所示。若单击 Shift 按钮后再单击按钮，则取消前一次操作。

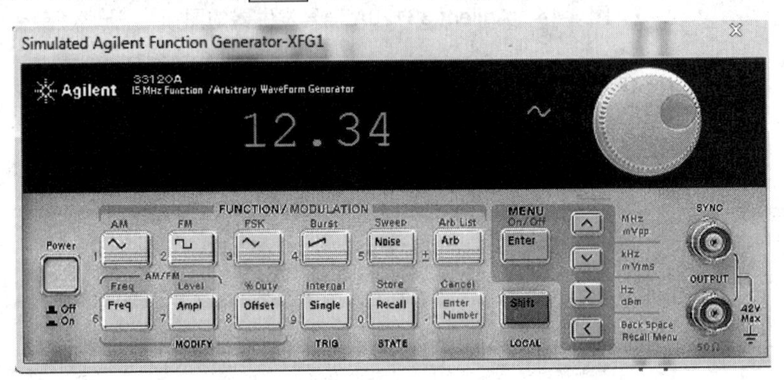

图 3-16 在面板上输入数字

2) 输出信号类型选择按钮

面板上的 FUNCTION/MODULATION 线框下的 6 个按钮是输出信号类型选择按钮。单击按钮选择正弦波，单击按钮选择方波，单击按钮选择三角波，单击按钮选择锯齿波，单击按钮选择噪声源，单击按钮选择由 8~256 点描述的任意波形。

若单击 Shift 按钮后，再分别单击按钮、按钮、按钮、按钮、按钮或按钮，将分别选择 AM 信号、FM 信号、FSK 信号、Burst 信号、Sweep 信号或 Arb List 信号。若单击按钮后再分别单击按钮、按钮、按钮、按钮、按钮或按钮，将分别选数字 1、2、3、4、5 和+−极性。

3) 频率和幅度按钮

面板上的 AM/FM 线框下的两个按钮分别用于 AM/FM 信号参数的调整。单击按钮，调整信号的频率，单击按钮，调整信号的幅度；若单击 Shift 按钮后，再分别单击按钮、按钮，则分别调整 AM、FM 信号的调制频率和调制度。

4) 菜单操作按钮

单击 Shift 按钮后，再单击按钮，就可以对相应的菜单进行操作，若单击按钮则进入下一级菜单，若单击按钮则返回上一级菜单，若单击按钮则在同一级菜单右移，若单击按钮则在同一级菜单左移。若选择改变测量单位，单击按钮选择测量单位递减(如 MHz、kHz、Hz)，单击按钮选择测量单位递增(如 Hz、kHz、MHz)。

5) 偏置设置按钮

按钮为 Agilent 33120A 信号源的偏置设置按钮，单击按钮，则调整信号源的偏置；若单击 Shift 按钮后，再单击按钮，则改变信号源的占空比。

6) 触发模式选择按钮

Single按钮是触发模式选择按钮。单击Single按钮，选择单词触发；若先单击Shift按钮，再单击Single按钮，则内部触发。

7) 状态选择按钮

Recall按钮是状态选择按钮。单击Recall按钮，选择上一次存储状态；若先单击Shift按钮，再单击Recall按钮，则选择存储状态。

8) 输入旋钮、外同步输入端和信号输出端

显示屏右侧的圆形旋钮是信号源的输入旋钮。下方的插座分别为外同步输入端和信号输出端。

延伸练：安捷伦信号发生器产生正弦波的实际操作

1) 操作目的

(1) 熟悉 Agilent 33120A 安捷伦信号发生器的面板。

(2) 掌握 Agilent 33120A 安捷伦信号发生器的使用方法。

2) 操作步骤

(1) 运用 Agilent 33120A 安捷伦信号产生一个频率为 1kHz，幅度为 5V，偏置为 0V 的正弦波信号，运用示波器观察该信号。

① 绘制如图 3-17 所示的仿真电路。

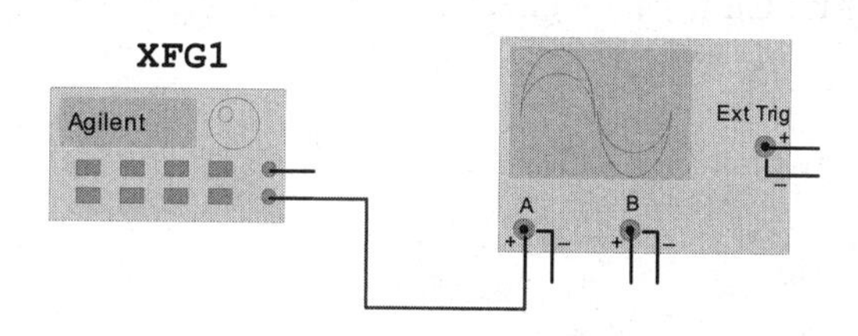

图 3-17　函数信号发生器应用电路

② 根据仿真要求，设置函数信号发生器的波形及参数。

单击按钮，选择输出的信号为正弦波。

设置信号的频率：单击Freq按钮，通过输入旋钮选择频率的大小，或直接单击Enter Number按钮后，输入频率的数字，再单击Enter按钮确定；或单击∧、∨按钮逐步增减数值、直到所需频率数值为止。

设置信号的幅度：单击Ampl按钮，直接单击Enter Number按钮后，输入幅度的数字，再单击Enter按钮确定；或单击∧、∨按钮逐步增减数值。

设置信号的偏置：单击Offset按钮，通过输入旋钮选择偏置的大小；或直接单击Enter Number按钮后，输入偏置的数值，再单击Enter按钮确定；或单击∧、∨按钮逐步增减偏置值。

另外，先单击Enter Number按钮，然后单击∧按钮，可实现将有效值转换为峰－峰值；反过来，先单击Enter Number按钮，再单击∨按钮，可实现将峰－峰值转换为有效值。先单击Enter Number按钮，然后单击>按钮，可实现将峰－峰值转换为分贝值。

设置好的 Agilent 33120A 函数发生器的面板如图 3-18 所示。

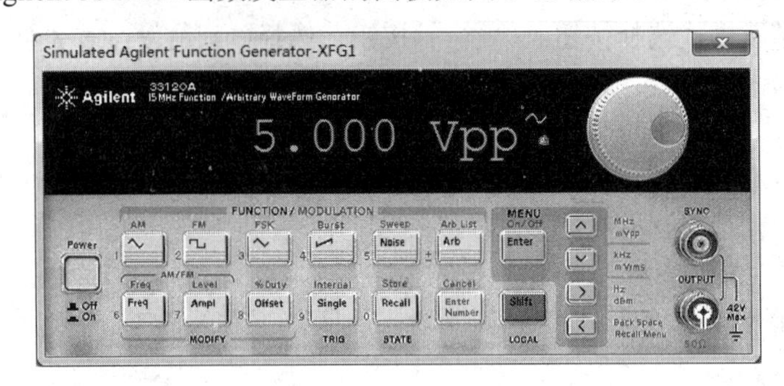

图 3-18　函数信号发生器设置界面

③ 观测函数信号发生器产生的信号。打开示波器，调整至合适的比例，观测函数信号发生器产生的波形。读出该波形的频率及幅度。

(2) 运用 Agilent 33120A 安捷伦信号分别产生一个频率为 10kHz，最大值为 3V，占空比为 50%，偏置电压为 0V 的方波、三角波和锯齿波信号，运用示波器观察该信号。

分别单击按钮、按钮或按钮，Agilent 33120A 函数发生器能产生方波、三角波或锯齿波。设置方法和正弦波的设置类似，只是对于方波，单击 Shift 按钮后，再单击 Offset 按钮，通过输入旋钮可以改变方波的占空比。

3) 操作总结

(1) 整理仿真数据，将仿真结果截图保存，完成相应的仿真记录。

(2) 思考并回答：Multisim 下的 Agilent 33120A 函数发生器能产生哪些波形？

(3) 撰写仿真报告。

技能驿站

1. 目的

(1) 能熟练运用 Agilent 33120A 安捷伦信号发生器产生任意波形。

(2) 掌握 Agilent 33120A 作为激励信号的方法。

2. 设备与仪器

装有 Multisim 仿真软件的电脑一台。

3. 内容与步骤

在 Multisim 仿真环境下设计一个大信号包络检波电路，为电路输入一个普通全载波 AM 调幅信号，检波器负载为可变电阻。输入激励信号(AM 调幅信号)由 Agilent 33120A 安捷伦信号发生器产生。

1) 绘制仿真电路

绘制如图 3-19 所示的仿真电路，将 Agilent 33120A 接入电路输入端，用于产生待解调的 AM 信号，将示波器的 A 通道连接检波器的输入端，B 通道连接检波器的输出端，用于对比观测信号检波前后的波形变化情况。

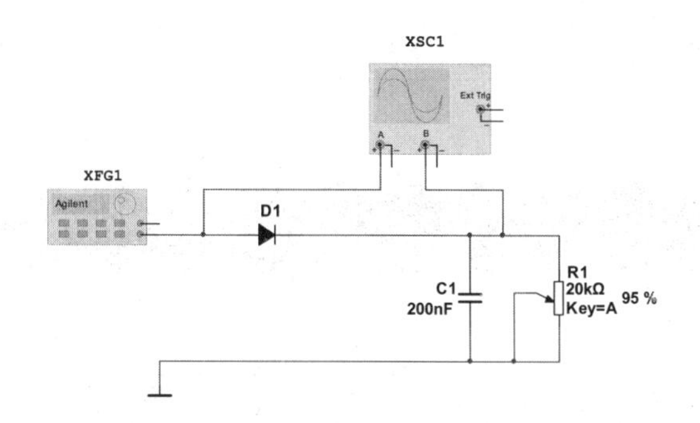

图 3-19　大信号峰值包络检波仿真电路图

2) 运用 Agilent 33120A 输出 AM 调制波

通过 Agilent 33120A 输出一个采用内部调制，具有 30%调制深度的 AM 波形。载波为 100kHz 的正弦波，调制波形为 1kHz 的正弦波。

(1) 单击 Shift 按钮后，再单击按钮选择 AM 信号。

(2) 单击按钮，通过输入旋钮可以调整载波的频率为 100kHz；单击按钮，通过输入旋钮可以调整载波的幅度为 6Vpp，如图 3-20 所示。

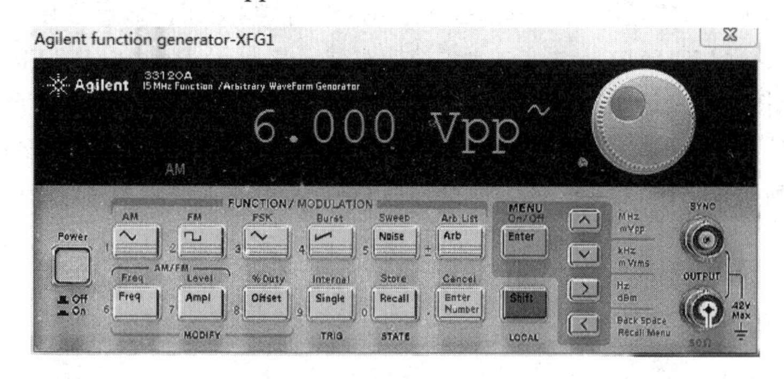

图 3-20　载波信号幅度的设置

(3) 单击 Shift 按钮后，再单击按钮，通过输入旋钮可以调整调制信号的频率为 1kHz：单击 Shift 按钮后，再单击按钮，通过输入旋钮可以调整调制信号的调幅度为 30%，如图 3-21 所示。

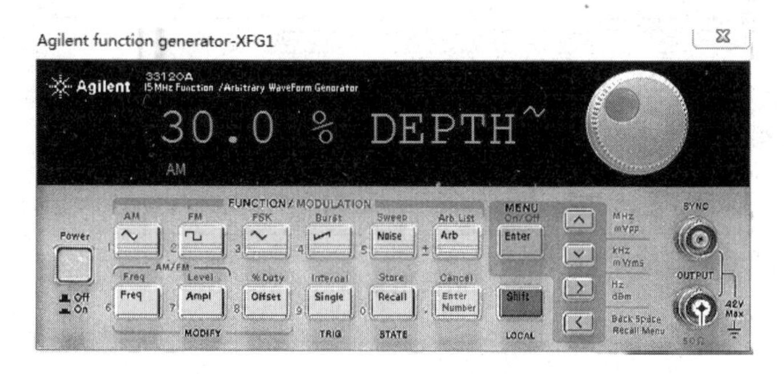

图 3-21　AM 信号调幅系数的设置

(4) 信号发生器以指定的调制参数输出 AM 波形，参考波形如图 3-22 所示。

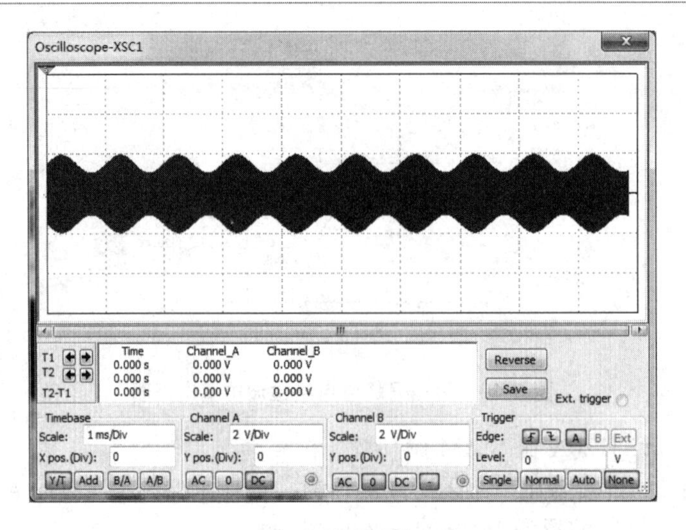

图 3-22　仿真电路输入波形

(5) 还可以选择其他波形作为调制信号，改变调制信号的操作步骤为：首先单击Shift按钮，再单击按钮选择AM方式；然后单击Shift按钮，再单击按钮进行菜单操作，显示屏显示Menus后，立即显示A：MOD Menu，单击按钮，显示屏显示COMMANDS后，立即显示1：AMSHAPE，再单击按钮，显示屏显示PAMAMETER后，立即显示Sine；单击按钮选择调制信号类型。设置完成后，单击按钮保存设置。

(6) 将AM信号接入大信号包络检波电路，观察输入输出波形。设置完成后，信号发生器以指定的调制参数输出AM波形，运行仿真电路，观测输入输出波形，参考波形如图3-23所示。

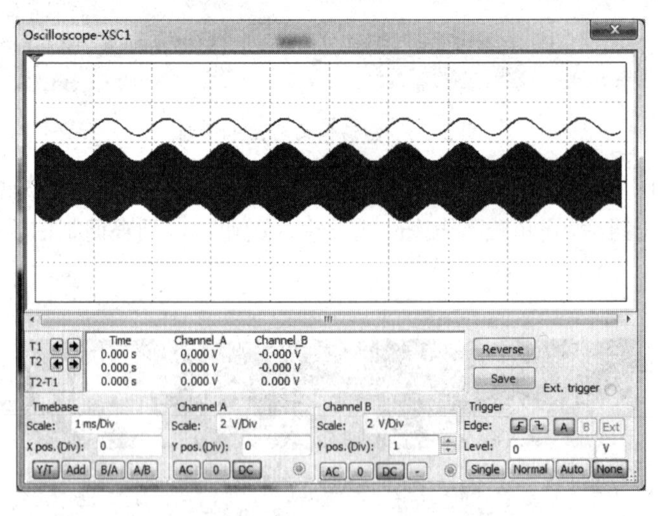

图 3-23　仿真电路输入输出波形

4. 总结

(1) 整理仿真数据，完成相应的仿真记录，根据仿真运行结果分析电路特性。

(2) 思考并回答：在运用Agilent 33120A安捷伦信号发生器产生AM调幅信号时，是如

何调节调幅指数 m_a 的？

(3) 撰写任务报告。

项 目 小 结

本项目介绍了常用信号发生器的基本知识。

(1) 信号发生器可以分为专用信号发生器和通用信号发生器两大类，通用信号发生器又可以分为低频信号发生器、高频信号发生器、任意波形发生器和任意/函数发生器等类型。频率特性、输出特性和调制特性是信号发生器的三大特性。

(2) 直接数字频率合成(DDS)技术频率转换速度快，能够产生任意小的频率增量，具有较好的近载频相位噪声性能。但是输出端的谐波、噪声和寄生频率难以抑制。直接数字频率合成技术从相位概念出发直接合成所需波形，其优点是频率分辨率高、相对带宽宽、具有任意波形输出能力和数字调制功能，但是输出信号杂散抑制差。

(3) Multisim 的函数信号发生器(Function Generator)是可以提供正弦波、三角波、方波三种不同波形信号的电压信号源。

思考与习题

1. 单项选择题

(1) 信号发生器是指(　　)。

A. 检测信号的仪器　　B. 产生信号的仪器

C. 检测电流的仪器　　D. 产生电流的仪器

(2) 使用示波器检测某信号发生器的输出信号波形，下列方法正确的是(　　)。

A. 函数发生器测试线的红色鳄鱼夹连接示波器 CH1 通道端口上

B. 函数发生器测试线的黑色鳄鱼夹连接示波器 CH1 通道端口上

C. 函数发生器测试线的红色鳄鱼夹连接示波器接地端子上

D. 函数发生器测试线的红色鳄鱼夹连接示波器 CH1 测试线探头上

2. 简答题

(1) 信号发生器在电路中能起到哪些作用？

(2) 简述常用信号发生器的类型。

(3) 典型锁相环由哪几部分组成？

项目 4

示波器的原理与使用

知识目标

- 了解示波器的主要组成部分及其工作原理。
- 掌握示波器的主要性能指标。

能力目标

- 能够用示波器观察信号波形。
- 能够用示波器测量信号的电压、周期和相位差等参数。
- 能够用李萨如图形法测量频率。

任务 4.1　实体示波器的使用

任务描述

如何来检测由函数信号发生器所产生的波形呢？示波器是一个很好的选择。利用示波器，能观察各种不同信号幅度随时间变化的波形曲线。示波器是电子工程师的眼睛，如果没有示波器，那么电子产品就相当于一个黑盒子，难以探知其真实面目。

任务要求

示波器是进行时域分析的最典型、最常用的电子测量仪器。可以用示波器测量电压、时间、相位及其他物理量。由于示波器可将被测信号显示在屏幕上，因此可以借助其 X、Y 坐标标尺测量被测信号的许多参量，例如幅度、周期、脉冲的宽度、前/后沿、调幅信号的调幅系数等。

任务分析

结合函数信号发生器的使用，学会使用实体数字存储示波器来测量信号的相关参数，如电压、周期等。

知识储备

时域测量主要测量被测量随时间的变化规律。如用示波器观察正弦信号、脉冲信号的上升沿、下降沿等参数及动态电路和暂态过程等。

示波器是时域测量常用的仪器，便于测量信号波形参数、相位关系和时间关系等。

从本质上来说，示波器是一种图形显示设备，它能够将肉眼看不到的电信号描绘成看得到的图形曲线，并且在大多数应用中，呈现的图形能够表明信号随时间变化的过程。

可以利用示波器来测试各种不同信号的电量，例如电压、电流、频率、相位差、调幅度等。示波器还有一些更复杂的功能，例如延迟扫描、触发延迟、X-Y 工作方式等。

示波器的用途不仅仅局限于电子领域，借助于信号变换器，示波器适用于研究各种各样的物理现象。信号变换器能够响应各种物理激励源，包括声音、机械应力、压力、光、热，使之转变为电信号。麦克风属于信号变换器，它实现把声音转变为电信号。

从物理学家到电视维修人员，各种人士都使用示波器。汽车工程师使用示波器来测量发动机的振动；医师使用示波器测量脑电波。

示波器是设计、制造或维修电子设备时的必备之物。在工程师看来，面对当今各种测量挑战，示波器自然是满足要求的关键工具。

4.1.1　示波器的分类

示波器具有工作频带宽、灵敏度高、输入阻抗高和真实显示的特点，是时域分析的最典型仪器。依据不同的分类方法，可将示波器划分为多种形式，但无论哪种类型的示波器，其基本结构及其示波原理都是一样的。

按照对信号处理方式的不同，示波器可以分为模拟式和数字式两种类型，模拟示波器和数字示波器都能够胜任大多数的应用。但是，对于一些特定的应用，两种类型的示波器又具有不同的特性，都有各自适合和不适合的地方。

1．模拟示波器

模拟示波器的工作方式是直接测量信号电压。它利用阴极射线管(Cathode-ray Tube，CRT)把人眼看不到的电信号变化过程转换成可以直接观看的波形，并显示在荧光屏上。根据性能和结构的不同，又可以将模拟示波器分为通用示波器、多束示波器、采样示波器、记忆示波器和专用示波器等。

模拟示波器由 Y 通道、X 通道、阴极射线管等组成，其原理如图 4-1 所示。

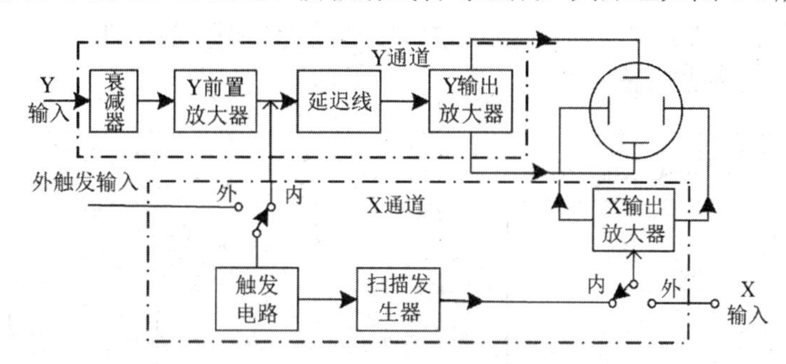

图 4-1　模拟示波器的原理框图

双踪示波器使用单束示波管，依靠 Y 轴的电子开关，采用时间分割法轮流地将两个信号接至同一个垂直偏转系统，从而实现双踪显示。图 4-2 所示为双踪示波器的简化结构图。与一般的单踪示波器相比，双踪示波器在 Y 通道多设置了一个前置放大器、两个门电路和一个电子开关。

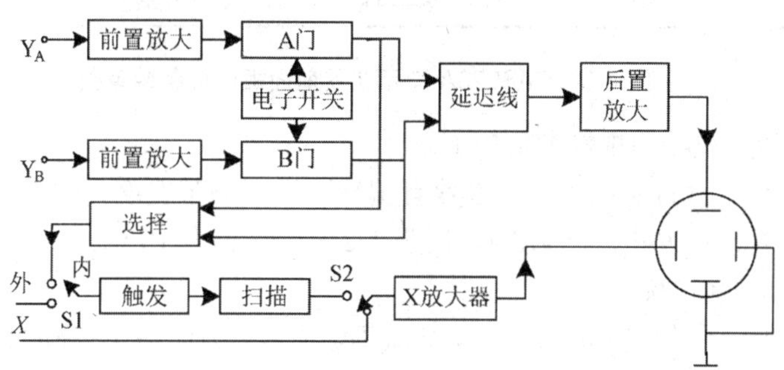

图 4-2　双踪示波器的简化结构图

小贴士

双踪显示，就是在同一台示波器上同时显示两个既相关又相互独立的被测波形信号。

双踪示波器的显示方式共有 Y_A(CH1)、Y_B(CH2)、$Y_A \pm Y_B$(ADD)、交替(ALT)和断续(CHOP)五种工作状态。前三种属于单踪显示，Y_A、Y_B 与普通单踪示波器相同，只有一个信号。$Y_A \pm Y_B$ 显示的是两个信号叠加后的波形。交替和断续是两种双踪显示方式。当开关置于“交替”或“断续”位置时，荧光屏上可以同时显示两个波形。

共同练：模拟示波器面板按键功能认知的实际操作

1) 操作目的

(1) 熟悉模拟示波器的面板按键功能。

(2) 掌握模拟示波器的校准方法。

2) 操作设备与仪器

模拟示波器一台。

3) 知识储备

CA8020A 型示波器为便携式双踪示波器，它在性能和操作易用性上非常贴近用户需求，图 4-3 为其前面板控制装置图。

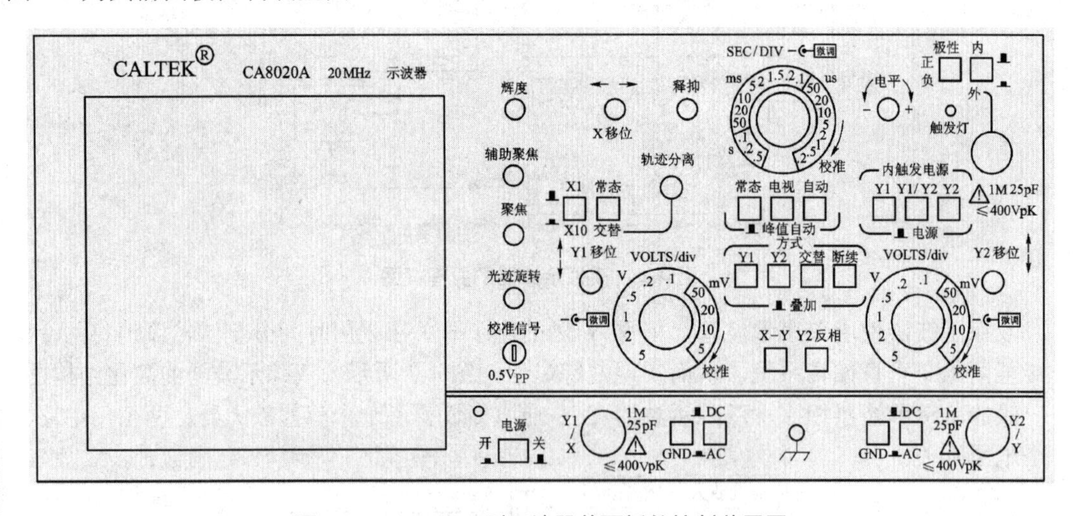

图 4-3　CA8020A 型示波器前面板的控制装置图

CA8020A 型示波器的规格参数如下。

(1) 垂直系统。垂直系统的主要参数有偏转因数、频带宽度、线性和输入耦合等。

① 偏转因数。5mV/div ~ 5V/div，按照 1-2-5 顺序分为 10 档。

② 精度。精度≤3%。

③ 频带宽度。频带宽度 0~20MHz，交流耦合时＜10Hz。对于 100kHz 8div 频响为-3dB。

④ 上升时间。上升时间约为 17.5ns。

⑤ 输入阻抗。输入阻抗约为 1MΩ/pF。

⑥ 线性。当波形在格子中心垂直移动时，幅度(2div)变化＜±0.1div。

⑦ 垂直模式。Y1、Y2、交替、断续、叠加。

⑧ 输入耦合。DC、AC、GND。

⑨ 最大输入电压。400V(DC+AC 峰值，交流频率≤1kHz)。当探头设置在 1:1 时，最大有效读出值为 $40V_{P-P}$(14Vrms 正弦波)；当探头设置在 10:1 时，最大有效读出值为 $400V_{P-P}$(140Vrms 正弦波)。

(2) 触发系统。触发系统主要包括触发信号源、内触发信号源和触发模式。

① 触发信号源。内、外、电源、常态四种触发信号源。

② 内触发信号源。Y1、Y2、Y1/Y2。在断续和叠加模式时，Y1、Y2 仅可选用一个，在交替模式时，如果内触发源 Y1/Y2 开关按下，则可以用作两个不同信号的交替触发。

③ 触发模式。自动、常态、电视、峰值自动四种触发模式。

(3) 水平系统。水平系统主要涉及扫描时间因数、精度和线性。

① 扫描时间因数。扫描时间因数为 0.2μs/div ~ 0.5s/div，按照 1-2-5 顺序分为 20 档。

② 精度。精度为±3%。

③ 线性度。线性度为±5%。

(4) Z 轴灵敏度，灵敏度为 $5V_{P-P}$。

① 频带宽度。0~1MHz 的频带宽度。

② 输入阻抗。输入阻抗约为 10kΩ。

③ 最大输入电压。最大输入电压为 50V(DC+AC 峰值，交流频率≤1kHz)。

(5) 校正信号波形，校正波形为方波。

① 输出电压。输出电压 $0.5V_{P-P}$±2%。

② 输出阻抗。输出阻抗约为 1kΩ。

③ 频率。校正波形频率约为 1kHz±2%。

④ 占空比。校正波形占空比小于 48:52。

(6) 使用环境。

① 相对湿度。相对湿度≤85%。

② 温度要求。0℃ ~40℃的温度范围。

4) 操作步骤

模拟式示波器在使用之前，都必须用其自带的 1kHz 方波信号进行自校正，以确定示波器本身是能够正常工作的。示波器自检的具体方法如下。

(1) 将示波器 1kHz、$0.5V_{P-P}$ 的方波自检校准信号作为示波器 Y1 通道(或 Y2 通道)的输入信号。

(2) 打开示波器电源开关，扫描方式选择“自动”；根据所接通道，选择触发器信号为 Y1(或 Y2)；选择触发器的耦合方式为 AC；调节触发电平旋钮，触发电平越接近零越好。

(3) 调节“辉度”和“聚焦”旋钮，使得扫描线亮度适中，且最清晰。为便于观察，调节 CH1 通道(或 CH2 通道)的 V/div 旋钮，使垂直偏转灵敏度为 0.2V/div；调节 t/div 旋钮，使扫描速度为 1ms/div。

(4) 调节 Y1 通道(或 CH2 通道)的“Y 移位↑↓”旋钮，以调节波形显示的垂直位置；

调节水平位移旋钮“X 移位←→”，以调节波形显示的水平位置。使显示的自检波形幅度适中、周期适中、位置适中。示波器自检正确后，就可以使用了。

 小贴士

示波器开关、旋钮要轻轻地拨、旋，电缆输入线轻弯勿折。

在示波器利用内置校准信号(一般是)完成自校正后，如果保持 X 微调、Y 微调都在校准位置上，就可对电压信号的有关参数进行定量测量了。

2. 数字示波器

与模拟示波器不同，数字示波器通过 A/D 转换器把被测电压转换为数字信息。它捕获的是波形的一系列样值，并对样值进行存储，存储的限度是判断累计的样值是否能描绘出波形为止。随后，数字示波器重构波形，并显示在 LCD 屏幕上。

1) 数字示波器的分类

数字示波器又可以分为数字存储示波器(DSO)、数字荧光示波器(DPO)和数字采样示波器三种类型。

(1) 数字存储示波器。常规的数字示波器是数字存储示波器(DSO)，它的显示部分更多是基于光栅屏幕而不是基于荧光。数字存储示波器便于捕获和显示那些可能只发生一次的事件，通常称为瞬态现象。以数字形式表示波形信息，实际存储的是二进制序列。这样，利用示波器本身或外部计算机，方便进行分析、存档、打印和其他的处理。波形没有必要是连续的，即使信号已经消失，仍能够显示出来。与模拟示波器不同的是，数字存储示波器能够持久地保留信号，可以扩展波形处理方式。然而，数字存储示波器没有实时的亮度级，因此，它们不能表示实际信号中不同的亮度等级。

组成数字存储示波器的一些子系统与模拟示波器的一些部分相似。但是，数字存储示波器包含更多的数据处理子系统，因此它能够收集显示整个波形的数据。从捕获信号到在屏幕上显示波形，数字存储示波器采用图 4-4 所示的串行处理体系结构。

图 4-4 数字存储示波器的串行处理体系结构

与模拟示波器一样，数字存储示波器体系结构的第一部分(输入)也是垂直放大器。在这一阶段，垂直控制系统为调整幅度和位置范围提供方便。接着，在水平系统的 A/D 转换器部分，信号实时在离散点采样，采样位置的信号电压转换为数字值，这些数字值称为采样点。该处理过程称为信号数字化。水平系统的采样时钟决定 A/D 转换器采样的频度。该速率称为采样速率，表示为样值每秒(Sa/s)。最后信号通过显存显示到示波器屏幕中。在示波器的能力范围之内，采样点会经过补充处理，使得显示效果得到增强。可以增加预触发，使得在触发点之前也能观察到结果。

来自 A/D 转换器的采样点存储在捕获存储区内，称为波形点。几个采样点可以组成一个波形点。波形点共同组成一条波形记录。创建一条波形记录的波形点的数量称为记录长度。触发系统决定记录的起始点和终止点。

数字存储示波器提供高性能处理单脉冲信号和多通道的能力，是低重复率或者单脉冲、高速、多通道设计应用的完美工具。在数字设计实践中，工程师常常同时检查四路甚至更多的信号，而数字存储示波器则成为标准的工具。

(2) 数字荧光示波器。数字荧光示波器(DPO)为示波器系列一种新类型。数字荧光示波器的体系结构使之能提供独特的捕获和显示能力，加速重构信号。数字存储示波器使用串行处理的体系结构来捕获、显示和分析信号；相对而言，数字荧光示波器为完成这些功能采纳的是图 4-5 所示的并行处理体系结构。数字荧光的内容周期性地直接发送到显示屏上，而不需要暂停捕获波形。微处理器并行处理波形的数学运算测量和前面板调节控制，传送到集成的捕获/显示系统。

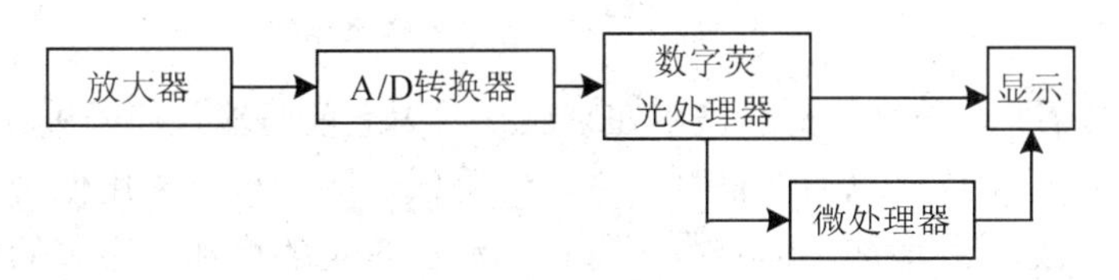

图 4-5　数字荧光示波器并行处理体系结构

由图 4-5 可以看出，在 A/D 转换器转换后，数字荧光示波器与原来的示波器相比就有了显著的不同。对所有的示波器而言，包括模拟示波器、数字存储示波器和数字荧光示波器，都存在着释抑时间。在这段时间内，仪器处理最近捕获的数据，重置系统，等待下一触发事件的发生。在这段时间内，示波器对所有信号都是视而不见的。数字荧光示波器采用 ASIC 硬件构架捕获波形图像，提供高速的波形采集速率，信号的可视化程度很高，同时增加了证明数字系统中的瞬态事件的可能性。

数字荧光示波器如实地仿真模拟示波器，具有最好的显示属性，并且能够在三维实时地显示信号的时间、幅度和以时间为参变量的幅度变化。模拟示波器依靠化学荧光物质，而数字荧光示波器使用完全的电子数字荧光，其实质是不断更新的数据库。针对示波器显示屏幕的每一个点，数据库中都有独立的“单元”。一旦采集到波形，波形就映射到数字荧光数据库的单元组内。每一个单元代表着屏幕中的某个位置。当波形涉及该单元时，单元内部就加入亮度信息，没有涉及的则不加入。

当数字荧光数据库传送到示波器的显示屏幕后，根据各点发生的信号频率的比例，显示屏展示加入亮度形式的波形区域，这与模拟示波器的亮度级特性非常类似。数字荧光示波器也可以显示不断变化的发生频率的信息，显示屏对不同的信息呈现不同的颜色，这一点与模拟示波器不同。利用数字荧光示波器，可以比较由不同触发器产生的波形之间的异同，例如，比较某波形与第 100 号触发器产生波形的区别。

数字荧光示波器突破了模拟示波器和数字示波器技术之间的障碍，它同时适合观察高频和低频信号、重复波形，以及实时的信号变化。只有数字荧光示波器能够实时地提供 Z(亮度)轴，常规的数字存储示波器已经丧失了这一功能。对于那些需要最好的通用设计和故障检测工具以适合大范围应用的人来说，数字荧光示波器是一个理想工具。数字荧光示波器的典型应用有通信模板测试、中断信号的数字调试、重复的数字设计和定时应用等。

(3) 数字采样示波器。当测量高频信号时，示波器也许不能在一次扫描中采集足够的样值。如果需要正确采集频率远远高于示波器采样频率的信号，那么数字采样示波器是一个不错的选择。这种示波器采集测量信号的能力要比其他类型示波器高一个数量级。在测量重复信号时，它能达到的带宽以及高速定时都十倍于其他示波器。连续等效时间采样示波器能达到 50GHz 的带宽。

与数字存储示波器和数字荧光示波器体系结构不同，在数字采样示波器的体系结构中，置换了衰减器/放大器与采样桥的位置，如图 4-6 所示。

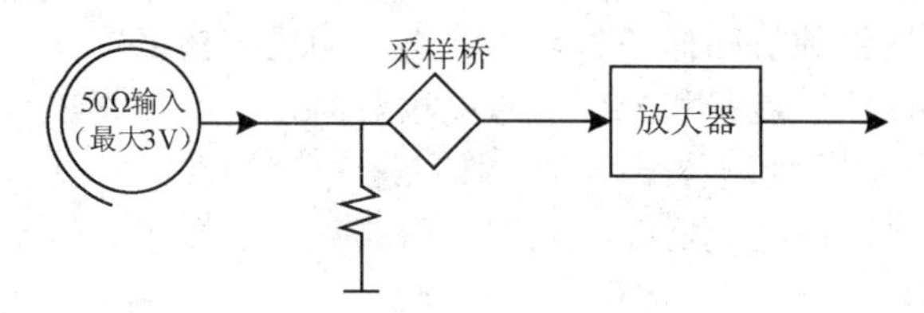

图 4-6　数字采样示波器的体系结构

由图 4-6 可以看出，数字采样示波器在衰减或放大之前对输入信号进行采样，由于采样门电路的作用，经过采样桥以后的信号频率已经降低，因此可以采用低带宽放大器，其结果是整个仪器的带宽得到增加。但是数字采样示波器带宽的增加，带来的负面影响是动态范围的限制。由于在采样门电路之前没有衰减器/放大器，所以不能对输入信号进行缩放。所有时刻的输入信号都不能超过采样桥满动态范围。因此，大多数数字采样示波器的动态范围都限制在 1V 的峰峰值。数字存储示波器和数字荧光示波器能够处理 50~100V 的输入。

2) 数字存储示波器的组成原理

通常情况下，数字示波器具有数字化和重建波形两个主要的工作过程。数字化由“采样”和“量化”组成，所谓采样，是在时间离散点上对输入模拟信号取值的过程，而量化是借助于 A/D 转换器，将采样值转换为二进制数码的过程。重建波形的过程则是垂直系统和水平系统提取 RAM 中的二进制序列信息并将其还原成电压信号的过程。现以数字存储示波器(DSO)为例，主要讨论其结构组成及工作原理。

典型数字存储示波器的原理框图如图 4-7 所示。数字存储示波器虽然也是由 Y 通道、X 通道和 LCD 显示屏等几部分组成，但是在其 Y 通道中插入了 A/D 转换器、D/A 转换器和数字存储器等。

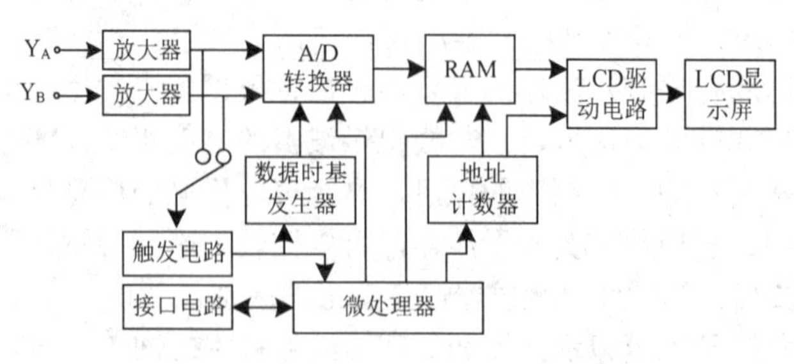

图 4-7　典型数字存储示波器的原理框图

测量过程中运用数字信号处理技术，并在微处理器的控制下有条不紊地工作。由图 4-17 可以看出，其工作原理可以分为存储和显示两个阶段。在存储阶段，模拟输入信号先经过适当地放大和衰减，送入 A/D 转换器进行数字化处理，转换为数字信号，然后，A/D 转换器输出的数字信号被写入存储器中。在显示阶段，读取存储器中的信号，送入 LCD 驱动器，然后加到 LCD 显示屏，进而达到以稠密的光电重现输入模拟信号的目的。

(1) 采样和 A/D 转换。将连续波形离散化是通过采样来完成的，采样可分为实时采样和等效实时采样(非实时采样)两种方式，主要取决于采样脉冲的产生方法。

① 实时采样。实时采样是在信号存在周期对其进行采样，故都是在信号经历的实际时间内显示信号波形。根据采样定理，采样速率必须高于信号最高频率分量的两倍。对于周期性的正弦信号，一个周期内至少应该有两个采样点。为了不失真地复原被测信号，通常一个周期内就需要采样八个点以上。实时采样方式对观测单次出现的信号非常有效，其优点是采样时间短；缺点是 A/D 转换器的速度和精度要求较高，致使被测信号的频带宽度受到了限制。

② 等效实时采样。等效实时采样也称为非实时采样。采用等效实时采样方法的前提，是被测信号是周期性信号。为了重建原信号，可以在每一个周期内等效、等时间间隔地抽取少量样本，最后将多个周期抽取的样本集合到同一个周期内，这样就可以等效成一个被测信号周期内的采样效果。等效实时采样方式的优点是采样速率无需太高，只要与被采样信号频率相当即可；其缺点是要求被测信号必须是周期性的，同时要求采样过程较慢，因此比较耗时。

③ A/D 转换器。每一个离散的模拟量进行 A/D 转换后，就可以得到相应的数字量，这些数字量按照一定顺序被存放在 RAM 中。A/D 转换器是波形存储的关键部件，它决定了示波器的最高采样速率、存储带宽以及垂直分辨率等多项指标。目前，采用的 A/D 转换形式有逐次比较型、并联型、串并联型以及 CCD 电荷耦合器件与 A/D 转换器相配合的形式等。

(2) 数字时基发生器。数字时基发生器用来产生采样脉冲信号，以控制 A/D 转换器的采样速率和存储器的写入速度。依据采样方式的不同，其组成也有差别。

示波器工作于实时采样状态时，时基发生器相当于扫描时间因数(t/div)控制器，它实际上是一个时基分频器，先由晶振产生时钟信号，再用若干分频器将其分频，即可得到各种不同的时基信号。由该信号来控制 A/D 转换器，即可得到不同的采样速率。

示波器工作于等效实时采样方式时，不能由时基控制器直接控制 A/D 转换速率，而是由间隔为 $mT+\Delta t$ 的采样脉冲来控制 A/D 转换速率和存储器写入速率。

(3) 地址计数器。地址计数器用来产生存储器地址信号，它由二进制计数器组成。计数器的位数由存储容量来决定。当存储器执行写入操作时，地址计数器的计数频率应该与控制 A/D 转换器采样时钟的频率相同，即计数器时钟输入端应接采样脉冲信号。而执行读出操作时，可采用较慢的时钟频率。

(4) RAM 存储器。为了实现对高速信号的测量，应该选用存储速度较高的 RAM；若要测量的时间长度较长，则应选用存储容量较大的 RAM。要想断电后仍能长期存储波形数据，则应配有 E^2PROM。有些新型数字示波器配有硬盘等，可将波形数据以文本文件的形式长期保存。

(5) I/O 接口电路。I/O 接口电路有 GPIB、USB 等接口总线，用于与计算机、打印机、互联网等进行数据交换，以构成自动测试系统，或是实现远程控制等。

数字存储示波器运用了采样量化和数字信号处理技术，由此带来了许多超越模拟示波器的优点。目前，大多数数字示波器提供自动参数测量，使测量过程得到简化。数字存储示波器提供高性能处理单脉冲信号和多通道的能力，它是低重复率或者单脉冲、高速、多通道设计应用的完美工具。

3) 数字存储示波器的显示方式

为了适应对不同波形的观察，数字存储示波器具有多种灵活的显示方式。

(1) 存储显示。存储显示是数字存储示波器最基本的显示方式。它显示的波形是由一次触发捕捉到的信号片段，即在一次触发形成并完成信号数据存储之后，再依次将数据读出，经 LCD 驱动器将波形稳定地显示在屏幕上。存储显示依照读出方法的不同，又分 CPU 控制方式和直接控制方式两种类型。

① CPU 控制方式。CPU 控制方式的显示过程是将存储器中的数据按地址顺序取出，经输出指令送到 LCD 驱动器，与此同时，将地址按同样顺序取出，也经过 LCD 驱动器显示在屏幕上。这种控制方式显示的特点是，无论是 Y 轴还是 X 轴的数据，都必须通过 CPU 传送，数据传送速度受到一定的限制。因此，当波形数据较多，或其他显示内容较多时，应采用直接控制方式。

② 直接控制方式。直接控制方式的数据传送不经过 CPU，而是直接对内存进行输入、输出操作，因此传送速度很快。

(2) 双踪显示。双踪显示与存储方式密切相关。存储时，为了使两条复现的波形在时间上保持原有的对应关系，常采用交替存储技术。可以利用写地址的最低位 A0 来控制通道开关，使采样和 A/D 转换电路轮流对两通道输入信号进行采样和转换。于是，两个通道的数据分别存入奇地址单元和偶地址单元。

(3) 锁存和半锁存显示。锁存显示是把一幅波形数据存入存储器之后，只允许从存储器中读出数据进行显示，而不允许新数据的写入。半锁存显示是指波形被存储后，只允许存储器奇数(或偶数)地址中的内容更新，而偶数(或奇数)地址中的内容保持不变。此时，屏幕上会出现两个波形，一个是已经存储的波形信号，另一个是实时测量的波形信号。这种显示方式具有将当前波形与以往存储下来的波形进行比较的功能。

(4) 滚动显示。滚动显示是数字存储示波器比较特殊的显示方式，其表现形式是被测波形连续不断地从屏幕右端进入，从屏幕左端移出。示波器犹如一台图形记录仪，记录笔在屏幕的右端，记录纸由右向左移动。当发现欲研究的波形部分时，即可将波形存储或固定在屏幕上，以做细微的观察与分析。

(5) 插值显示。插值显示是指在被测信号相邻两个采样点之间进行估值。数字存储示波器广泛采用的插值方法有矢量插值法和正弦插值法。矢量插值法是用斜率不同的直线段来连接相邻的点，当被测信号频率在采样频率的 1/10 以下时，采用矢量插值可以得到满意的效果。正弦插值法是用以正弦规律计算出的曲线连接各数据点的显示方式，它能较好地显示频率在采样频率 2/5 以下的被测信号波形。对每周期采样点数较少的正弦波显示，若采用正弦插值处理，可得到满意的显示效果。

共同练：数字示波器面板按键功能认知的实际操作

1) 操作目的

熟悉数字示波器的面板按键功能。

2) 操作设备与仪器

数字存储示波器一台。

3) 操作步骤

相比模拟示波器，数字示波器一般支持多级菜单，能提供给用户多种选择，具有记忆存储、显示、测量、波形触发、波形数据分析处理等优点，在电子测量领域使用日益广泛。现以 DS1102C 型数字存储示波器为例，就性能参数和使用方法展开介绍。

图 4-8 所示为 DS1102C 型数字存储示波器的前面板控制装置，图 4-9 为仅模拟通道打开时的显示界面。

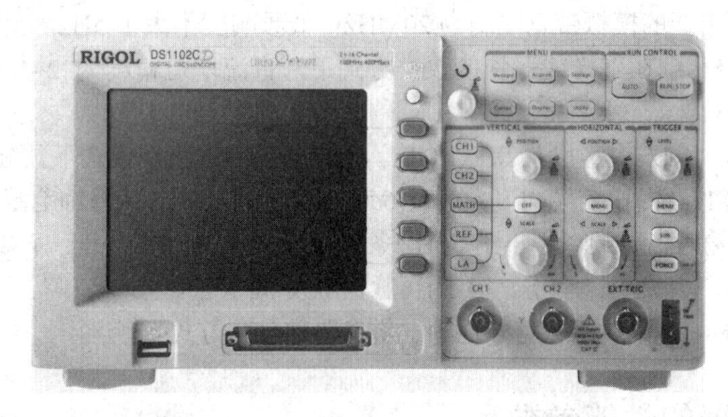

图 4-8　DS1102C 型数字示波器的操作面板

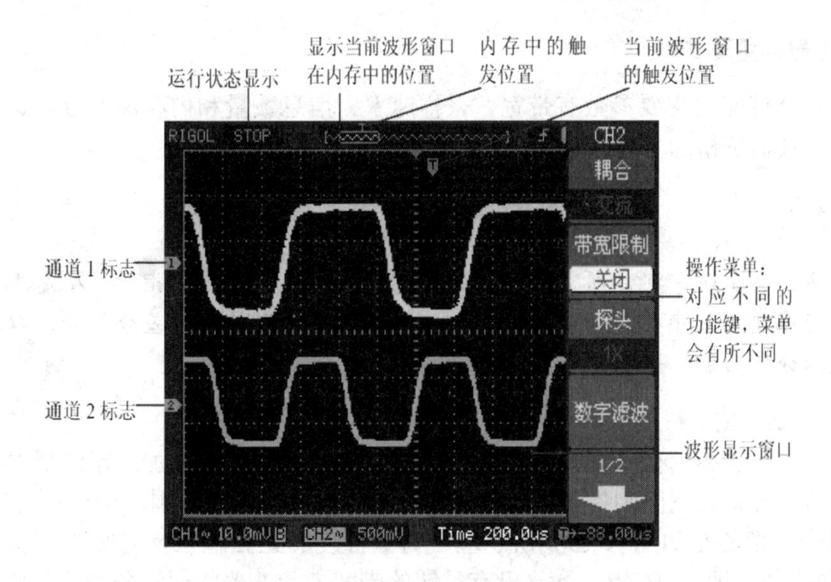

图 4-9　仅模拟通道打开时的显示界面

DS1102C 型数字存储示波器的规格参数主要涉及采样、输入、水平系统和垂直系统等。

(1) 采样。采样方式有实时采样、等效实时采样两种。实时采样的采样率为 400MSa/s，等效实时采样的采样率为 25GSa/s。所有通道同时达到 *N* 次采样后(*N* 次数可在 2、4、8、16、32、64、128 和 256 之间选择)，波形刷新率在 200 次/s。

(2) 输入。输入耦合有直流(DC)、交流(AC)和接地(GND)三种方式；输入阻抗为 1MΩ±2%，与 15pF±3pF 并联；最大输入电压为 40V(DC+AC 峰值)；通道间时间延迟为 500ps。

(3) 水平系统。采样速率范围为 1Sa/s ~ 400MSa/s(实时)，25GSa/s(等效)；内插 Sin(*x*)/*x* 函数波形；存储深度为 1M 采样点(单通道)，512K 采样点(每个通道)；扫描范围为 5ns/div ~50s/div；采样速率和延迟时间精确度为 $\pm100\times10^{-6}$；单次的时间间隔测量精确度为±(1 采样间隔时间+100×10^{-6}×读数+0.6ns)；大于 16 个平均值时，时间间隔测量精确度为±(1 采样间隔时间+100×10^{-6}×读数+0.4ns)。

(4) 垂直系统。A/D 转换器为 8bit 分辨率，两个通道同时采样；偏转因数为 2mV/div ~5V/div；位移范围在 40V(200mV ~ 5V)和±2V(2~100mV)；模拟带宽为 100MHz；单次带宽为 80MHz；可选择的模拟带宽限制为 20MHz；低频响应不大于 5Hz，交流耦合，−3dB；上升时间小于 3.5ns；在采样或平均值取样方式下，直流增益精度为 2~5mV/div，±4%，10mV/div ~ 5V/div。

(5) 触发系统。触发灵敏度为 0.1~1.0div，用户可调节；正常模式下预触发(262144/采样速率)，延迟触发 1s。慢扫描模式：预触发 6div，延迟触发 6div；释抑范围在 100ns ~ 1.5s；设定电平 50%。输入信号频率不小于 50Hz 条件下的操作法：有上升、下降、上升+下降三种边沿触发方式；有(大于、小于、等于)正脉宽触发和(大于、小于、等于)负脉宽触发；对于 CH1(CH2)触发，有边沿、脉宽、视频、斜率四种触发方式。

4.1.2 示波器的性能参数

1. 示波器的主要参数

衡量示波器性能的主要参数有带宽、采样速率、信息数量和内存深度等，这些也是决定不同型号示波器价格的主要因素。

在高速串行测试时，测试所需示波器的带宽和采样速率是关键指标。从基本上说，对带宽和采样速率要满足串行信号的要求；接下来就需要考察是否是差分信号，以及示波器对串行测试的分析功能，如码型的触发和解码等。

1) 带宽限制

带宽决定了示波器对信号的基本测量能力。随着信号频率的增加，示波器对信号的准确显示能力将下降。带宽限制指出了示波器所能准确测量的频率范围。

示波器带宽指的是如图 4-10(a)所示基于对数标度的正弦输入信号衰减到实际幅度的 70.7%时的频率值，即−3dB 点。如果没有足够的带宽，示波器将无法分辨高频变化，幅度会出现失真，边缘也会消失，细节数据随之丢失。图 4-10(b)所示为信号捕获速率分别为 250MHz、1GHz 和 4GHz 的带宽等级。带宽越高，信号的再现越准确。

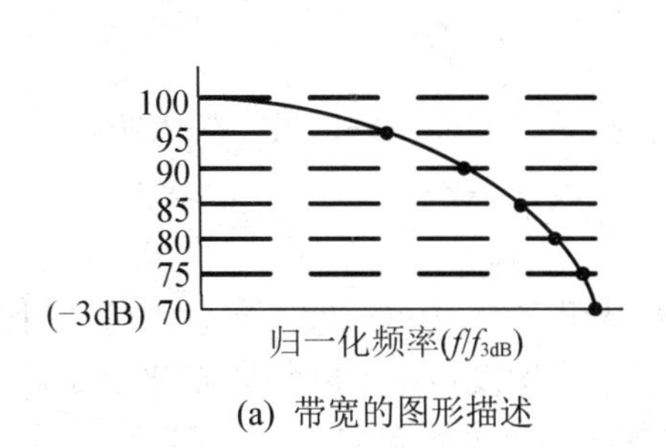

(a) 带宽的图形描述

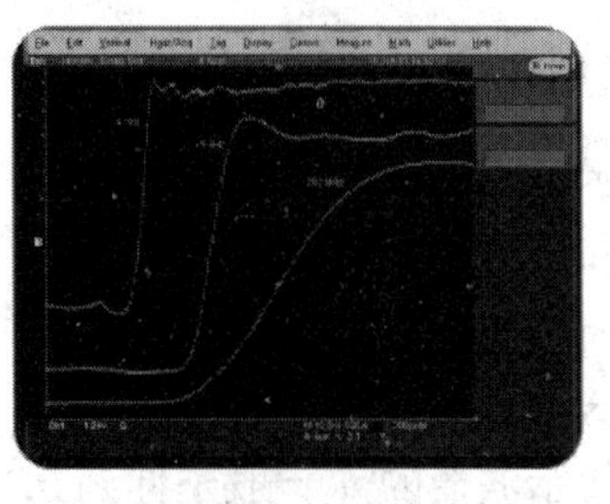

(b) 不同带宽等级的波形

图 4-10　数字采样示波器的带宽图形及不同带宽等级的波形

大多数示波器中存在限制示波器带宽的电路。限制带宽后，可以减少显示波形中不时出现的噪声，显示的波形会显得更为清晰。在消除噪声的同时，带宽限制同样会减少或消除高频信号成分。

小贴士

示波器要有足够的带宽，以便捕捉和显示目前和将来应用中最快速的信号。通用的经验是示波器带宽至少是被测最快信号频率的三倍。通常所使用的示波器带宽限制有 20MHz、250MHz 和全带宽。

2) 采样速率

在评估示波器时，采样速率是一个非常重要的考虑指标。因为大多数示波器采用插入形式，在两条或多条信道耦合 A/D 转换器时，仅在四信道示波器中的一条或两条信道上提供最大的采样速率，从而可以提高采样速率。许多制造商在示波器的主要技术指标中仅强调这种最大化的采样速率，而不会告诉用户该采样速率仅适用于一条信道。示波器的采样速率至少应该是示波器带宽的四倍。在示波器使用某种数字重建形式时，最好使用四倍乘数，这应该足够了。

让我们考察一下使用 500MHz 示波器的实例，该示波器采用 sin(x)/x 插补技术。对这一示波器，为在每条信道上支持整整 500MHz 的带宽，每条信道需要的最低采样速率是 4×(500MHz)，或每条信道 2GSa/s。当前市场上部分 500MHz 示波器声称最大 5GSa/s 的采样速率，但没有指出 5GSa/s 采样速率仅适用于一条信道。在使用三条或四条信道时，这些示波器每条信道的采样速率实际上只有 1.25GSa/s，不足以在几条信道上支持 500MHz 的带宽。

考虑采样速率的另一种方式是确定应用点之间希望的分辨率(采样速率是分辨率的倒数)。例如，假设用户希望在样点之间实现 1ns 的分辨率，能够提供这一分辨率的采样速率是 1/(1ns)=1GSa/s。

3) 内存深度

不仅带宽和采样速率紧密相关，内存深度也与采样速率紧密相关。A/D 转换器对输入波形进行数字转换，得到的数据存储到示波器的高速存储器中。选择示波器时，一个重要因素是了解示波器怎样使用和存储这些信息。内存技术使得用户能够捕获采集数据、放大查看更多细节，或在采集的数据上进行数学运算、测量和后期处理功能等操作。

2．模拟示波器的性能指标

模拟示波器的性能指标主要有频带宽度、上升时间、偏转因数、输入阻抗、扫描速度、输入方式和工作方式等。

1) 频带宽度和上升时间

示波器的频带宽度(BW)一般指 Y 通道电路和 Y 偏转系统的上限频率 f_H 与下限频率 f_L 之差，现代示波器的 f_L 一般延伸到 0Hz，所以频带宽度可用上限频率 f_H 来表示。

上升时间(t_r)是一个与频带宽度 BW 相关的参数，表示 Y 通道的过渡特性，即由于示波器 Y 通道的频带宽度的限制，示波器 Y 通道跟随输入信号快速变化的能力。Y 通道频带宽度与上升时间之间有确定的内在联系，一般有：

$$f_H \times t_r \approx 0.35 \tag{4-1}$$

式中，f_H 为示波器的频带宽度，单位为 MHz；t_r 为 Y 通道的上升时间，单位为μs。

小贴士

频带宽度和上升时间是示波器各项技术性能指标中相对比较重要的指标，它们在一定程度上决定了示波器可以观察的周期性连续信号的最高频率和脉冲的最小宽度。

2) 偏转因数

偏转因数也称为垂直灵敏度，是指在输入信号作用下，光点在荧光屏上的垂直(Y)方向移动 1cm(即 1div)所需加的电压值，单位为 V/cm、mV/cm(或者 V/div、mV/div)。偏转因数表示了垂直放大器对弱信号的放大程度。多用途示波器能检测出的最小伏特数的典型值约为 1mV 每垂直显示屏刻度(1mV/div)。

小贴士

偏转因数的倒数称为示波器的偏转灵敏度，单位为 cm/V、cm/mV。

3) 输入阻抗

Y 通道的输入阻抗包括输入电阻 R_i 和输入电容 C_i。R_i 越大越好，C_i 越小越好。该指标为使用者提供了估算示波器输入电路对被测电路产生影响的依据。

4) 扫描速度

扫描速度是指示波器荧光屏上单位时间内光点水平移动的距离，单位为 cm/s。它表征了轨迹扫过示波器荧光屏的速度有多快，使使用者能够发现更细微的细节。荧光屏上通常用间隔 1cm 的坐标线作为刻度线，因此扫描速度的单位也可表示为 cm/div。

扫描速度的倒数称为“时基因数”，它表示单位距离代表的时间，单位为 s/cm 或 s/div，时间 t 的单位可为μs、ms 或 s。时基因数越高，即 s/div 值越小，表征示波器能够展开高频信号或者窄脉冲信号的能力越强；反之，为了观测缓慢变化的信号，则要求示波器具有极慢的时基因数。

5) 输入方式

输入方式是指被测信号送入示波器 Y 通道的输入耦合方式，通常有直流(DC)、交流(AC)和接地(GND)三种。DC 耦合即直接耦合，将输入信号所有成分都加在示波器上。而 AC 耦合可隔离被测信号中的直流及慢变化分量，抑制工频干扰，去除信号中的直流成分，其显示的波形始终是以零电压为中心。接地耦合将示波器 Y 通道输入端短路，一般在测量直流电压时为确定零电压而选用。

6) 工作方式

示波器通常有 Y-T、X-Y 或 ROLL 三种显示模式。

(1) Y-T 模式。Y-T 方式下，垂直坐标轴表示电压，水平坐标轴表示时间。

(2) X-Y 模式。X-Y 方式下，X 轴表示通道 1 的电压量，Y 轴表示通道 2 的电压量。X-Y 方式可用于观察李萨如图形或二极管、三极管等器件的伏安特性曲线。

(3) ROLL 模式。ROLL 方式下，波形在屏幕上从右至左缓慢移动。

延伸练：模拟示波器测量电压和时间的实际操作

1) 操作目的

(1) 复习模拟示波器的表盘标识。

(2) 掌握模拟示波器读数的方法。

2) 操作设备与仪器

模拟示波器一台。

3) 操作步骤

(1) 将被测交流信号输入至 CH1 或 CH2 通道，并将垂直方式置于被选用的通道上。

(2) 将 Y 轴“灵敏度微调”旋钮置校准位置不动，调整示波器的相关控制键，使荧光屏显示稳定、易于观察的波形，该交流电压幅值(V_{P-P})为垂直方向格数(div)与垂直偏转因数(V/div)的乘积。

小贴士

测量时，若不知道被测信号的电压幅度，应使 Y 轴灵敏度由最低(5mV/div)以及 X 轴水平扫描时间最短开始，然后逐步增强。

3. 数字示波器的性能指标

数字示波器的性能指标主要包括频带宽度、最高采样速率、存储带宽、波形刷新率以及读出速度等几个方面。

1) 频带宽度

频带宽度，简称带宽，是选择示波器的第一参数，它反映了通信过程中给定范围内的最高频率和最低频率之差，描述了波形在单位时间内完成振动的次数。

你知道吗

每台示波器都有一个频率范围，例如 10MHz、100MHz 等。假如有一台示波器，标称值为 60MHz，是不是能理解为它最大可以测量到 60MHz 呢？答案是不能。根据示波器带宽的定义，如果输入峰峰值为 1V 的 60MHz 正弦波到 60MHz 带宽示波器上，在示波器上将看到 0.707V 的信号，即有 30%幅值测量误差。

2) 最高采样速率

最高采样速率，也即数字化速率，是指数字示波器在单位时间内采样的次数，通常用每秒能够完成 A/D 转换的最高次数来衡量，单位为采样点/秒(Sa/s)，也常以频率来表示。

波形失真是由于某些原因导致示波器采样显示的波形与实际信号存在较大的差异，即如图 4-11(a)所示的波形。

波形混淆是指由于采样速率低于实际信号频率的两倍(奈奎斯特频率)时，对采样数据进行重新构建时出现波形的频率小于实际信号频率的一种现象，即如图 4-11(b)所示的波形。

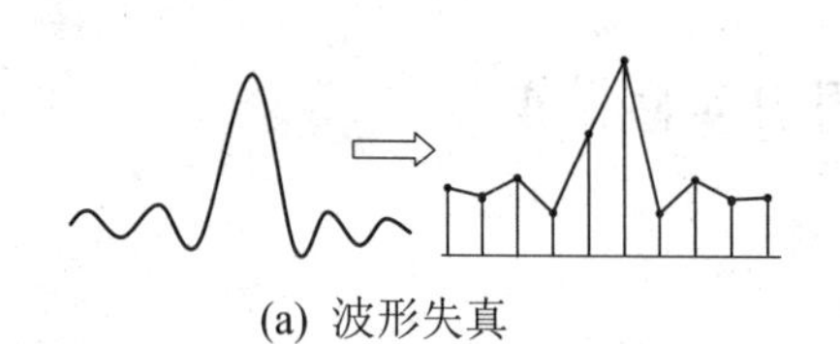

(a) 波形失真

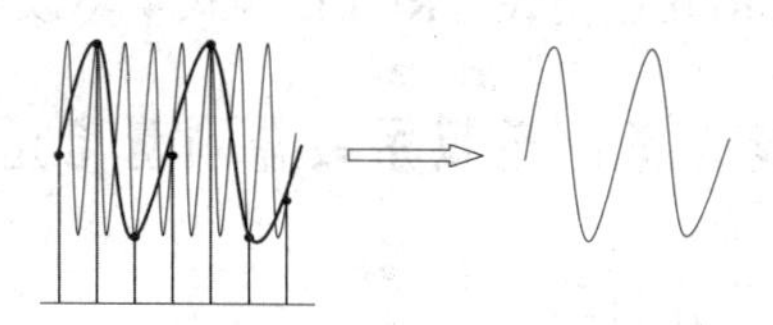

(b) 采样速率过低导致波形周期变长

图 4-11　信号采样速率对波形显示的影响

数字存储示波器在测量时刻的实时采样速率可根据被测信号所设定的扫描时间因数(t/div)来推算。其推算公式为：

$$f = N / \mathrm{t/div} \tag{4-2}$$

式中，N 为每格的采样数，t/div 为扫描时间因数，即扫描 1div 所占用的时间。例如，假设扫描时间因数为 10μs/div，每格采样数为 100，则相应的采样速率等于 10MHz。

小贴士

采样速率过低，会造成还原信号的频率看上去与原信号不同；采样速率越高，示波器捕捉信号的能力越强，就越能够完整地展现信号中的高频成分。

3) 存储带宽

存储带宽反映了在最高采样速率时还能分辨多少位数。采样定理决定了最大存储带宽，当采样速率大于被测信号中最高频率分量频率的 2 倍时，即可由采样信号无失真地还原出原来的模拟信号。实际操作中，为了保证显示波形的分辨率，往往要求增加更多的采样点，一般取 4~10 倍或更多。

小贴士

通常情况下，信号都是有谐波分量的，一般用最高采样速率除以 25 作为有效的存储带宽。

4) 分辨率

分辨率是指数字示波器能分辨的最小电压增量和最小时间增量，即量化的最小单元，分辨率反映了数字示波器存储信号波形细节的综合特性，它包括垂直分辨率(电压分辨率)和水平分辨率(时间分辨率)。

5) 存储容量

数字示波器的存储容量又称为存储深度或记录长度，是指在波形存储器中存储波形样本的数量，由采集存储器的最大存储容量来表示。数字示波器的存储容量决定了能采集信号的时间以及能用到的最大采样速率，通常满足：

$$波形存储时间 = 存储深度 / 采样速率 \tag{4-3}$$

而波形存储时间又可表示为：

$$波形存储时间 = 扫描速率(t/div) \times 10 \tag{4-4}$$

由式(4-3)和式(4-4)分析可得：

$$扫描速度\times 10 = 存储深度 / 采样速率 \tag{4-5}$$

由式(4-5)可知，采样速率可以表示为：

$$采样速率 = 存储深度 / (扫描速度\times 10) \tag{4-6}$$

【例 4-1】已知某数字示波器的存储深度为 1kB，当扫描速度为 20μs/div 时，试计算该示波器的采样速率。如果又有一台存储深度为 50kB 的数字示波器，在扫描时间维持不变的情况下，也计算其采样速率。

解：

第一台：采样速率=1000/(20μs×10) =5MSa/s。

第二台：采样速率=50000/(20μs×10) =250MSa/s。

由此可见，如果两台数字示波器的最高采样速率相同，则在同一扫描速度工作时，存储深度较深的示波器具有更高的采样速率。

你知道吗

数字示波器最高采样速率决定了示波器单次带宽的限制，采样速率不足将限制示波器单次带宽。如果数字示波器在全带宽范围内，可对单次信号实现捕获和精确复现。只有采样速率高于数字示波器带宽五倍以上，才能使其重复信号带宽等于单次信号带宽。

示波器存储长度对波形的记录是以波形精确捕获为前提的。当信号频率或速度超过单次带宽的限制时，即使示波器带宽对信号不产生影响，但由于采样不足，将造成显示信号的混叠、畸变和漏失。也就是说，即便示波器有再长的存储，存储的波形也是畸变的失真波形。当单次信号中的高频成分低于示波器的单次带宽时，才能保证信号的高频细节。此时存储长度越长，波形记录时间越长。存储深度短，将丢失波形部分时间的信息。

6) 波形刷新率

波形刷新率是指 1s 时间内数字示波器捕获波形的次数，刷新率的高低直接影响波形捕获偶然事件发生的概率。对于数字示波器来说，波形刷新率越高，就越能够组织更大数据量的波形质量信息，尤其是对动态复杂信号和隐藏在正常信号下的异常波形的捕获。

你知道吗

数字示波器的采样速率和存储深度必定是有限的，提高存储时间只能降低采样速率，但是降低采样速率又将失去波形的细节，同时失去快速上升沿信号的高频成分，使上升时间变慢。如单次信号时间较长，要保证信号中高频信息不丢失，即信号不发生漏失或畸变，需要综合考虑数字示波器带宽、采样速率和存储长度等指标，以保证被测信号的精确复现。通过数字示波器的捕获率和触发功能，可以优化其存储深度和采样速率。

7) 触发系统

数字示波器一旦处于工作状态，它都是在不断地采集波形，而不会顾及是否能够稳定触发，而只有稳定的触发才能有稳定的显示。通常，数字示波器有自动触发、普通触发和单次触发三种方式。

(1) 自动触发。不论是否满足触发条件都有波形显示。

(2) 普通触发。不满足触发条件就不显示波形。

(3) 单次触发。满足触发条件后显示波形，每次触发仅刷新一次，直到下一次触发开始。通常数字示波器的触发条件包括边沿触发、脉宽触发、斜率触发、视频触发、交替触发、码型触发、触发释抑、毛刺触发等类型。其中，边沿触发是数字示波器最基本的触发方式，它是在输入信号边沿的触发阈值上进行触发，又有上升沿触发、下降沿触发，适合观测正弦波、方波等信号。脉宽触发根据脉冲的宽度来确定触发时刻，适合观测方波、脉冲信号等。斜率触发依据信号的上升/下降时间来判断触发时间，适合三角波、锯齿波等信号。视频触发适合视频信号的观测，交替触发适合双通道模拟信号，码型触发适合数字信号。而触发释抑是指在前一次触发之后的一段时间之内，示波器停止触发响应，适合观测复杂的脉冲串、调幅信号等。

8) 读出速度

读出速度是指数字示波器将数据从存储器中读出的速度，通常用 t/div 来表示。

4. 数字存储示波器与模拟示波器的比较

与模拟示波器比，数字存储示波器使用了采样量化技术和晶振等器件，因此，具有更高的幅度测量准确度和时间测量准确度。数字存储示波器具有丰富的触发功能，能存储触发前后的相关数据；能有效地测量单次信号；能在同一时刻采集、存储多个被测量；能永久存储测得的数据，包括制作成硬拷贝；能反复再现测得的波形；能对测得的波形数据进行处理，如将测得的电压、电流相乘，求得此时刻的功率。又如对测得的数据进行统计分析，求均值、极值，做数字滤波、积分、微分，做 FFT 运算等。数字存储示波器具有通用接口；能预先存储测试序列和在微机的控制之下进行自动测试；对测得的数据能与事先设置的参考波形或一组波形参数进行比较，如超出限定的范围，则立即发出声光报警或发出中断请求等。

自 20 世纪 80 年代数字示波器异军突起，大有取代模拟示波器之势，但模拟示波器的某些特点是当时处于转型阶段的数字示波器所不能替代的。

1) 垂直分辨率高

模拟示波器的垂直分辨率连续而且无限级，而最初的数字示波器的分辨率一般只有 8~10 位。现代的数字示波器在采样速率上不断得到提高，从最初采样速率等于 2 倍带宽，提高至 5 倍甚至 10 倍，相应地，对于正弦波采样引入的失真也从 100%降低至 3%甚至 1%。

2) 数据更新快

模拟示波器每秒捕捉几十万个波形，而处于转型阶段的数字示波器每秒只能捕捉几十个波形，随着数字示波器更新率的不断提高，现在已达到模拟示波器的相同水平，可达每秒 40 万个波形，这对于观察偶发信号和捕捉毛刺脉冲信号极为方便。

3) 实时带宽和实时显示

模拟示波器的连续波形与单次波形的带宽相同，而最初的数字示波器的带宽与采样速率密切相关，采样速率不高时，需借助内插计算，容易出现混淆波形。现在，数字荧光示波器与模拟示波器一样，具有屏幕余辉方式显示，赋予波形的三维状态，即显示出信号波形的幅值、时间以及幅值在时间上的分布，进而可实时显示、存储和分析复杂信号。

总地来说，数字示波器在尽量吸收模拟示波器的优点，更重要的是，其全面性能赶超了模拟示波器。美国的 TEK 公司和 HP 公司对数字示波器的发展做出了无可比拟贡献，它们后来甚至停产模拟示波器，并且只生产性能好的数字示波器。

共同练：数字存储示波器使用方法的实际操作

1) 操作目的

(1) 认识数字存储示波器的面板。

(2) 掌握数字示波器操作的方法。

2) 操作设备与仪器

数字存储示波器一台。

3) 操作步骤

以 DS1102C 型数字存储示波器的具体操作为例。

(1) 功能检查。数字示波器在接入输入信号前，需要做一次快速功能检查，以核实本仪器运行是否正常，具体步骤如下。

① 接通电源，仪器执行所有自检项目，并确认通过自检。

② 按 STORAGE 按钮，用菜单操作键从顶部菜单框中选择存储类型，然后调出出厂设置菜单。

③ 接入信号到通道 1(CH1)，将输入探头和接地夹接到探头补偿器的连接器上，按 AUTO(自动设置)按钮，几秒内可见到方波显示(1kHz，约 3V 的峰峰值)。

④ 示波器设置探头衰减系数，此衰减系数改变仪器的垂直挡位比例，从而使得测量结果能够正确反映被测信号的电平，默认的探头菜单系数设定值为 10×。

(2) 波形显示的自动设置。DS1102C 型数字存储示波器具有自动设置的功能。根据输入的信号，可自动调整电压倍率、时基以及触发方式至最好形态显示。应用自动设置要求被测信号的频率大于等于 50Hz，占空比大于 1%。自动设置的步骤如下。

① 将被测信号(自身校正信号)连接到信号输入通道。

② 按下 AUTO 按钮，示波器将自动设置垂直、水平和触发控制。如果需要，可手动调整这些控制，使波形显示达到最佳。

(3) 垂直系统的设置。这部分的旋钮操作与模拟示波器相似，DS1102C 型数字存储示波器的每个通道有独立的垂直菜单，每个项目都按不同的通道单独设置。按 CH1(或 CH2)功能键，系统显示 CH1 通道的操作菜单，CH1(或 CH2)通道设置的具体步骤如下。

① 在 CH1 接入一个含有直流偏置的正弦信号。

② 按CH1功能键，系统显示CH1通道的操作菜单。

③ 按“耦合”→“交流”，设置为交流耦合方式，被测信号含有的直流分量被阻隔，波形显示在屏幕中央，波形以零线标记上下对称，屏幕左下方出现交流耦合状态标志“CH1~”。

④ 按“耦合”→“直流”，设置为直流耦合方式，被测信号含有的直流分量和交流分量都可以通过，波形显示偏离屏幕中央，波形不以零线为标记上下对称，屏幕左下方出现直流耦合状态标志“CH1—”。

⑤ 按“耦合”→“接地”，设置为接地方式，被测信号都被阻隔，波形显示为一零直线，屏幕左下方出现接地耦合状态标志“CH1 ⊥”。

为了配合探头的衰减系数，需要在通道操作菜单相应调整探头衰减系数。如探头衰减系数为10:1，示波器输入通道的比例也应设置成10×，以避免显示的挡位信息和测量的数据发生错误。相应的探头衰减系数依次有1×、10×、100×、1000×。

小贴士

探头衰减系数的变化，带来屏幕左下方垂直挡位的变化，100×表示观察的信号扩大了100倍，以此类推。这一项设置配合输入电缆探头的衰减比例，设定要求一致，如探头衰减比例为10:1，则这里应设成10×，以避免显示的挡位信息和测量的数据发生错误。示波器如果用开路电缆接入信号，则设为1×。

波形反相，是指显示的信号相对于地电位翻转180°，但其实质并未发生改变。在观察两个信号的相位关系时，要注意这个设置，两通道应选择一致。具体步骤如下。

① CH1、CH2通道都接入校正信号，并稳定显示于屏幕中。

② 按CH1、CH2→“反相”→“关闭”(默认值)，比较两波形，应为同相。

③ 按CH1或CH2中的一个→“反相”→“打开”，比较两波形相位相差180°。

(4) 水平系统的设置。按如下步骤设置水平系统。

① 在CH1接入校正信号。

② 旋转水平SCALE旋钮，改变挡位设置，观察屏幕右下方“Time—”的信息变化。

③ 使用水平POSITION旋钮调整信号在波形窗口的水平位置。

④ 按MENU按钮，显示TIME菜单，在此菜单下，可以开启/关闭延迟扫描或切换Y-T、X-T显示模式，还可以设置水平POSITION旋钮的触发位移或触发释抑模式。

小贴士

触发释抑是指重新启动触发电路的时间间隔。转动水平POSITION旋钮，可以设置触发释抑时间。

(5) 触发系统的设置。按如下步骤设置触发系统。

① 在CH1接入校正信号。

② 使用LEVEL旋钮改变触发电平设置。使用LEVEL旋钮，屏幕上出现一条黑色的触发线以及触发标志，随旋钮转动而上下移动，停止转动旋钮，此触发线和触发标志会在

几秒后消失，在移动触发线的同时，可观察到屏幕上触发电平的数值或百分比显示发生了变化。若要波形稳定显示，一定应使触发线在信号波形范围内。

③ 按MENU按钮，弹出触发操作菜单，可改变触发的设置。一般使用如下设置。

“触发类型”为边沿触发，“信源选择”为 CH1，“边沿类型”为上升沿，“触发方式”为自动，“耦合”为直流。

④ 按FORCE按钮，强制产生一个触发信号，主要应用于触发方式中的“普通”和“单次模式”。

⑤ 按50%按钮，设定触发电平在触发信号幅值的垂直中点。

(6) 自动测量信号的电压参数。按照如下操作步骤自动检测信号的电压参数。

① 在通道 1 接入被测电压信号。

② 按MEASURE按钮，以显示自动测量菜单。

③ 按“信源选择”操作键选择相应的信源 CH1。

④ 按“电压测量”操作键，选择测量类型。在电压测量类型下，可以进行峰峰值、最大值、最小值、平均值、幅度、顶端值、底端值、均方根值、过冲值、预冲值的自动测量。

⑤ 信源选择是指设置被测信号的输入通道。

小贴士

电压测量分三页，屏幕下方最多可同时显示三个数据，当显示已满时，新的测量结果会导致原显示左移，从而将原屏幕最左的数据挤出屏幕之外。按下相应的测量参数，在屏幕下方就会有显示。

(7) 自动测量信号的时间参数。按照如下操作步骤自动检测信号的时间参数。

① 在通道 1 接入校正信号。

② 按下MEASURE按钮，以显示自动测量菜单。

③ 按下“信源选择”操作键选择相应的信源 CH1。

④ 按下“时间测量”操作键选择测量类型。

⑤ 在时间测量类型下，可以进行频率、时间、上升时间、下降时间、正脉宽、负脉宽、正占空比、负占空比、延迟 1→2 上升沿、延迟 1→2 下降沿的测量。

(8) 观察两个不同频率的信号。

① 设置探头和示波器通道的探头衰减系数为相同。

② 将示波器通道 CH1、CH2 分别与信号发生器的两个通道相连。

③ 按下AUTO按钮。

④ 调整水平、垂直挡位，直至波形显示满足测试要求。

⑤ 按CH1按钮，选通道 1，旋转垂直(VERTICAL)区域的垂直POSITION旋钮，调整通道 1 波形的垂直位置。

⑥ 按CH2按钮，选通道 2，调整通道 2 波形的垂直位置，使通道 1、2 的波形既不重叠在一起，又利于观察比较。

4.1.3 示波器可以测量的基本电量

示波器的基本测量技术应用，就是进行时域分析，可以用示波器测量电压、时间、相位及其他物理量。

由于示波器能够将被测信号显示在屏幕上，因此可以借助其 X、Y 坐标标尺测量被测信号的许多参量，例如幅度、周期、脉冲宽度、前/后沿、调幅信号的调幅系数等。

1．电压的测量

利用示波器可以测量直流电压，也可以测量交流电压；还可以测量各种波形电压的瞬时值，也可以测量脉冲电压波形各部分的电压，如上冲量等。

电压测量方法是首先在示波器屏幕上测出被测电压的波形高度，然后与相应通道的偏转因数相乘即可。电压测量换算公式为：

$$U = y \times D_y \times K_y \tag{4-7}$$

式中，U 为欲测量的电压值，根据实际测量情形，可以是正弦波的峰峰值(U_{PP})、脉冲的幅值(U_A)等，单位为 V；y 为欲测量波形的高度，单位为 cm 或 div；D_y 为偏转因数，单位为 V/div 或者 V/cm；K_y 为探头衰减系数，一般为 1 或 10。

使用示波器测量电压的优点，是在确定其大小的同时可观察波形是否失真，还可同时显示其频率和相位，但示波器只能测出被测电压的峰值、峰峰值、任意时刻的电压瞬时值或任意两点间的电位差值，如想求得电压的有效值或平均值，则必须经过换算。

2．时间的测量

时间的测量包括测量信号周期(频率也可由周期计算出)、脉冲宽度、前后沿等。计算公式如下：

$$T = \frac{xD_x}{K_x} \tag{4-8}$$

式中，T 为被测信号的时间值，如周期、脉冲宽度等，单位为 s；x 为被测信号的宽度，单位为 cm 或 div；D_x 为时基因数，单位为 s/cm 或 s/div；K_x 为水平扩展倍数，一般为 1，或者 10。

3．相位差的测量

相位差是指两个频率相同的正弦信号之间相位的差值，也即其初相位之差。

对于任意两个频率相同而相位不同的正弦波信号，假设其表达式分别为：

$$u_1 = U_{m1}\sin(\omega t + \varphi_1) \tag{4-9}$$

$$u_2 = U_{m2}\sin(\omega t + \varphi_2) \tag{4-10}$$

现以 u_1 为参考电压，则 u_2 相对于 u_1 的相位差$\Delta\varphi$为：

$$\Delta\varphi = (\omega t + \varphi_2) - (\omega t + \varphi_1) = \varphi_2 - \varphi_1 \tag{4-11}$$

可见，正弦信号 u_1 和 u_2 的相位差是一个常量，即其初相位之差。若以 u_1 作为参考电压，当$\Delta\varphi>0$时，认为 u_2 超前 u_1；当$\Delta\varphi<0$时，认为 u_2 滞后 u_1。

使用双踪示波器测量相位时，可将被测信号分别接入 Y 系统的两个通道输入端，选择相位超前的信号作为触发源，采用“交替”或“断续”显示。适当调整 Y“位移”，使两个信号重叠起来，如图 4-12 所示。可以从图中直接读出 $x_1=AC$ 和 $x_2=AB$ 的长度，正弦信号 u_1 和 u_2 的相位差可以表示为：

$$\Delta\varphi=\frac{x_1}{x_2}\times 360^{\circ} \tag{4-12}$$

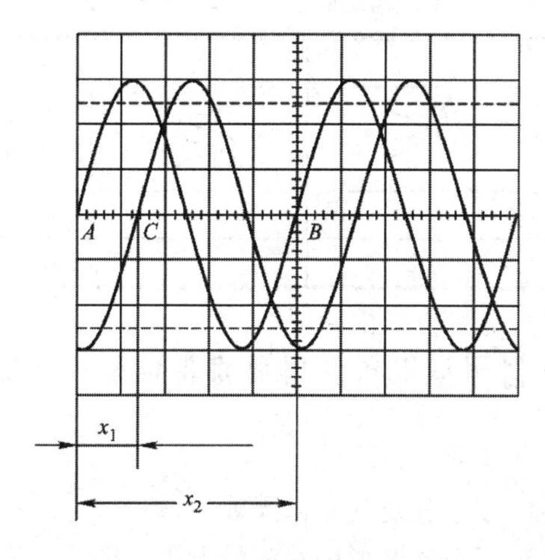

图 4-12　用双踪示波器测量相位差

小贴士

在采用“交替”显示时，一定要采用相位超前的信号作为固定的内触发源，而不是使 X 系统受两个通道的信号轮流触发；否则会产生相位误差。如被测信号的频率较低，应尽量采用“断续”显示方式，也可避免产生相位误差。

4．李萨如图形法测量频率

李萨如图形测量频率的方法，是把两个正弦信号分别加到 CH1 通道(X 轴)和 CH2 通道(Y 轴)的输入端，将示波器置于 X-Y 工作方式，则屏幕上光点的运动轨迹是两个互相垂直的简谐振动的合成。当两个正弦信号频率之比为整数时，光点轨迹是一个稳定的闭合曲线，这种曲线就是李萨如图形。人们用 f_x 表示 CH1 通道的 X 轴输入信号的频率，用 f_y 表示 CH2 通道的 Y 轴输入信号的频率，且用 N_x 表示李萨如图形在水平方向的切点数，N_y 表示李萨如图形在垂直方向的切点数，则有公式：

$$f_y/f_x=N_x/N_y \tag{4-13}$$

小贴士

如果两个信号的频率比不是整数，则李萨如图形不稳定。当接近整数时，可以观察到转动的李萨如图形。此时可以调节某个信号的频率，使两个信号的频率比为整数，以使李萨如图形稳定。

如果已知其中一个信号的频率，则可求出另一信号的频率，通常假设 f_x 为已知信号的频率，f_y 表示未知信号的频率。则根据式(4-13)可得出未知信号的频率为：

$$f_y = N_x \div N_y \times f_x \tag{4-14}$$

式(4-14)也正是利用李萨如图形法测量频率的原理。李萨如图形与对应信号频率比的关系如表 4-1 所示。

表 4-1　李萨如图形与对应信号频率比的关系

f_y/f_x	1:1	1:2	1:3	2:3	2:1
图 形				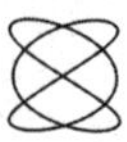	
N_x	1	1	1	2	2
N_y	1	2	3	3	1

延伸练：模拟示波器测量电压、周期和相位差的实际操作

1) 操作目的

(1) 了解示波器的主要组成部分及其工作原理。

(2) 掌握用模拟示波器观察信号波形以及测量电压、周期、相位差的方法。

2) 操作设备与仪器

模拟示波器一台。

3) 操作步骤

(1) 直流电压的测量。用于测量直流电压的示波器，其通频带必须从直流(DC)开始，若其下限频率不是零，则不能用于直流电压测量。测量时，应注意将偏转因数的微调旋钮置于“校准”位置(顺时针旋到底)，还要注意输入探头衰减开关的位置。测量步骤如下。

① 将示波器各旋钮调到适当位置，使荧光屏上出现扫描线，将电压输入耦合方式开关置于 GND 位置，然后调节 Y“移位”旋钮，使扫描线位于荧光屏幕中间。如使用双踪示波器，应将垂直方式开关置于所使用的通道。

② 确定被测电压极性。接入被测电压，将耦合方式开关置于 DC 位置，注意扫描光迹的偏移方向，若光迹向上偏移，则被测电压为正极性，否则为负极性。

③ 将耦合方式开关再置于 GND 位置，然后按照直流电压极性的相反方向，将扫描线调到荧光屏刻度线的最低或最高位置上，将此定为零电平线，此后不再调动 Y“移位”旋钮。

④ 测量直流电压值。将耦合方式开关再拨到 DC 位置上，选择合适的 Y 轴偏转因数(V/div)，使屏幕显示尽可能多地覆盖垂直分度(但不要超过有效面积)，以提高测量准确度。

在测量时，示波器的 Y 轴偏转因数开关置于________，被测信号经衰减___倍的探头接入，荧光屏上扫描光迹向上偏移_______格，被测电压极性为____，其大小为________V。

(2) 正弦波峰峰值的测量。测量时先将耦合方式开关置于 GND 位置，调节扫描线至中心(或所需位置)，以此作为零电平线，以后不再调动。

将耦合方式开关置于 AC 位置，接入被测电压，选择合适的 Y 轴偏转因数(V/div)，使显示的波形的垂直偏转尽可能大，但不要超过荧光屏的有效面积，还应调节有关旋钮，使荧光屏上显示一个或几个稳定波形。

此时，示波器的垂直偏转因数为________V/div，探头________衰减，被测正弦波峰峰值占_______格，其峰峰值为________，幅值为_______，有效值为________。

(3) 时间的测量。用示波器测量时间时，应注意时基因数的微调应置于“校准”位置(顺时针旋到底)，同时还要注意有没有扫描扩展。

① 正弦信号周期的测量。接入被测正弦信号，调节示波器的相关旋钮，使波形的高度和宽度均比较合适，并移动波形至屏幕中心区，选择表示一个周期的被测点，此时示波器的 X 轴扫描时间因数置于_______，X 轴扩展倍率为_______，波形一个周期占______格，被测信号周期为______，其频率为_________。

② 相位差的测量。用信号发生器产生两个频率相同、初相位不同的正弦波形，接入示波器的两个通道，参考图 4-12 和式(4-12)，测量并完成表 4-2 的数据记录。

表 4-2　模拟示波器相位差的测量

信号发生器输出	CH1 波形 45°相位	CH1 波形 90°相位	CH1 波形 180°相位
正弦波的频率 f			
x_1 对应格数			
x_2 对应格数			
相位差 $\Delta\varphi$			

技能驿站

1. 目的

(1) 了解示波器的主要组成部分及其工作原理。

(2) 掌握用数字示波器观察信号波形以及测量电压、周期、相位差的方法。

(3) 掌握李萨如图形法测量频率的方法。

2. 设备与器件

信号发生器、数字示波器各一台。

3. 内容与步骤

1) 记录基本波形

(1) 信号发生器用 CH1 通道，产生 500Hz、$2V_{P\text{-}P}$ 的正弦波形，接到示波器 CH1 通道上(注意两个 T 要对准坐标系)。

调节示波器的扫描时间因数为 500.0μs/div、垂直偏转因数为 500mV/div，则波形一个周期水平格数为______，波形周期为______，频率为______；波形峰峰值所占格数为______，峰峰值为______。

(2) 信号发生器用 CH1 通道，产生 1kHz、$5V_{P\text{-}P}$ 的正弦波形，接到示波器 CH1 通道上。

调节示波器的扫描时间因数为______、垂直偏转因数为______，可使波形一个周期水平方向所占格数为 5 个格，波形峰峰值占用 5 个格。

2) 观测李萨如图形

将信号发生器和示波器的 CH1、CH2 两通道分别对应相连，并设置示波器两路通道的垂直偏转因数、扫描时间因数分别相同(注意，f_1 对应 f_x，f_2 对应 f_y；信号发生器产生信号的幅值为 $2V_{P\text{-}P}$)。

测量并完成表 4-3 的数据记录。

表 4-3　李萨如图形法测量频率

项目	比值	实际	比值	实际	比值	实际	比值	实际	比值	实际
f_1	—		—		—		—		—	
f_2	—		—		—		—		—	
f_2/f_1	1∶1	—	1∶2	—	1∶3	—	2∶3	—	2∶1	—
图形	—		—		—		—		—	

3) 测量相位差

根据相位差计算式(4-12)，将 $2V_{P\text{-}P}$ 且频率相同的两个正弦波信号分别接到示波器的两个通道，测量并完成表 4-4 的数据记录。

表 4-4　数字存储示波器相位差的测量

信号发生器输出	CH1 波形 45° 相位	CH1 波形 90° 相位	CH1 波形 180° 相位
正弦波的频率 f			
扫描基线格数 X_T			
波形对应点间水平距离 Δx			
相位差 $\Delta\varphi$			

4．总结

(1) 整理实验数据，分析产生测量误差的原因。

(2) 思考并回答如下问题。

① 在用示波器观测正弦波形时，相应通道的“耦合方式”选择什么方式?

② 相位差测量的两个信号，什么必须相同，什么可以不同?

③ 正常观测正弦波形时，示波器工作在什么模式? 以李萨如图形法测量频率时，示波器工作在什么模式? 如何来调节该选项?

(3) 撰写操作报告。

任务 4.2　虚拟示波器的使用

任务描述

Multisim 仿真环境提供了四种示波器，即双通道示波器、四踪示波器、安捷伦示波器、泰克示波器。以典型电子电路为例，通过虚拟示波器观察仿真波形。

任务要求

掌握 Multisim 仿真环境示波器的面板参数设置，正确读取电路参数。

任务分析

不同的虚拟示波器，在操作界面和使用方法上也会有些区别，通过仿真电路的练习，掌握虚拟示波器的使用方法。

4.2.1　虚拟双通道示波器

Multisim 仿真环境中的双通道示波器图标如图 4-13 所示。该仪器的图标上共有四个端子，分别为 A、B 端子，这两个端子表示两个通道，G 为接地端，T 为外触发端。

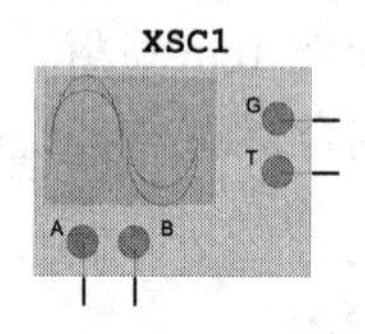

图 4-13　Multisim 仿真环境双通道示波器图标

双击双通道图标，弹出如图 4-14 所示的操作界面。Multisim 仿真环境提供的双通道示波器的操作界面设置与真实示波器的设置基本一致，共分为时基设置(Timebase)区、通道设置(Channel)区、触发(Trigger)区、数据显示区等四个模块，分别用来进行时基信号的控制调整、输入通道 A/B 的设置、触发方式的设置、数据显示和比较等。其中，Reverse 按钮用于反转屏幕背景的颜色，Save 按钮用于将扫描数据保存。

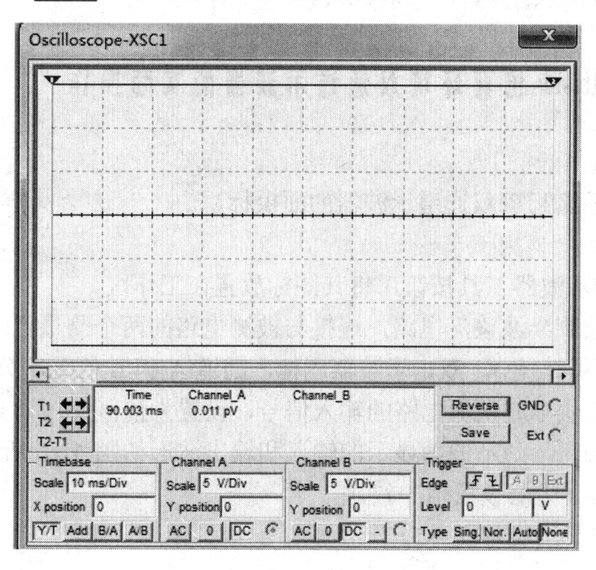

图 4-14　Multisim 仿真环境双通道示波器的操作界面

在示波器操作界面的功能设置如下。

1. 时基调节(Timebase)

时基调节用于调节示波器横坐标刻度。

1) 扫描时间(Scale)

如果设置成1ms/Div，表示横坐标每格(cm)代表1ms时间。

2) X位移(X position)

如果设置成0，表示波形从原点开始。

显示方式有四种，当选择Y/T时，表示纵坐标代表幅度，横坐标代表时间。

2. A通道(Channel A)设置

1) Y轴灵敏度(Scale)

如果设置成20mV/Div，表示纵坐标每格(cm)代表20mV。

2) Y位移(Y position)

如果设置成1，表示波形电压位置在1cm位置。

耦合方式有三种，AC表示交流耦合，DC表示直流耦合，0表示接地。

3. B通道(Channel B)设置

时基调节用于调节示波器横坐标刻度。

1) Y轴灵敏度(Scale)

如果设置成2V/Div，表示纵坐标每格(cm)代表2V。

2) Y位移(Y position)

如果设置成-1，表示波形电压位置在-1cm位置。

耦合方式有三种，AC表示交流耦合，DC表示直流耦合，0表示接地。

触发方式设置(Trigger)设置，一般默认。

共同练：Multisim仿真环境双通道示波器的实际操作

1) 操作目的

熟悉Multisim仿真环境双通道示波器的面板标识。

2) 操作步骤

(1) 单击双通道示波器工具按钮，将其图标放置在工作区。

(2) 按图4-15绘制半波整流电路，连接与被测电路的两个测量点(为便于观测和显示，可设定两条连线为不同颜色)，双击示波器图标，通道A和B的刻度分别设置为10V/Div。用函数信号发生器提供半波整流电路的输入信号，设置为幅值10V、频率100Hz的正弦交流信号，单击仿真按钮，则示波器显示的输入和输出波形如图4-16所示，波形的幅值、周期(10ms)与函数信号发生器设置值一致。

(3) 根据仿真结果，填写表4-5。

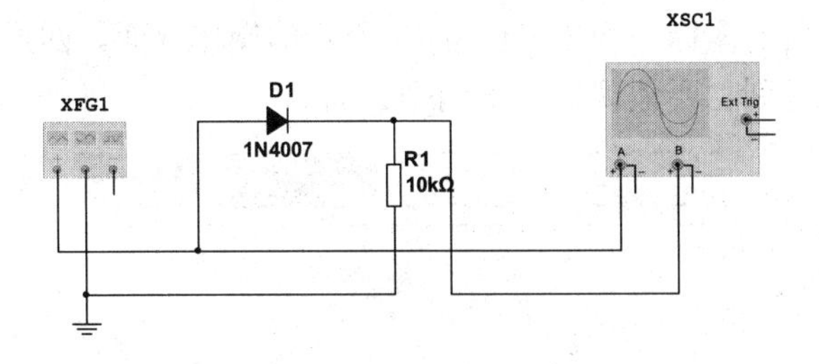

图 4-15　半波整流电路仿真原理图

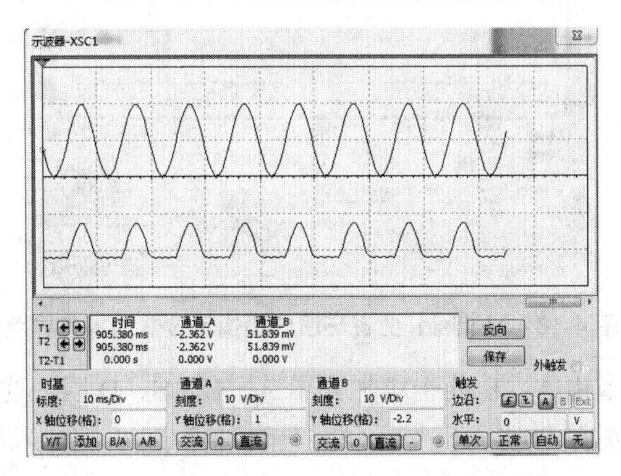

图 4-16　半波整流电路输入/输出参考波形

表 4-5　半波整流电路的仿真波形参数

	波形形状	幅　度	周　期	频　率
输入波形				
输出波形				

3) 仿真作业提交

(1) 新建以学号和姓名命名的文件夹。

(2) 在以上文件夹中新建 Multisim 仿真电路，仿真电路名为“半波整流电路”。

(3) 将电路仿真结果截图保存，保存为 Word 文档至文件夹中。

4.2.2　虚拟四通道示波器

四通道示波器是 Multisim 仿真环境中新增的一种仪器，可以用来显示信号波形的形状、幅度、频率等，其使用方面与双通道示波器相似。四通道示波器的图标如图 4-17 所示。

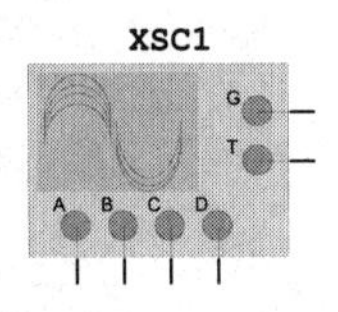

图 4-17　Multisim 仿真环境四通道示波器的图标

双击四通道示波器的图标，弹出如图 4-18 所示的操作界面。四通道示波器与双通道示波器在使用方法上的区别主要体现在如下两个方面。

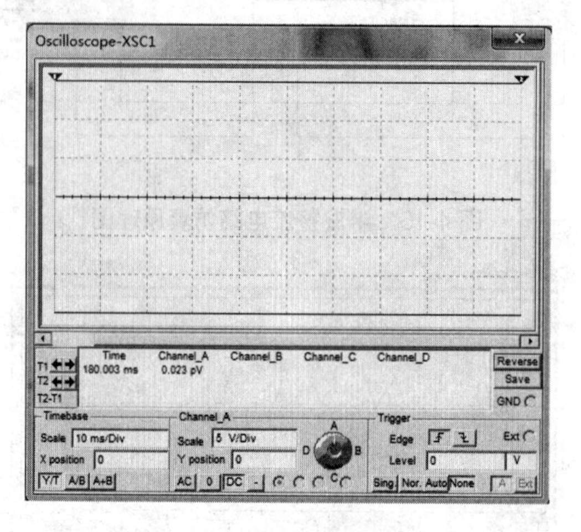

图 4-18　Multisim 仿真环境四通道示波器的操作界面

(1) 将信号出入通道由 A、B 两个增加到了 A、B、C、D 四个通道。

(2) 在设置各个通道 Y 轴输入信号标度时，通过点击图标来选择要设置的通道。

延伸练：Multisim 仿真环境四通道示波器的实际操作

1) 操作目的

熟悉 Multisim 仿真环境四通道示波器的面板标识。

2) 操作步骤

(1) 单击虚拟四通道示波器的工具按钮，将其图标放置在工作区。

(2) 按图 4-19 绘制电路，示波器仿真输出结果如图 4-20 所示。

(3) 根据仿真结果，填写表 4-6。

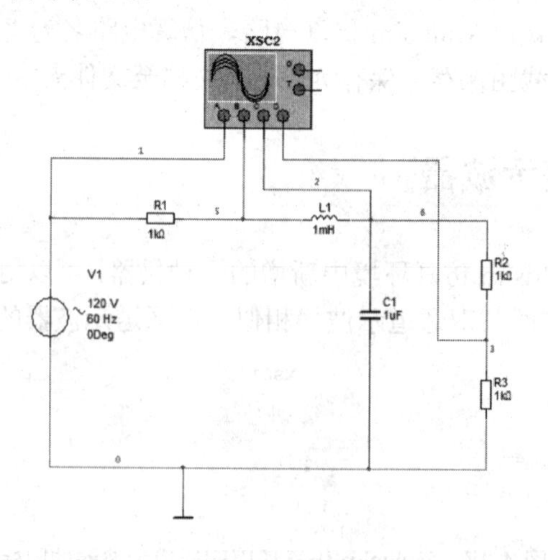

图 4-19　Multisim 仿真环境四通道仿真电路原理图

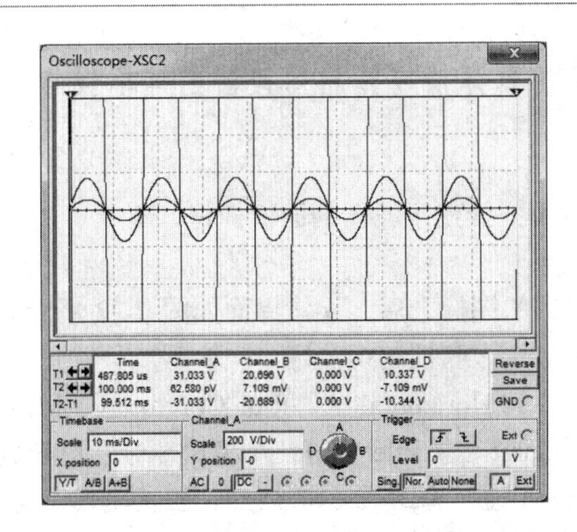

图 4-20　Multisim 仿真环境四通道仿真电路参考波形

表 4-6　Multisim 仿真环境四通道电路示波器仿真波形参数

信号输入通道	波形形状	幅　度	周　期	频　率
A				
B				
C				
D				

4.2.3　虚拟安捷伦示波器

Multisim 仿真环境安捷伦示波器的图标如图 4-21 所示，安捷伦 54622D 仿真示波器是一款双通道+16 逻辑通道、100MHz 带宽的高性能示波器。它的各个开关、按钮及旋钮的排列和调节与示波器实物一致。安捷伦仿真示波器图标的右侧有三个接线端，分别为触发端、数字接地端、探头补偿输出端。图标下方左侧的两个接线端是模拟量测量输入端，右侧 16 个接线端是数字量测量输入端。

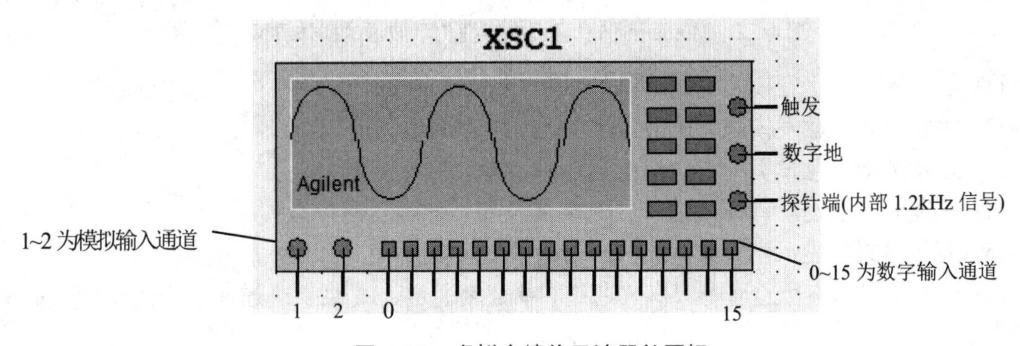

图 4-21　虚拟安捷伦示波器的图标

共同练：Multisim 仿真环境安捷伦示波器的实际操作

1) 操作目的

熟悉 Multisim 仿真环境安捷伦示波器的面板标识。

2) 知识储备

双击虚拟安捷伦示波器的图标之后，操作界面如图 4-22 所示。安捷伦 54622D 仿真示波器分为两大区，即波形显示区和控制调节区。

其控制调节区按功能分为 Horizontal 区、Run Control 区、Measure 区、Waveform 区、Trigger 区、Analog 区、Digital 区、File 区等几个模块，分别用来进行时间基准的调整、波形显示的控制、相关参数的设置、调整显示的波形、触发模式设置、模拟信号通道的设置、数字信号通道的设置、保存或调用波形等，显示区的下方从左至右分别是波形显示亮度调整旋钮(INTENSITY) 、软驱、电源开关(POWER)。

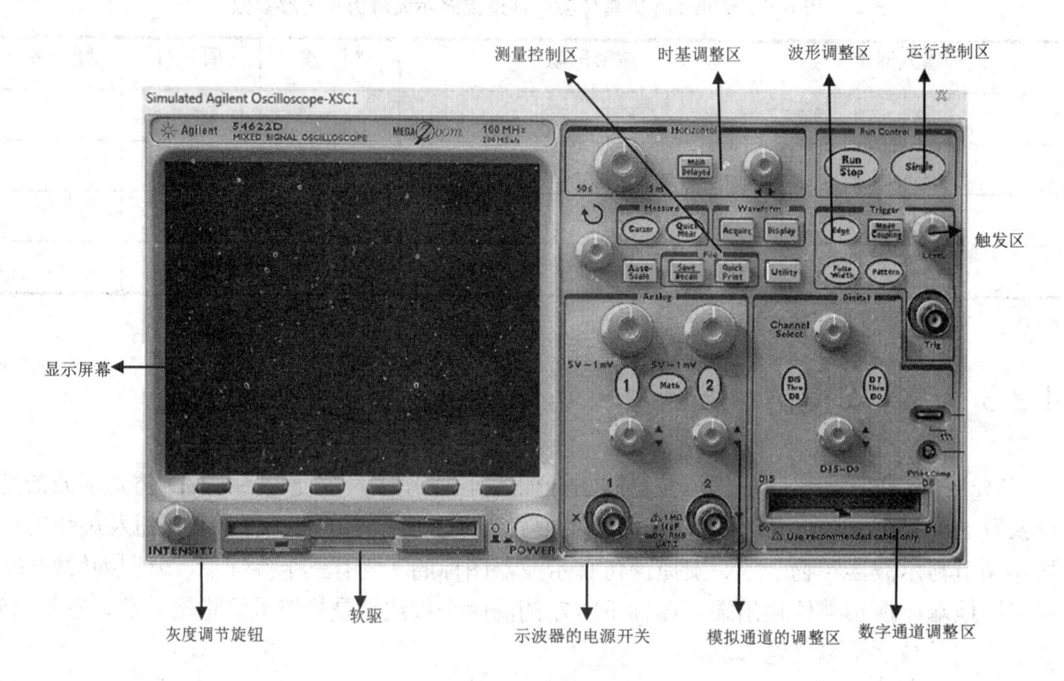

图 4-22　Multisim 仿真环境中安捷伦示波器的操作界面

(1) 运行模式。运行模式有 Auto(自动)、Single 和 Stop。

(2) 触发模式。触发模式有 Auto、Normal 和 Auto-level。

(3) 触发类型。触发类型有边沿触发、脉冲触发和模式触发。

(4) 触发源。触发源有模拟信号、数字信号和外部触发信号。

(5) 显示模式。显示模式有主模式、延时模式、滚动模式和 XY 轴模式。

(6) 信号通道。信号通道有双模式通道、单数字通道、16 数字通道和一个用于测试的探针信号。

(7) 光标。4 个光标。

(8) 数字通道。数字通道涉及傅立叶变换(FFT)，相乘、相除、微分和积分。

(9) 测量。可以测量光标信息、采样信息、频率、周期、峰—峰值、最大值、最小值、上升时间、下降时间、占空比、有效值(RMS)、宽度和平均值等。

(10) 显示控制。显示控制包括向量/点形轨迹(Vector/point on traces)、轨迹宽、背景色、面板色、栅格色、光标色。

3) 操作步骤

(1) 单击安捷伦示波器工具按钮，将其图标放置在工作区，并双击图标，打开仪器操作面板，单击该仪器上的电源开关。

(2) 按图 4-23 绘制分压式偏置放大电路，用函数信号发生器提供该电路的输入信号，设置为幅值 10mV、频率 100Hz 的正弦交流信号，打开仿真按钮和示波器开关，调整通道参数，得到如图 4-24 所示的输入和输出波形。保持放大器的静态工作点不变，输出端分别不接负载电阻和接负载电阻，观察示波器所显示的输出波形；分别调节电位器，使其阻值增大或减小，观察示波器输出波形的失真情况；用示波器双踪显示功能同时观察输入和输出波形，并根据显示屏上方显示的数值，测出它们的幅值、相位关系、周期以及频率。

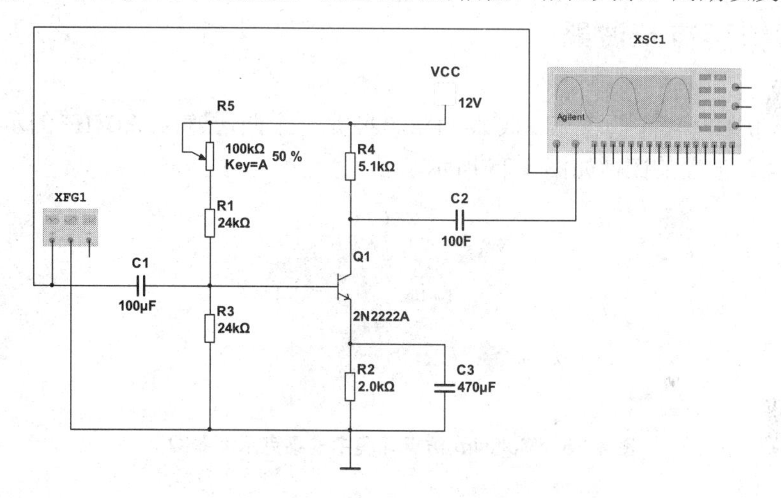

图 4-23　分压式偏置放大电路原理图

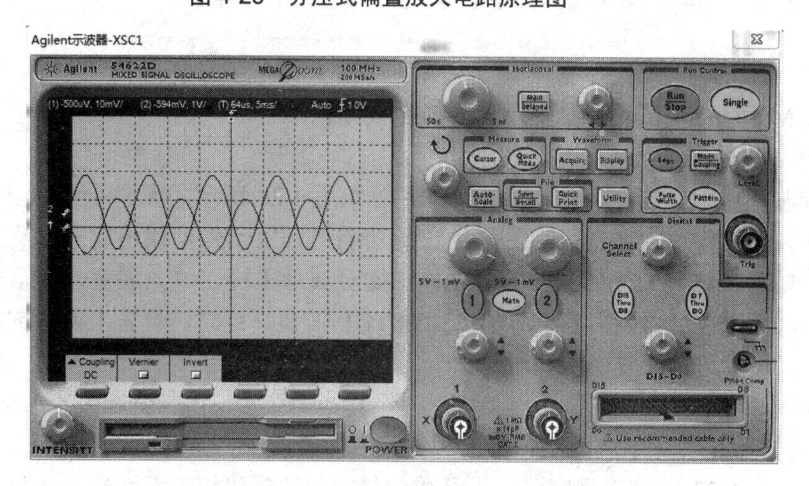

图 4-24　分压式放大电路的输入/输出参考波形

(3) 根据仿真结果，填写表4-7。

表4-7　分压式电路的示波器仿真波形参数

	波形形状	幅　度	周　期	频　率
输入波形				
输出波形				
两者相位关系如何？				

4) 仿真作业提交

(1) 新建以学号和姓名命名的文件夹。

(2) 在以上文件夹中新建Multisim仿真电路，仿真电路名为“分压式放大电路”。

(3) 将电路仿真结果截图保存，保存为Word文档至文件夹中。

4.2.4　虚拟泰克示波器

Multisim仿真环境中的泰克示波器TDS2024是一个四通道、200MHz的示波器。TDS2024示波器的图标如图4-25所示。

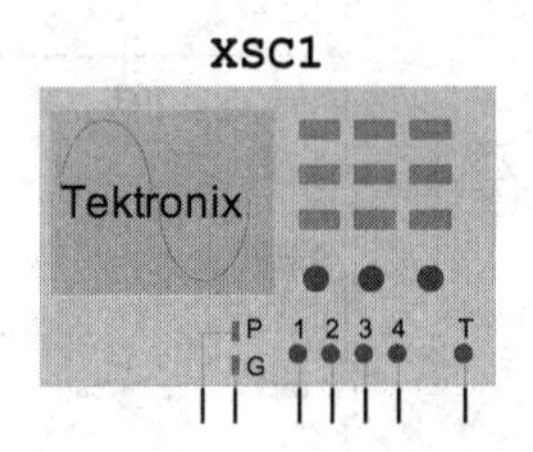

图4-25　Multisim仿真环境中的泰克示波器图标

延伸练：Multisim仿真环境中泰克示波器的实际操作

1) 操作目的

熟悉Multisim仿真环境泰克示波器的面板标识。

2) 知识储备

双击虚拟泰克示波器图标之后的操作界面如图4-26所示。虚拟泰克示波器的使用方法和一般示波器并没有太大的区别，只是它的功能更强大一些，使用起来更麻烦一些。需要对屏幕上显示的波形进行更深入的研究，比如对波形采样、放大展宽、测量脉冲上升沿、下降沿等，可以按仪器面板右上角的RUN/STOP按钮，这时，屏幕上显示的波形就被暂时储存下来，可以进行反复检测和研究。

3) 操作步骤

(1) 单击虚拟泰克示波器工具按钮，将其图标放置在工作区中。

(2) 按图4-27绘制仿真电路，用函数信号发生器提供该电路的输入信号，将函数信号发生器设置成1kHz、1Vp-p的正弦波信号。打开仿真开关；再单击操作面板上的“电源开关”按钮，这时在“泰克”虚拟示波器的左侧屏幕上即可看见正弦波形，它的 Y 轴默认幅值为 1V；X 轴默认时间为 2ms，如图 4-28 屏幕下方的鼠标箭头所指，并且在屏幕右下角自动显示信号的频率为 1kHz。观察仿真输出波形，并根据显示屏上方显示的数值，测出它们的幅值、周期、频率等。

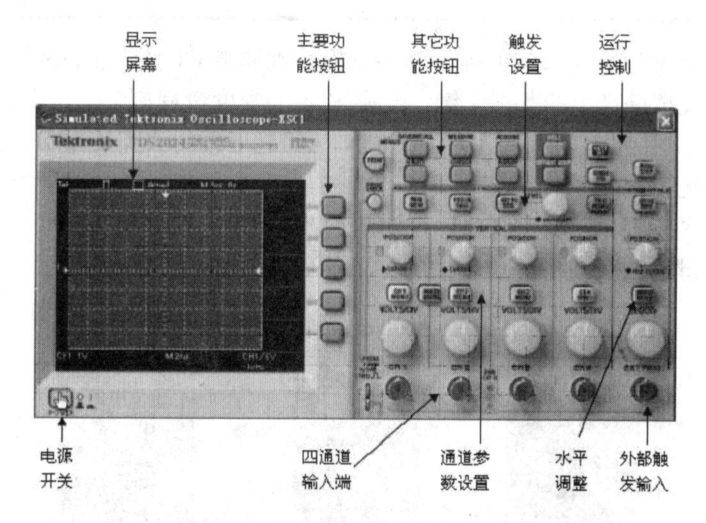

图 4-26　Multisim 仿真环境中的泰克示波器操作界面

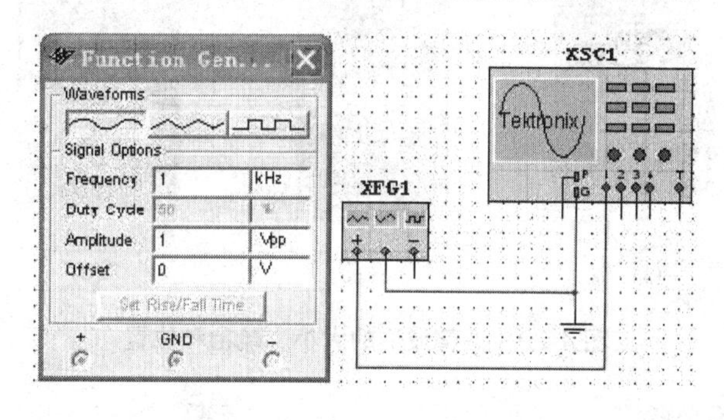

图 4-27　Multisim 仿真环境中泰克示波器的显示电路

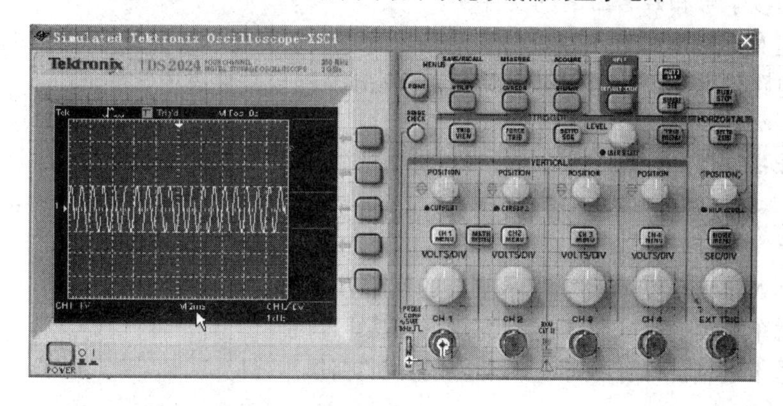

图 4-28　Multisim 仿真环境中泰克示波器的显示电路及仿真波形

(3) 根据仿真结果，填写表 4-8。

表 4-8　Multisim 仿真环境中泰克示波器仿真的波形参数

测试点	波形形状	幅　度	周　期	频　率

在放大面板处于当前窗口的前提下，将鼠标移到通道 CH1 上方的旋钮上，鼠标呈手指状，这时可以通过按键盘上的↑、↓键，改变 Y 轴的幅度量程刻度，从而调整波形的大小，如图 4-29(a)所示；将鼠标移到通道 HORIZONTAL 栏下方的大圆旋钮上，鼠标呈手指状，这时可以通过按键盘上的↑、↓键，改变 X 轴的时间量程刻度，从而调整波形的疏密，如图 4-29(b)所示；将鼠标移到通道 CH1 上方的小圆旋钮上，鼠标呈手指状，这时可以通过按键盘上的↑、↓键，改变波形在屏幕中的上下的位置，如图 4-29(c)所示。

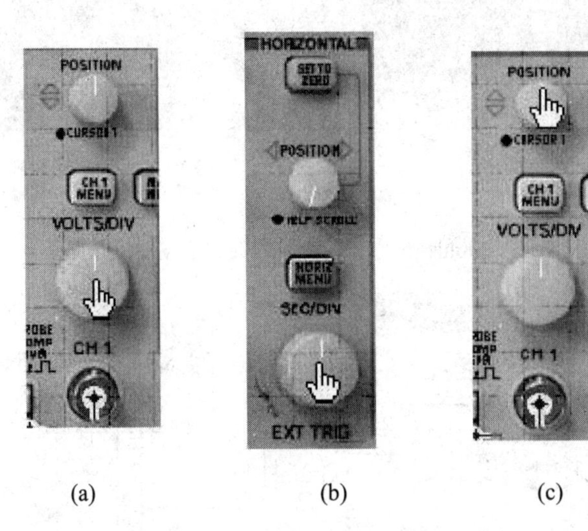

(a)　　(b)　　(c)

图 4-29　调整波形的大小、疏密和位置

4) 仿真作业提交

(1) 新建以学号和姓名命名的文件夹。

(2) 新建 Multisim 仿真电路，仿真电路名为“虚拟泰克示波器显示电路”。

(3) 将电路仿真结果截图保存，保存为 Word 文档至文件夹中。

技能驿站

1. 目的

(1) 掌握 Multisim 仿真环境下示波器的使用方法。

(2) 熟悉单相半控桥式整流电路的检测方法。

(3) 熟悉十进制加法计数器逻辑功能的分析方法。

2. 设备与器件

装有 Multisim 仿真软件的计算机一台。

3．内容与步骤

1) 单相半控桥式整流电路的检测

如图 4-30 所示为一单相半控桥式整流电路。其中 V1 为 220V 交流电源。可控硅驱动电路仍采用信号发生器 XFG1 代替。D1、D2 为可控硅，栅极均受信号发生器控制。D5 为续流二极管，R1、L1 为负载。

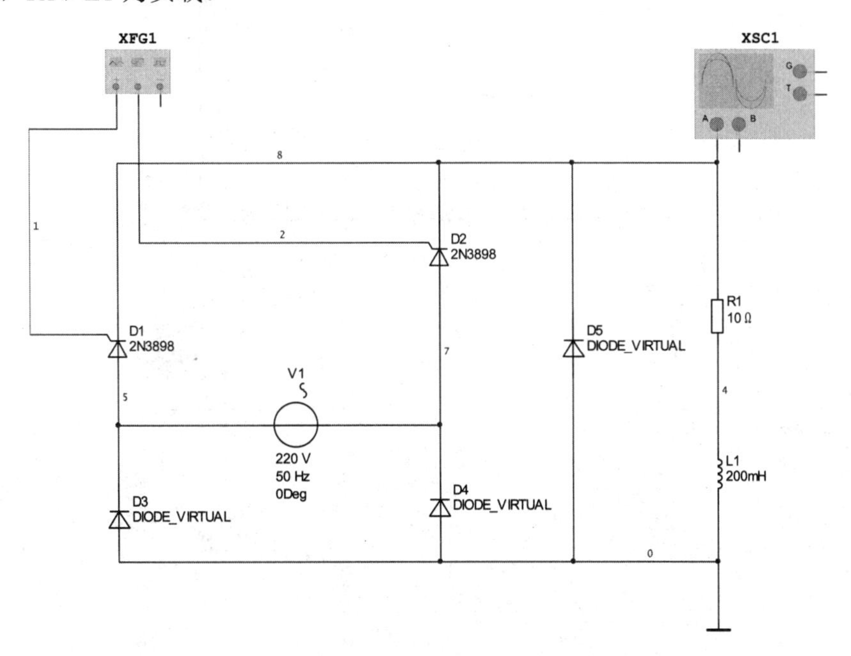

图 4-30　单相半控桥式整流电路的原理图

双击 XFG1 可打开信号发生器的操作界面，对其参数进行设置。如图 4-31 所示。

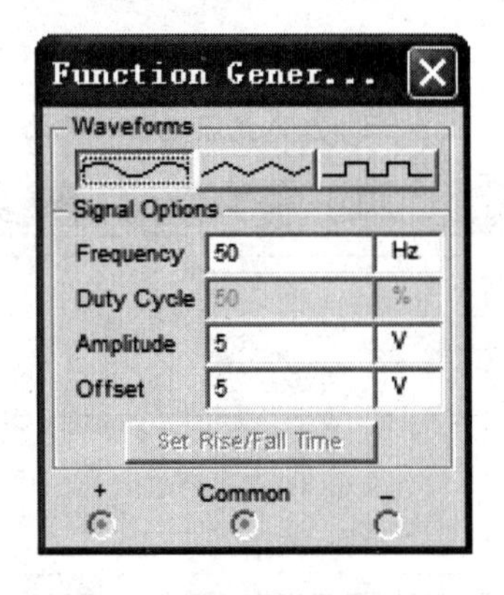

图 4-31　信号发生器的操作界面

按下仿真开关，将会看到示波器上显示的单向可控硅的输出信号的电压波形。如图 4-32 所示，为半波导通。

此时，我们在电路中加入滤波电容 C1=22000μF。如图 4-33 所示。

再次进行仿真，可以看到示波器上显示的输出信号的波形被滤波了，如图 4-34 所示。

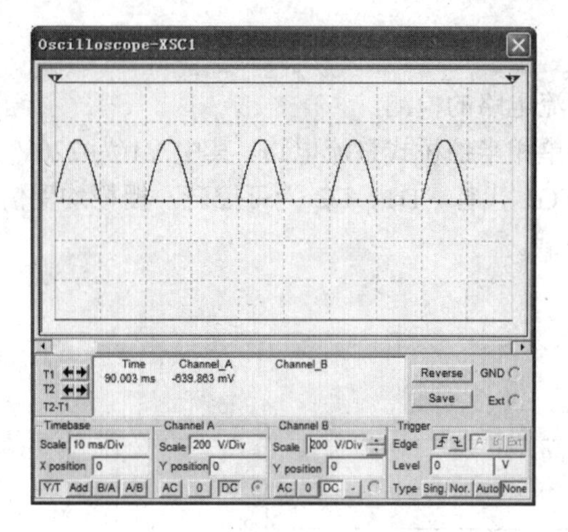

图 4-32　示波器上的波形

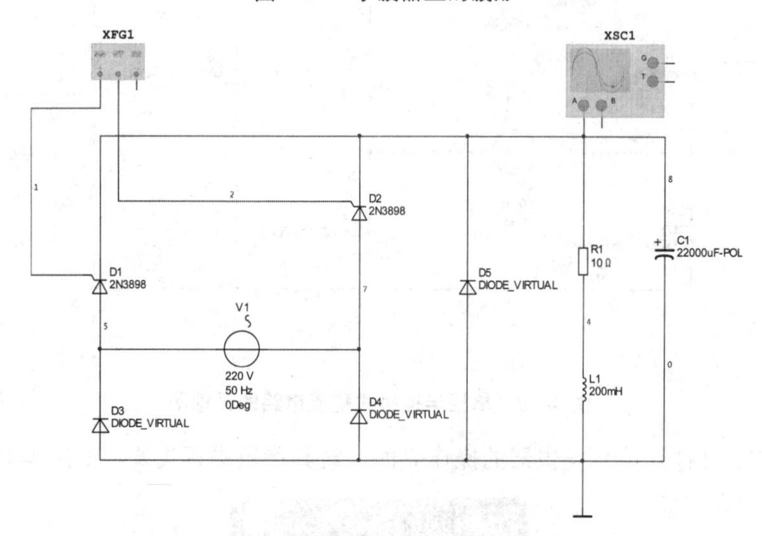

图 4-33　加入滤波电容的电路

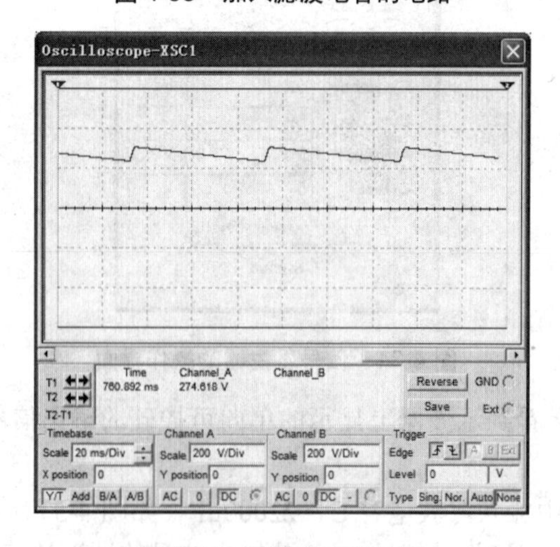

图 4-34　示波器中的波形

2) 用安捷伦仿真示波器逻辑分析功能

创建如图 4-35 所示的用 74LS160D 构成的仿真十进制计数器电路，用信号发生器提供计数器的输入信号，设置幅值为 10V、频率为 100Hz、占空比为 50%的矩形波信号。打开仿真按钮和示波器开关，合理设置示波器的参数，得到如图 4-36 所示的仿真结果。

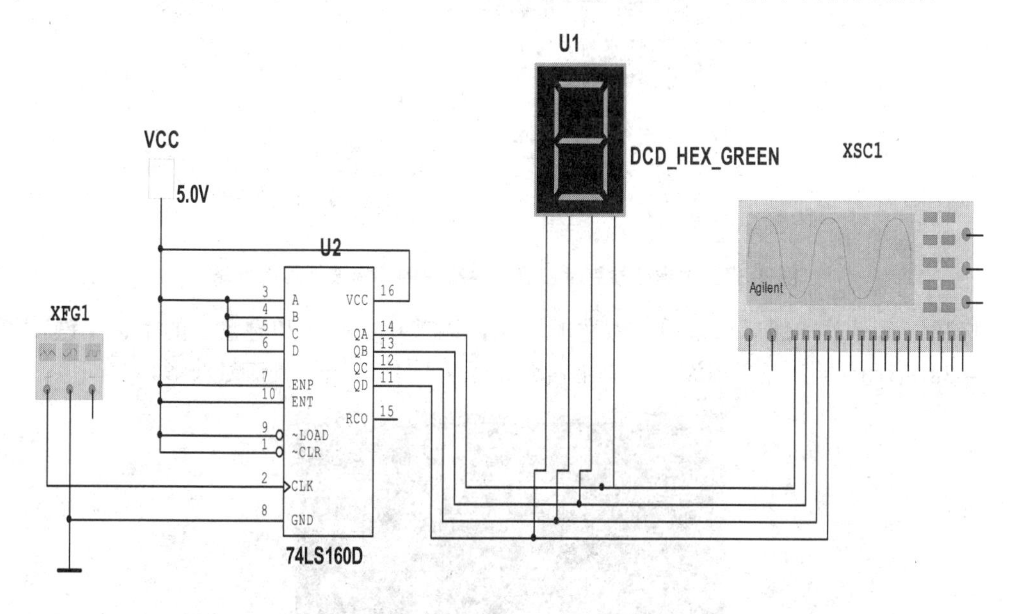

图 4-35　仿真十进制计数器电路

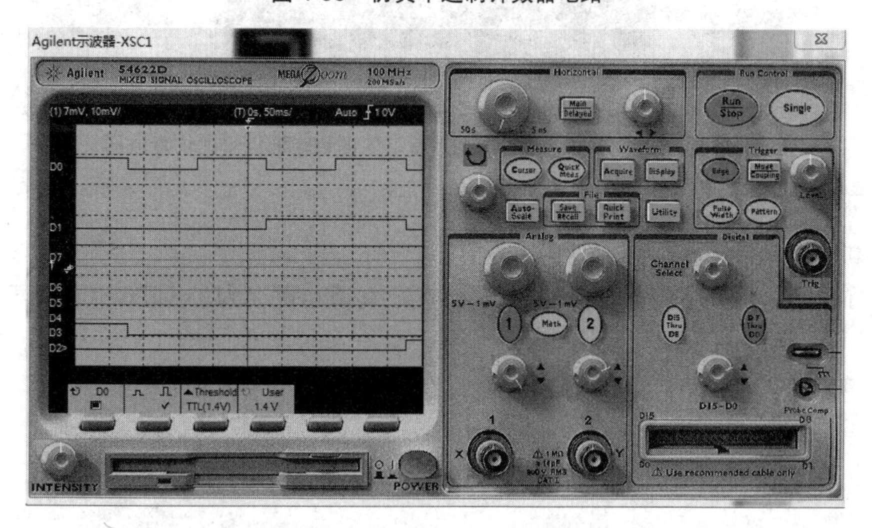

图 4-36　仿真十进制计数器电路显示的波形

从图 4-36 中可以看到，74LS160D 输出的信号在示波器中显示的波形是按十进制递增的加法计数器的波形。

3) 用泰克示波器观察产生的调幅波信号

绘制如图 4-37 所示的仿真电路。

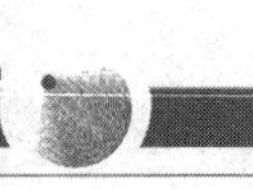

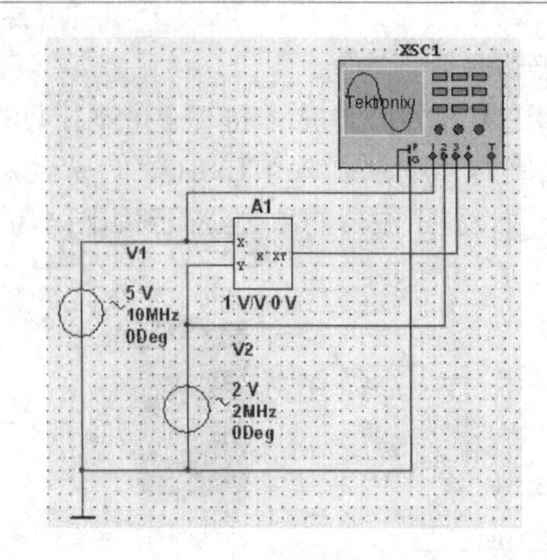

图 4-37　用虚拟泰克示波器观察产生的调幅波信号的电路

打开仿真开关，然后通过前面叙述的方法，调节相关旋钮和键盘上的↑、↓键，可以从图 4-38 所示的泰克虚拟示波器屏幕上看到最下方紫色的调幅波信号波形。

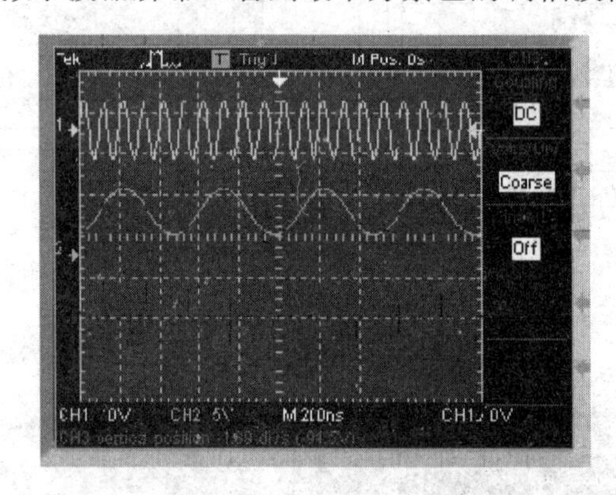

图 4-38　在虚拟泰克示波器上查看产生的调幅波信号的仿真波形

4．总结

(1) 新建以学号和姓名命名的文件夹。

(2) 在以上文件夹中新建 Multisim 仿真电路，仿真电路名为“虚拟泰克示波器查看调幅波信号的电路”。

(3) 将电路仿真结果截图保存，保存为 Word 文档至文件夹中。

项 目 小 结

本项目讨论了示波器分类、性能参数以及基本电量的测量方法，介绍了虚拟环境下示波器的使用方法。

(1) 示波器是一种图形显示设备，它能够将人眼看不到的电信号描绘成可见的图形曲线。按照对信号处理方式的不同，可将示波器分为模拟式和数字式两种。模拟示波器又可以分为通用示波器、多束示波器、采样示波器、记忆示波器和专用示波器等类型。数字示波器又可以分为数字存储示波器、数字荧光示波器和数字采样示波器三种类型。

(2) 示波器的主要性能参数有带宽、采样率、信息数量和内存深度等，这些也是决定各种不同型号的示波器价格的主要因素。数字示波器的性能指标主要包括频带宽度、最高采样速率、存储带宽、波形刷新率以及读出速度等几个方面。

(3) 利用示波器可以测量直流电压，也可以测量交流电压；可以测量各种波形电压的瞬时值；利用示波器还可以测量周期/频率、相位差等参量。

(4) Multisim 仿真环境有双通道示波器、四踪示波器、安捷伦示波器、泰克示波器四种示波器，可以通过这些示波器观察仿真波形。

思考与习题

1. 填空题

(1) 按照对信号处理方式的不同，示波器可以分为________和________。

(2) 数字示波器的主要性能指标包括________、________、________、________等。

2. 简答题

(1) 简述示波器的作用。

(2) 简述示波管的结构组成及各部分的作用。

(3) 示波器波形显示原理。

(4) 在使用双踪显示方式时，交替显示和断续显示各有什么特点？

(5) 模拟示波器在使用前，应该如何进行自我校准？

(6) 简述数字存储示波器的工作原理，其波形显示方式有哪些？

3. 计算题

(1) 当示波器的扫描速度为 20s/cm 时，荧光屏上正好完整显示一个的正弦信号，如果要显示信号的 4 个完整周期，则扫描速度应该为多少？

(2) 试绘制峰峰值为 4V，频率为 2kHz 的方波信号在示波器上观测到的波形，已知示波器扫描时间因数为 200μs/div，垂直偏转因数为 1V/div，探头无衰减。

(3) 用示波器观测某一正弦波信号的频率，测量时示波器扫描扩展 10 倍，将扫描时间因数置于 10ms/div 时，屏幕上刚好显示两个周期的波形，已知波形水平方向占 8 格，问该正弦波信号的频率是多少？

(4) 用双踪示波器观测两个同频率正弦波 a、b，若扫描速度为 20μs/cm，而荧光屏显示两个周期的水平距离是 8cm，则两个正弦波的频率是多少？如果正弦波 a 比 b 相位超前 1.5cm，那么两个正弦波相差为多少？

项目 5

扫频仪和频谱分析仪的原理与使用

知识目标

- 熟悉扫频仪和频谱分析仪的面板布置。
- 掌握扫频仪和频谱分析仪的操作规范。
- 掌握频率特性测量和频谱分析的方法。

能力目标

- 能够正确使用扫频仪和频谱分析仪。
- 能够进行频率特性测量和频谱分析。
- 能够正确记录与分析测量结果。
- 能够撰写操作报告。

任务 5.1　扫频仪的使用

任务描述

高频小信号谐振放大器是无线电接收电路的重要组成部分，由于其谐振负载的选频特性，使其具有能够从众多信号中选出所需信号并放大的作用，对于高频小信号谐振放大器的幅频特性进行分析具有重要意义。实际应用中，通常选用扫频仪对相关电路的幅频特性进行分析，在仿真电路中，通常又选用波特图示仪对电路的幅频、相频特性进行分析。

任务要求

设计一个单调谐小信号放大器，用波特图示仪分析其幅频、相频特性。

任务分析

频域测量是以获取被测信号和被测系统在频率领域的特性为目的，采用测量被测对象的复合频率特性(包括幅频特性和相频特性)的方法，以得到信号的频谱和系统的传递函数。根据实际应用的需求，频域测量与分析的对象和目的各不相同。其中，频率特性测量主要是对网络的频率特性进行测量，包括幅频特性、相频特性、带宽以及回路 Q 值等。其中又以幅频特性的测量为主。

频率特性测试仪，简称扫频仪，是一种能在示波管荧光屏上直接观测到各种电路频率特性曲线的频域测量仪器。在 Multisim 仿真环境下，扫频仪又称为“波特图示仪”。

知识储备

常用的示波器是以时间 t 为横轴来观察和测量被测信号波形的，这种在时间域内观察和分析信号的分析方法称为信号的时域测量和分析。

对于一个过程或信号，通常具有“时间—频率—幅度”的三维特性，如图 5-1 所示。因此，人们也可以以电信号的频率 f 作为横轴来测量分析信号的变化，即在频域内对信号进行观察和测量，简称为信号的频域测量和频谱分析。

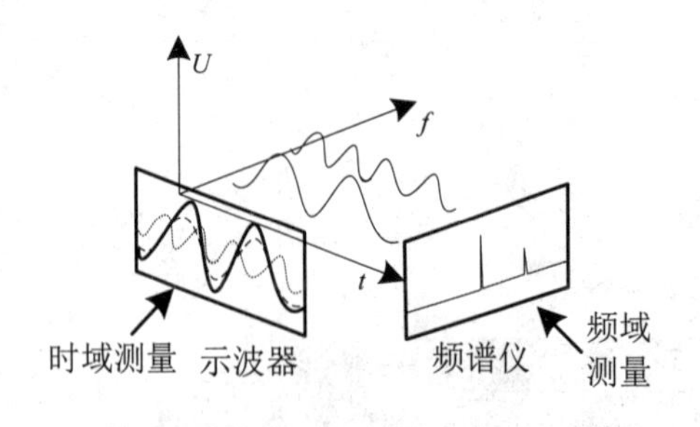

图 5-1　信号的三维特性

5.1.1　频域测量的特点

1. 信号的频域测量与频谱分析具有广义和狭义双重含义

信号的频域测量与频谱分析具有广义和狭义双重含义。广义上讲，信号频谱是指组成信号的全部频率分量的总集；狭义上讲，一般的频谱测量中，常将随频率变化的幅度谱称为频谱。频谱测量是指在频域内测量信号的各频率分量，以获得信号的多种参数。频谱测量的基础是傅里叶变换。频谱有两种基本类型：一是离散频谱(线状谱)，各条谱线分别代表某个频率分量的幅度，每两条谱线之间的间隔相等；二是连续频谱，可视为谱线间隔无穷小，如非周期信号和各种随机噪声的频谱等。

信号的频域测量和频谱分析是很有用的，它往往能提供在时域观测中所不能得到的独特信息。

2. 时域测量和频域测量具有一定的相关性

时域测量和频域测量的比较可用图 5-1 来说明，对于信号 $U(t, f)$在“时间—频率—幅度”三坐标中的图像来说，$U(t)$是一个电信号随时间变化的波形图，显示这个波形并求其有关参考量是时域分析的任务；$U(f)$是同一个电信号随频率变化的线状频谱图，分析信号的频谱即求其各频率分量的大小，是频域分析的任务。

通过观察图 5-1 可以发现，时域分析和频域分析可用来观察同一个电信号，两者的图形却是不一样的，但两者所得到的结果是可以互译的，即时域分析与频域分析之间有一定的对应关系，从数学上说，就是一对傅里叶变换的关系。但是两者又是从时间和频率两个不同的角度去观察同一事物，故各自得到的结果都只能反映事物的某个侧面。因此从实际测量的观点来看，时域分析和频域分析各有用武之地。

当需要研究波形严重失真的原因时，时域测量有明显的优点。如在频谱分析仪观察到两个信号频谱图相同，但由于两个信号的基波、谐波之间的相位不同，在示波器上观察这两个信号的波形可能就不大一样，这时，用时域测量方法就比较科学一点。对于失真很小的波形，利用示波器观测就很难看出来，但频谱分析仪能测出很小的谐波分量，此时，频域测量就显示出它的优势。

示波器是进行时域测量的常用仪器设备，频率特性测试仪和频谱分析仪是进行频域测量和频谱分析的常用仪器。频率特性测试仪在频域内对元件、电路或系统的特性进行动态测量，显示频率特性曲线；频谱分析仪可对信号的频谱进行分析，显示信号的频谱分布图。

你知道吗

示波器和频谱仪从不同角度观测同一个电信号，各有不同的特点。示波器从时域上容易区分电信号的相位关系，可以很明确地看出基波与某次谐波合成时因叠加位置不同而具有较大差异的波形，而在频谱仪上仍是两个频率分量，看不出差异。但是，如果波形合成电路中存在非线性失真，即基波和谐波分量有交互作用时，这时会产生新的频率分量，这在示波器上是难以观察到的，而在频谱仪上会明显看到非线性失真带来的频谱分量。

5.1.2 频域测量的分类

频域测量通常有以下几种类型。

1. 频率特性测量

频率特性测量主要是对网络的频率特性进行测量，包括幅频特性、相频特性、带宽以及回路 Q 值等，其中又以幅频特性的测量为主。

2. 选频测量

选频测量是利用选频电压表，通过调谐滤波的方法，选出并测量信号中某些频率分量的大小。

3. 频谱分析

频谱分析借助频谱分析仪分析信号中所含各个频率分量的幅值、功率、能量和相位关系，以及振荡信号源的相位噪声特性、空间电磁干扰等。

4. 调制度分析

调制度分析是对各种频带的射频信号进行解调，恢复调制信号，测量其调制度，涉及调幅波的调幅系数、调频波的频偏、调频指数以及它们的寄生调制参量等。

5. 谐波失真度测量

信号通过非线性器件都会产生新的频率分量，俗称非线性失真。这些新的频率分量包括谐波和互调。

5.1.3 频率特性的测量方法

频率特性是控制系统在频域中的一种数学模型，它描述了控制系统或电路网络的内在特性，与外界因素无关。当系统或电路网络的结构参数给定时，该系统或电路网络的频率特性也就完全确定了。通常，在不知道系统或电路网络的频谱特性时，可以将该系统或电路网络看作是一个“黑箱子”，可以通过输入、输出的函数关系来描述其内在特性。频率特性测试仪就是将“黑箱子”的频率特性曲线直观地反映出来的一种网络分析仪器。

测量网络的频率特性有两种基本的方法，即静态测量法和动态测量法。静态测量法的被测系统为线性非时变网络，点频测量法就是一种静态测量法。动态测量法主要是指冲激响应测量法，利用被测网络的冲激响应来推算该网络的频率特性，这种方法主要有扫频测量法。

1. 点频测量法

点频测量法采用频率逐点步进或频率连续变化的方法，完成整个频率特性的测量，其原理框图如图 5-2 所示。信号发生器作为被测电路网络的输入信号源，提供频率和电压幅度均可调节的正弦波输入信号。电子电压表作为网络输出端的电压幅度指示器。示波器主要用来监测输入和输出的波形。

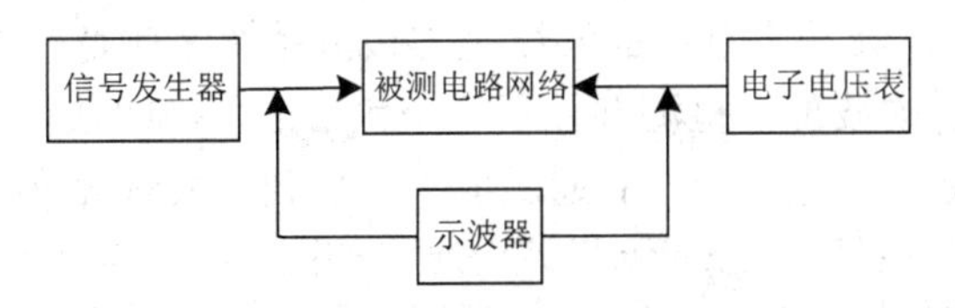

图 5-2　点频法测量幅频特性的原理框图

图 5-2 所示电路点频测量的具体测量方法是在被测电路网络整个工作频段内，按照预定的频率间隔逐点地改变信号发生器输入信号频率，注意此时输入信号的电压幅度保持不变，在被测网络输出端用电压表测出各频率点相应的输出电压，并做好测量数据的记录。然后在直角坐标系中，以横轴表示频率，以纵轴表示输出电压幅度，将每个频率点及其对应的输出电压锚点，连成的光滑曲线，即为被测电路网络的幅频特性曲线，如图 5-3 所示。

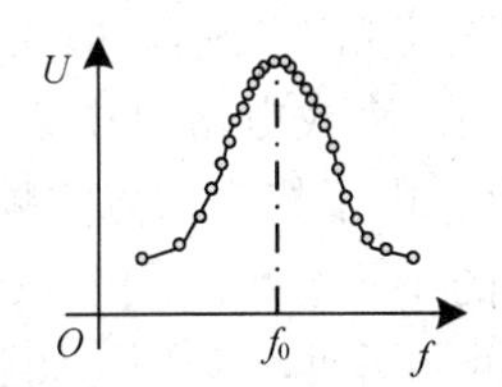

图 5-3　点频测量法描绘的电路网络幅频特性曲线

点频测量法是一种经典、手动式的测量方法。其优点是测量时不需要特殊仪器，测量准确度相对比较高，并且能够反映出被测电路网络的静态特性，是工程技术人员在没有频率特性测试仪的条件下，进行现场测量研究和分析的基本方法之一。这种方法的缺点是操作繁琐费时、工作量大，并且由于频率离散，容易遗漏掉某些特性突变点，即不能反映出被测网络的动态特性。

2．扫频测量法

扫频测量法是在点频测量法的基础上发展起来的，其原理框图如图 5-4 所示。

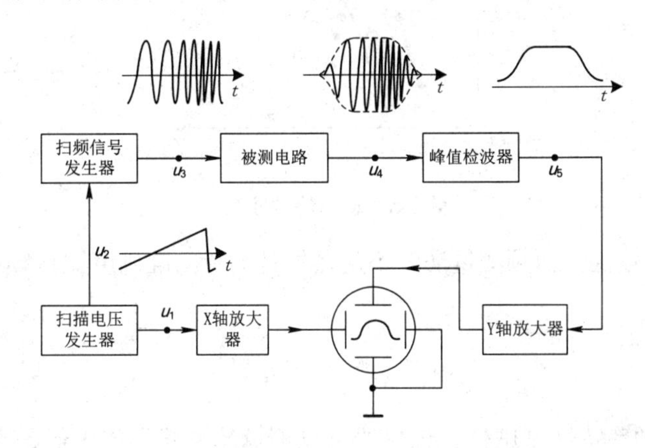

图 5-4　扫频法测量幅频特性的原理框图

扫频测量法利用扫频信号发生器产生一个幅度恒定且频率随时间线性连续变化的电压信号，通常称为扫频信号，如图 5-4 中电压 u_3 的波形。这个扫频信号作为被测网络的输入信号，经过被测电路后，其输出响应的幅度是与被测系统幅频特性对应变化的包络信号，如图 5-4 中波形电压 u_4 的波形。检测并显示这个包络信号，即获得被测系统的幅频特性，如图 5-4 中电压 u_5 的波形。最后经过 Y 通道放大，加到示波管 Y 偏转系统。

扫描电压发生器产生线性良好的锯齿波电压，如图 5-4 中电压 u_1 和 u_2 的波形。该锯齿波电压具有两个方面的作用。其一，加到扫频振荡器中，对其振荡频率进行调制，使其输出信号的瞬时频率在一定的频率范围内由低到高做线性变化，但其幅度不变，这就是前述的扫频信号。其二，通过放大，加到示波管 X 偏转系统，配合 Y 偏转信号来显示图形。因此，示波管荧光屏光点的水平移动，与扫频信号频率随时间的变化规律完全一致，也就是说，水平轴就是频率轴，在荧光屏上显示的波形就是被测网络的幅频特性曲线。

扫频测量法具有以下几方面的特点。

(1) 可实现网络频率特性的自动或半自动测量。特别是在进行电路测试时，人们可以一面调节电路中的有关元件，一面观察荧光屏上频率特性曲线的变化，随时判明元件变化对幅频特性曲线产生的影响，迅速调整，查找电路的故障。

(2) 更符合被测电路的应用实际。由于扫频信号的频率是连续变化的，因此，所得到的被测网络的频率特性曲线也是连续的，不会出现由于点频测量法中频率点离散而遗漏细节的问题，而且能够观察到电路存在的各种冲激变化，如脉冲干扰等。

(3) 扫频测量法简捷、直观、快速，可实现频率特性测量的自动化。

(4) 被测信号易出现钝化。由于与频率特性有关的电路实际上是由 L、C 等动态元件组成的，信号在这些元件组成的电路上建立或消失都需要一定的时间，扫频速度太快时，信号在其上来不及建立或消失，故谐振曲线出现滞后或展宽，即出现“钝化”或“失敏”现象。如图 5-5 所示，曲线 1 为静态特性曲线，曲线 2 为提高扫频速度时的动态特性曲线。可以看出动态特性曲线具有顶部最大值下降、特性曲线被展宽以及扫速越高偏移越严重等特点。

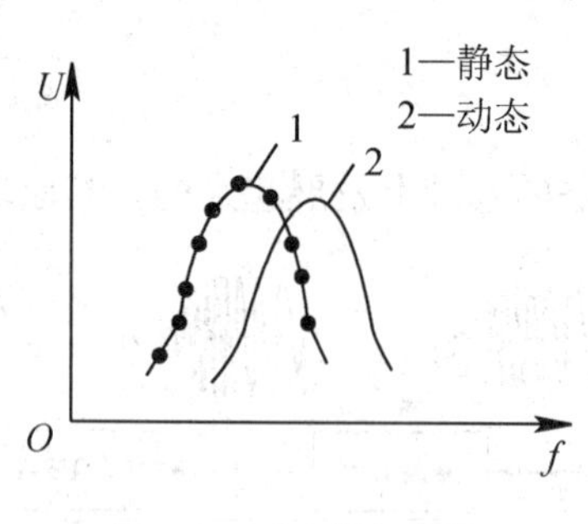

图 5-5　动态特性曲线

(5) 测量准确度较低。扫频测量法的不足之处是测量的准确度比点频测量法低。

5.1.4　扫频仪

扫频仪全称为频率特性测试仪，该仪器可以测量滤波器、放大器、高频调谐器、双工器、天线等的频率特性，同时，往往还用于上述电子设备或网络的调试。扫频仪与示波器的区别在于前者能够自身提供测试时所需要的信号源，并将测试结果以曲线形式显示在荧光屏上。

扫频仪是根据扫频测量法的测量原理设计而成的，它将扫频信号源和示波器的 X-Y 显示功能结合在一起，用示波管直接显示被测电路网络的频率特性曲线。简单地说，扫频仪=扫频源+示波器。

1. 工作原理

传统的扫频仪大多以模拟式为主，其显示屏的横轴代表频率，纵轴代表相对幅度。相对于传统的模拟式扫频仪来说，数字式扫频仪显示屏的横轴代表频率并可以精确读取频率值，纵轴代表相对幅度，也可以准确读取幅度值，即数字式扫频仪能够精确测量幅频特性关系曲线。

扫频仪电路的工作原理框图如图 5-6 所示。

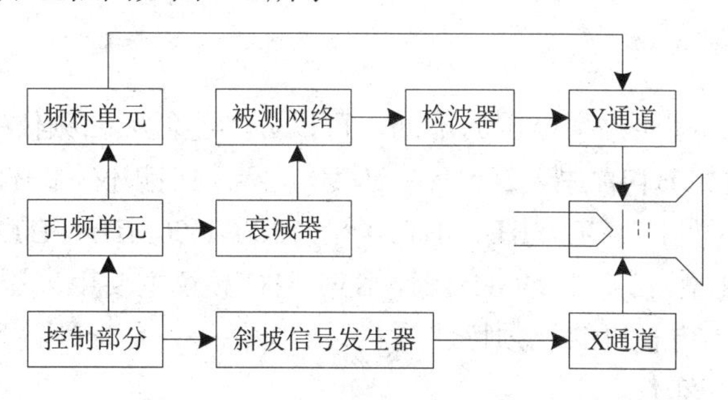

图 5-6　扫频仪的工作原理框图

扫频仪的基本工作过程是首先通过电源变压器将 50Hz 市电电压降压后送入扫描锯齿波发生器，形成锯齿波，该锯齿波一方面用来控制扫频信号发生器，实现对扫频信号的调频；另一方面被送到 X 轴偏转放大器，经放大后控制 X 轴偏转板，使电子束产生水平扫描。由于该锯齿波同时控制着电子束水平扫描和扫频振荡器，因此电子束在示波管荧光屏上的每一个水平位置对应于某一瞬时频率。从左往右频率逐渐增高，并且呈线性变化。

扫频信号发生器产生的扫频信号送到宽带放大器放大后再送入衰减器，然后输出扫频信号到被测电路。

为了消除扫频信号的寄生调幅，宽带放大器增设了自动增益控制器(AGC)。

宽带放大器输出的扫频信号送到频标混频器，在频标混频器中与 1MHz 和 10MHz 或 50MHz 晶振信号或外频标信号进行混频。产生的频标信号送入 Y 轴偏转放大器，经放大后输出给示波管的 Y 轴偏转板。

扫频信号通过被测电路后，经过 Y 轴电位器、衰减器、放大器放大后送到示波管的 Y 轴偏转板，从而得到被测电路的幅频特性曲线。

为保证扫频仪有很宽的工作频率范围，往往将整个工作频段划分成几个分波段，还可以通过混频方法获得更高的工作频率，如图 5-7 所示。

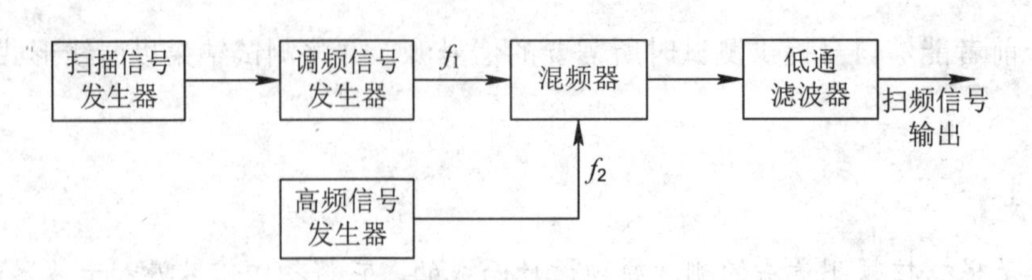

图 5-7　混频法拓展扫频仪频率的原理

典型滤波器的频率特性曲线如图 5-8 所示。

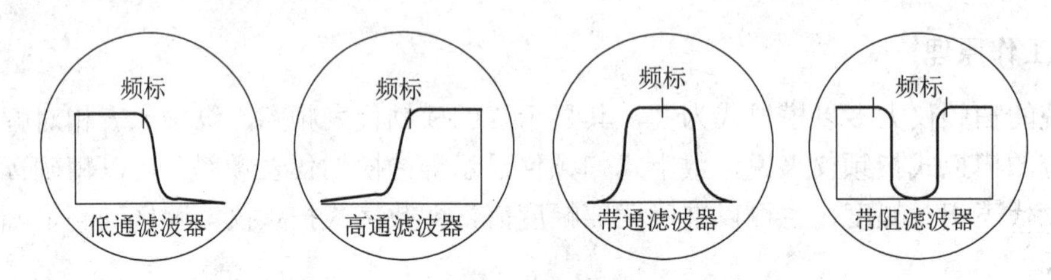

图 5-8　典型滤波器的频率特性曲线

2．扫频仪示例

国产的扫频仪，按照频率范围的不同，可以分为超低频扫频仪(如 BT6A 型，10~479.7 μHz)、低频扫频仪(如 BT4A 型，20nHz ~ 2MHz)、高频扫频仪(如 BT5 型，0.2~30MHz)、超高频扫频仪(如 BT3 型，1~300MHz；BT20 型，300~l000MHz；BT32 型，450~910MHz)和微波扫频仪(如 XS2 型，3.7~11.4GHz)等。BT3 型扫频仪主要用来测试宽带放大器、雷达接收机的中频放大器、电视机的视频特性及鉴频器特性等，是一种较为典型的扫频仪。图 5-9 所示为 BT3C-A 型扫频仪。

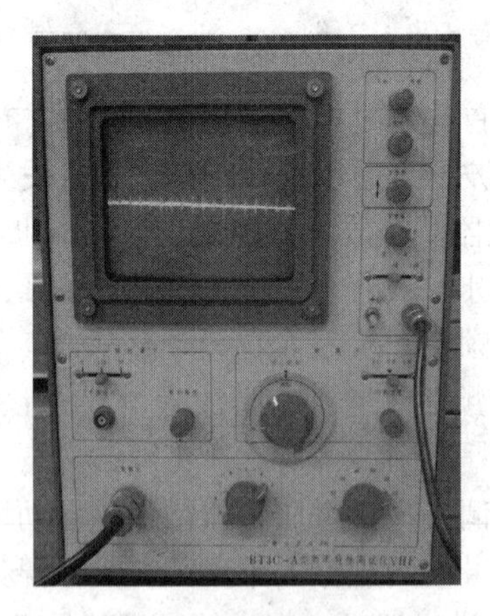

图 5-9　BT3C-A 型扫频仪前面板

3．波特图示仪

波特图示仪(Bode Plotter)，简称波特图仪，是 Multisim 仿真软件中用于测量和显示电路或系统的幅频特性与相频特性的仪器，其作用相当于的扫频仪。波特图示仪在 Multisim 仿真环境下的图标如图 5-10 所示。

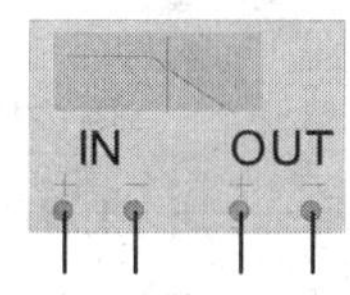

图 5-10　Multisim 仿真环境下波特图示仪的图标

由图 5-10 可知，该仪器共有四个端子，其中有两个输入端子(In)、两个输出端子(Out)。V_{in+}、V_{in-}分别与电路的输入端的正负端子相连接；V_{out+}、V_{out-}分别与电路的输出端的正负端子相连接。波特图示仪的操作界面如图 5-11 所示。

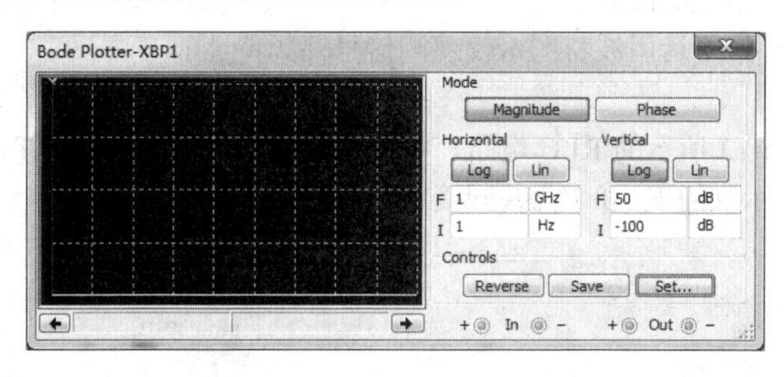

图 5-11　波特图示仪的操作界面

1) Mode 区

Mode 区用于设置显示屏幕中的显示内容的类型。

(1) Magnitude：设置选择显示幅频特性曲线。

(2) Phase：设置选择显示相频特性曲线。

2) Horizontal 区

Horizontal 区用于设置波特图示仪的 X 轴显示类型和频率范围。

(1) Log：表示坐标标尺是对数的。

(2) Lin：表示坐标标尺是线性的。当测量信号的频率范围较宽时，用 Log(对数)标尺比较好，I 和 F 分别为 Initial(初始值)和 Final(最终值)的首字母。若想更清楚地观测某一频率范围内的频率特性，可将 X 轴频率范围设定得小一些。

3) Vertical 区

Vertical 区用于设置 Y 轴的标尺刻度类型，通常都是采用线性刻度。

(1) Log：测量幅频特性时，单击 Log 按钮后，Y 轴单位为 dB(分贝)，标尺刻度为 20LogA(f) dB，A(f)=V_{out}/V_{in}。

(2) Lin：单击 Lin 按钮后，Y 轴刻度为线性刻度。在测量相频特性时，Y 轴坐标代表相位，单位为度，刻度是线性的。

4) Control 区

(1) Reverse 按钮：用于设置背景颜色，在黑色或白色之间切换。

(2) Save 按钮：用于将测量结果以 BOD 格式存储。

(3) Set 按钮：用于设置扫描的分辨率，单击该按钮，出现如图 5-12 所示的对话框。

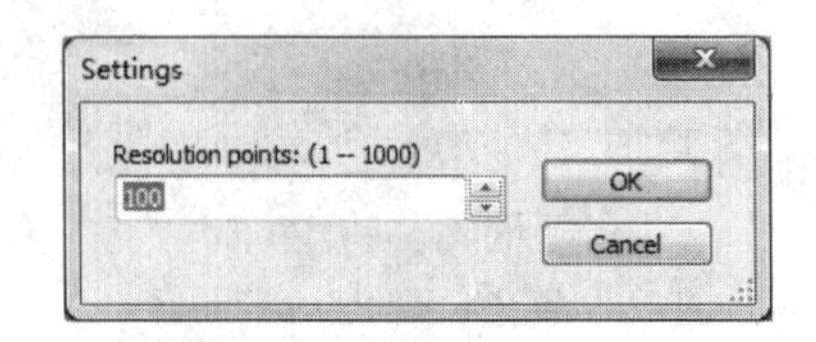

图 5-12　设置扫描分辨率

共同练：Multisim 仿真环境波特图示仪幅频特性测试的实际操作

1) 操作目的

(1) 熟悉波特图示仪的面板。

(2) 掌握仿真环境下运用波特图示仪观测信号幅频特性的方法。

2) 操作步骤

(1) 绘制如图 5-13 所示的 RLC 电路，将电路的输入、输出端分别接波特图示仪的 V_{in+} 和 V_{out+}，将波特图示仪的 V_{in-}和 V_{out-}共同接地。

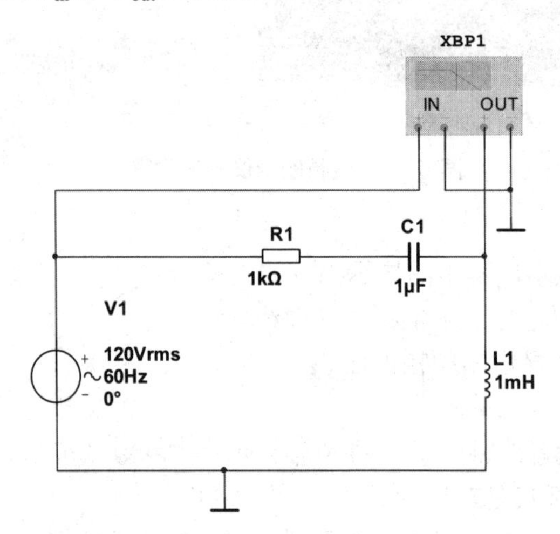

图 5-13　波特图示仪幅频特性电路图

(2) 设置波特图示仪控制面板，打开波特图示仪操作界面，设置显示屏幕中显示内容类型为 Magnitude，以便于观测电路的幅频特性。设置 X 轴的显示类型为 Log，频率范围为 1Hz~1GHz；设置波特图示仪 Y 轴标尺刻度为 Log，范围为-100~50dB。

(3) 运行仿真，观测仿真结果，分析电路的幅频特性，仿真结果如图 5-14 所示。

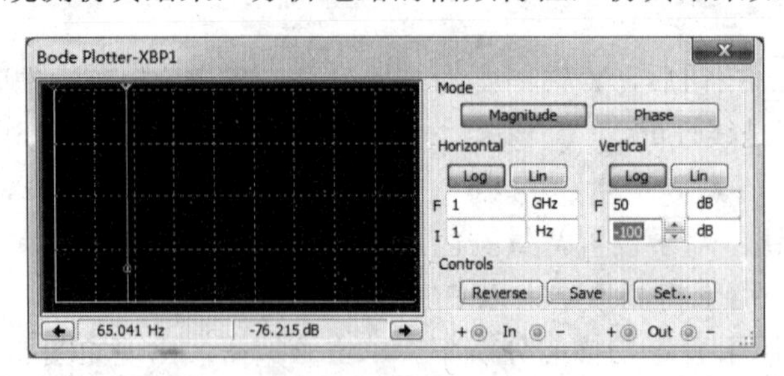

图 5-14　RLC 电路的幅频特性曲线

3) 操作总结

(1) 整理仿真数据，将仿真结果截图保存，完成相应的仿真记录。

(2) 思考并回答：Multisim 下的波特图示仪可以测量电路的哪些特性？

(3) 撰写操作报告。

通过小小的练习，可以发现，波特图示仪本身是没有信号源的，所以在使用波特图示仪的时候，应该在电路的输入端口接入一个交流信号源或函数信号发生器，且不必对其参数进行设置。

延伸练：Multisim 仿真环境波特图示仪相频特性测试的实际操作

1) 操作目的

(1) 熟悉波特图示仪的面板。

(2) 掌握仿真环境下运用波特图示仪观测信号相频特性的方法。

2) 操作步骤

(1) 绘制如图 5-15 所示的 LC 并联谐振电路。

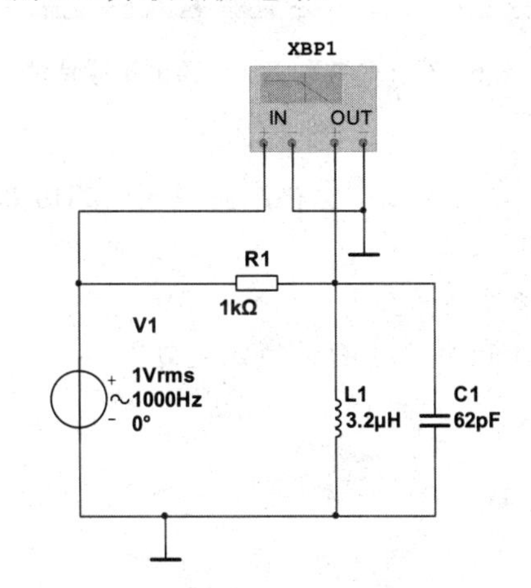

图 5-15　波特图示仪幅频/相频特性电路图

(2) 观测幅频特性。打开波特图示仪操作界面，设置显示内容类型为 Magnitude，以便于观测电路的幅频特性。设置 X 轴的显示类型为 Log，频率范围为 100kHz ~ 1GHz；设置波特图示仪 Y 轴标尺刻度为 Log，范围为−50~5dB。

(3) 运行仿真。得到并联谐振电路的幅频特性曲线，并通过移动显示屏上的光标找到该电路的谐振频率点，仿真参考结果如图 5-16 所示。

(4) 观测相频特性。设置波特图示仪操作面板，设置显示内容类型为 Phase，用以观测电路的相频特性。设置 X 轴的显示类型为 Log，频率范围为 100kHz ~ 1GHz；设置波特图示仪 Y 轴标尺刻度为 Lin，范围为−100~100dB。

(5) 运行仿真。得到并联谐振电路的相频特性曲线，通过移动显示屏上的光标找到该电路的相位突变点，仿真参考结果如图 5-17 所示。

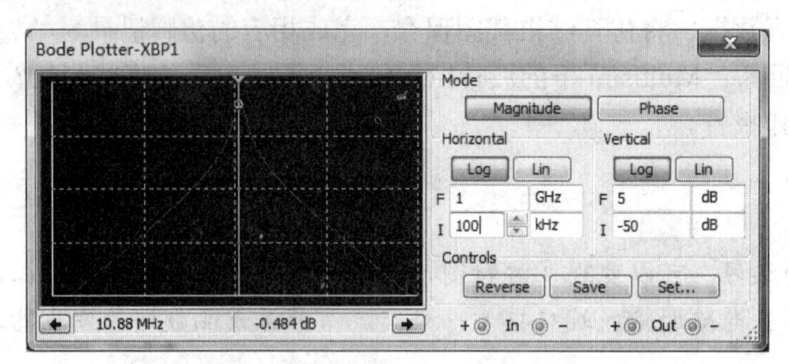

图 5-16　LC 并联谐振电路的幅频特性

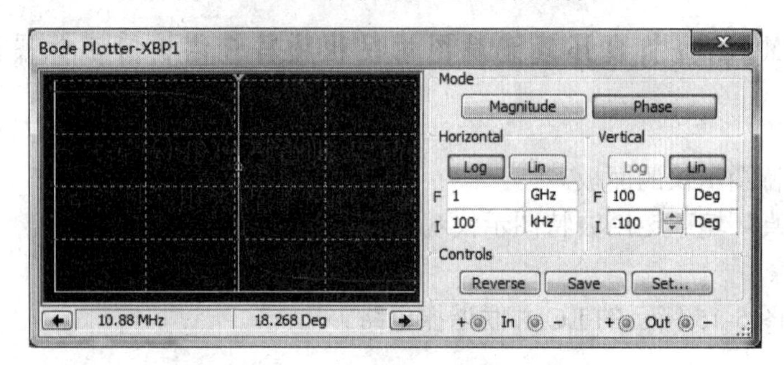

图 5-17　LC 并联谐振电路的相频特性

3) 操作总结

(1) 整理仿真数据，将仿真结果截图保存，完成相应的仿真记录。

(2) 思考并回答如下问题。

① LC 谐振回路的谐振频率为多少？

② 仿真结果中的 10.88MHz 频率点有何特殊之处？

(3) 撰写操作报告。

技能驿站

1. 目的

1) 熟练运用 Multisim 仿真环境下的虚拟仪器。

2) 掌握波特图示仪的操作设置。

3) 掌握单调谐高频小信号放大电路的设计与测试方法。

2. 设备与仪器

装有 Multisim 仿真软件的计算机一台。

3. 内容及步骤

单调谐放大器是有单调谐回路交流负载的放大器。它是无线电通信接收机中的一种典型的高频小信号谐振放大器电路，对于接收到的无线电信号具有选频滤波的作用。

在 Multisim 仿真环境下设计一个单调谐高频小信号放大电路，使得接收机能够对 10.8MHz 的高频信号进行选频放大。运用波特图示仪分析该电路的幅频特性和相频特性。

1) 绘制仿真电路

绘制如图 5-18 所示仿真电路，将波特图示仪的输入端 V_{in+}与输出端 V_{out+}分别接于电路的输入与输出端。

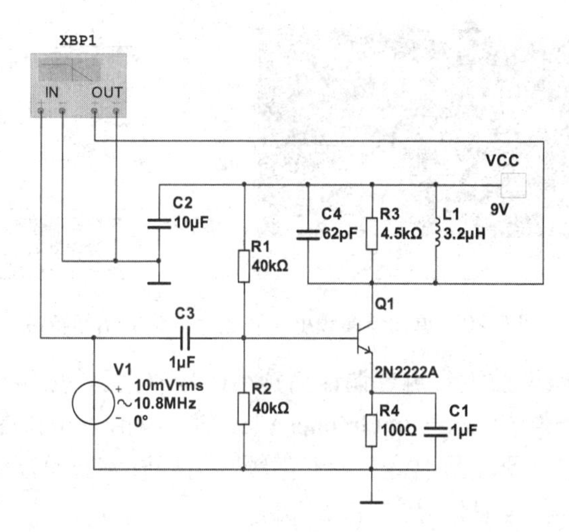

图 5-18　单调谐高频小信号放大电路的原理图

2) 观测幅频特性

(1) 设置波特图示仪操作面板。双击波特图示仪图标，打开波特图示仪操作界面，设置显示内容类型为 Magnitude，以观测电路的幅频特性。设置 X 轴的显示类型为 Log，频率范围为 50kHz ~ 1GHz；设置波特图示仪 Y 轴标尺刻度为 Log，范围为-50~100dB。

(2) 运行仿真，观测仿真结果，分析电路的幅频特性。可以看到，单调谐高频小信号放大电路的幅频特性曲线，通过移动显示屏上的光标找到该电路的谐振频率点，仿真参考结果如图 5-19 所示。

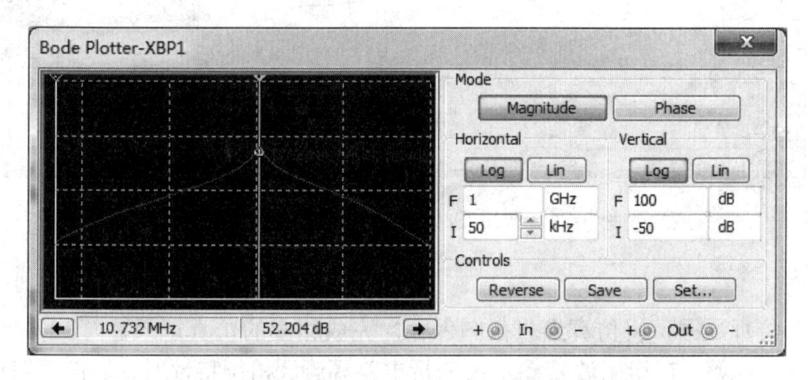

图 5-19　单调谐高频小信号放大电路的幅频特性

3) 观测相频特性

(1) 设置波特图示仪操作面板。设置波特图示仪控制面板，设置显示内容类型为 Phase，用以观测电路的相频特性。设置 X 轴的显示类型为 Log，频率范围为 20kHz ~ 10GHz；设置波特图示仪 Y 轴标尺刻度为 Lin，范围为-200~200dB。

(2) 运行仿真，观测仿真结果，分析电路的相频特性。可以看到单调谐高频小信号放大电路的相频特性曲线，通过移动显示屏上的光标找到该电路的相位突变点，仿真参考结果如图 5-20 所示。

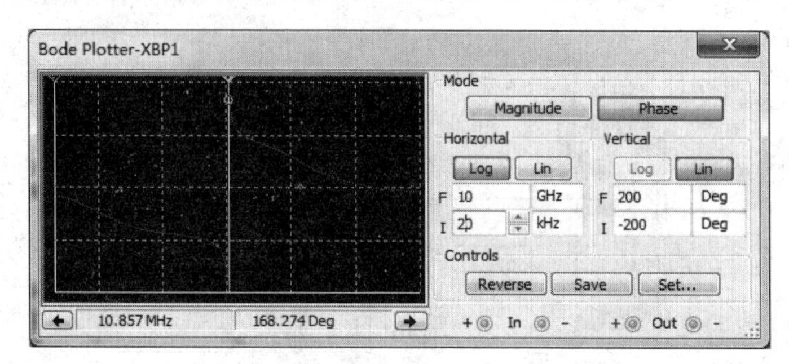

图 5-20　单调谐高频小信号放大电路的相频特性

4) 应用 Grapher View 放大观测单调谐高频小信号放大器的幅频/相频特性

在 Multisim 的快捷菜单中有一个 Grapher View 图标，点击该图标，即可打开如图 5-21 所示的被放大的仿真结果图，图中将单调谐高频小信号放大器的幅频/相频特性同时显示在界面中，便于进行比对和详细分析。

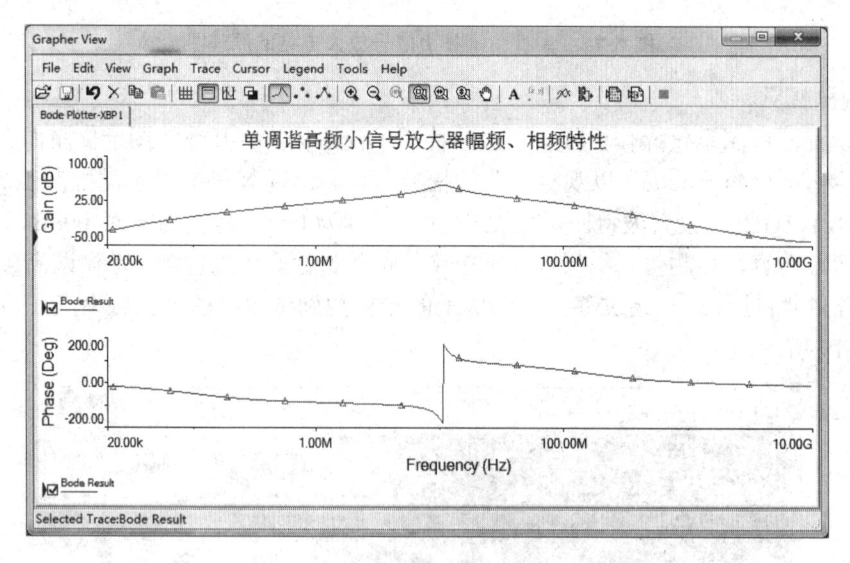

图 5-21　应用 Grapher View 分析仿真结果

4．总结

(1) 整理仿真数据，将仿真结果截图保存，完成相应的仿真记录。

(2) 思考并回答：在运用波特图示仪分析电路幅频、相频特性时，如何正确设置 X 轴与 Y 轴的参数，使得仿真结果以适当的比例显示在波特图示仪的屏幕中？

(3) 撰写任务报告。

任务 5.2　频谱分析仪的使用

任务描述

在无线电通信的发射系统中，调幅电路又称为线性频谱搬移电路，可将基带信号的频谱从低频段线性搬移到高频载波附近。实际应用中，通常采用频谱分析仪观测调制前后频谱的变化。

任务要求

设计一个双边带调幅 DSB 电路，用频谱分析仪观测调幅前后频谱的变化情况。

任务分析

科学发展到今天，人们可以用多种方法观测一个信号，通常用到的最基本测量仪器是示波器。示波器横轴表示时间，纵轴表示电压幅度，波形曲线表示的是电压幅度随时间的变化，它是时域测量的方法。如果需要观测一个信号所包含的频率成分，就需要用频谱分布图来表示信号的特性，即频域测量和频域分析法，这是用示波器不能实现的。例如，对于电磁干扰的测量和问题的分析而言，频谱分析仪是比示波器更有用的仪器。频谱分析仪可以将构成非正弦波信号的基波与各次谐波的频率及幅度显示在荧光屏上，从而得到非正弦波的频谱图。有了信号的频谱，人们就可以复现复杂的信号，这对于广播、电视、通信、雷达、导航、电子对抗以及各种电路的设计、制造和电子设备的维护、修理等方面来说，是非常重要的。

知识储备

5.2.1　频谱分析仪的分类

实际应用中，有各种类型的频谱分析仪，而在仿真环境下，也有适用于仿真电路性能测试的频谱分析仪。依据不同的分类依据，频谱分析仪有多种分类方法。

1．按分析处理方法分类

按照分析处理方法的不同，频谱分析仪可以分为模拟式频谱分析仪、数字式频谱分析仪和模拟/数字混合式频谱分析仪三类。

1) 模拟式频谱分析仪

模拟式频谱分析仪是以扫描为基础构成的，采用滤波器或混频器将被分析信号中各频率分量逐一分离。所有早期的频谱仪几乎都属于模拟滤波式或超外差结构，并被沿用至今。

2) 数字式频谱分析仪

数字式频谱分析仪是非扫描的，以数字滤波器或 FFT 变换为基础构成。数字式频谱分析仪精度高，性能灵活，但受到数字系统工作频率的限制。目前，单纯的数字式频谱分析仪一般用于低频段的实时分析，尚且达不到宽频带、高精度频谱分析。

2. 按信号处理的实时性分类

频谱分析仪根据信号处理的实时性，可以分为实时频谱分析仪和非实时频谱分析仪两种类型。

实时频谱分析仪的实时分析应达到的速度与被分析信号的带宽及其所要求的频率分辨率有关。一般认为，实时分析是指在长度为 T 的时段内，完成频率分辨率达到 1/T 的谱分析，或者待分析信号的带宽小于仪器能够同时分析的最大带宽。在一定频率范围，数据分析速度与数据采集速度相匹配，不发生积压现象，这样的分析就是实时分析。如果待分析的信号带宽超过这个频率范围，则是非实时分析。

3. 按频率轴刻度分类

按照频率轴刻度的不同，频谱分析仪可以分为恒带宽分析式频谱分析仪和恒百分比带宽分析式频谱分析仪两类。

1) 恒带宽分析式频谱分析仪

恒带宽分析式频谱分析仪是以频率轴为线性刻度，信号的基频分量和各次谐波分量在横轴上等间距排列，适用于周期信号和波形失真的分析。

2) 恒百分比带宽分析式频谱分析仪

恒百分比带宽分析式频谱分析仪的频率轴采用对数刻度，频率范围覆盖较宽，能兼顾高、低频段的频率分辨率，适用于噪声类广谱随机信号的分析。

目前，许多数字式频谱分析仪可以方便地实现不同带宽的 FFT 分析以及两种频率刻度的显示，故这种分类方法并不适用于数字式频谱分析仪。

频谱分析仪还有其他分类方式。例如，按输入通道数目分类，有单通道频谱分析仪、多通道频谱分析仪；按工作频带分类，有高频、低频、射频、微波等频谱分析仪；按频带宽度分类，有宽带频谱分析仪、窄带频谱分析仪；按基本工作原理分类，有扫描式频谱分析仪、非扫描式频谱分析仪。

5.2.2 频谱分析仪的工作原理

频谱分析仪可对电信号或电路网络的频率、电平、调制度、调制失真、频偏、互调失真、带宽、窄带噪声、增益、衰减等多种参数进行测量。

以应用较为广泛的扫频外差式频谱分析仪为例，其实质上是一种具有扫频和窄带宽滤波功能的超外差接收机。与其他超外差接收机原理相似，只是用扫频振荡器作为本机振荡器，中频电路有频带很窄的滤波器，按外差方式选择所需频率分量。这样，当扫频振荡器的频率在一定范围扫动时，与输入信号中的各个频率分量在混频器中产生差频，也即所谓的中频，使输入信号的各个频率分量依次落入窄带滤波器的通带内，被滤波器选出并经检波器加到示波器的垂直偏转系统，即光点的垂直偏转正比于该频率分量的幅值。由于示波管的水平扫描电压就是调制扫频振荡器的调制电压，所以水平轴也就变成了频率轴，这时屏幕上显示的是输入信号的频谱图。

图 5-22 所示为扫频外差式频谱分析仪的工作原理框图，扫频振荡器是该频谱分析仪内部的振荡源，当扫频振荡器的频率 f_W 在一定范围内扫动时，输入信号中的各个频率分量 f_x 在混频器中产生的差频信号 $f_0=f_x-f_W$，依次落入窄带滤波器的固定通带内，进而获得中频增益，再经过检波后加到 Y 放大器，使得亮点在屏幕上的垂直偏移正比于该频率的幅值。

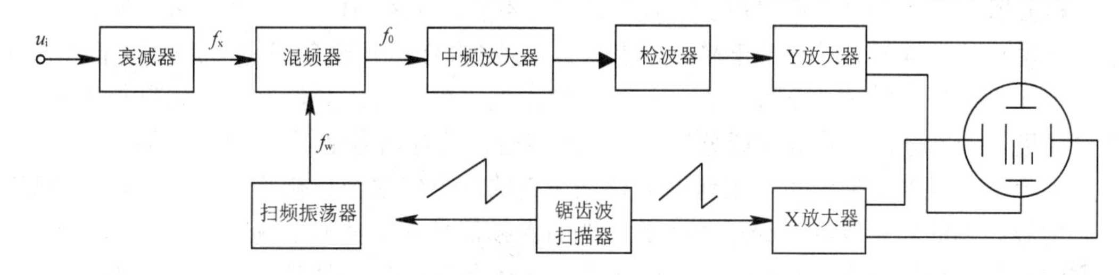

图 5-22　扫频外差式频谱分析仪的原理框图

扫描电压在调制振荡器的同时，又驱动 X 放大器，从而可以在屏幕上显示出被测信号的线状频谱图。这是目前较为常用的模拟式扫频外差频谱分析仪的基本工作原理。

1．衰减器

连接频谱分析仪输入端口的信号是所采集信号的总和，其中包括所要分析的特定信号，输入到频谱分析仪的功率也是总功率。由此引入了最大烧毁功率这个参数，该值通常规定为 1W 或者是+30dBm。也就是说，输入到频谱分析仪的信号功率总和不能超过 1W，否则将会烧毁仪器的衰减器和混频器。例如，我们要监测一个卫星信号，假设其频率为 12GHz，其功率可能只有-80dBm 左右，这是很小的。然而输入信号是由很多信号叠加组成的，如果在其他某一频率上包括一个很强的信号，即使我们没有看到这个大功率信号，假设输入信号功率的总和大于 1W，也是会烧毁频谱分析仪的，而其中的大功率信号并不是我们所要分析的信号。为了保证仪器安全，频谱分析仪在输入信号时并没有直接将其接入混频器，而是首先接入一个衰减器。这不会影响最终的测量结果，完全是为了仪表内部的协调，如匹配、最佳工作点等。衰减器的衰减值是步进的，为 0dB、5dB、10dB，最大为 60dB。

2．混频器

混频器是扫频外差式频谱分析仪最基本的核心部分，其基本功能是将被测信号下变至中频 21.4MHz，然后在中频上进行处理，得到幅度。在下变频的过程中，是由本振来实现下变频的。本振信号是扫描的，本振扫描的范围覆盖了所要分析信号的频率范围。所以调谐是在本振中进行的。全部要分析的信号都下变频到中频进行分析并得到频谱。这与日常所用的电视机、收音机的原理是一样的。

3．中频放大器

在中频，所有信号的功率幅度值与输入信号的功率是线性关系。输入信号功率增大，它也增大，反之相同。所以我们检测中频信号是可行的。另外，为了有效检测，要有一个内部中频信号放大。频谱分析仪中的混频器本身有差落衰减，本频和射频混频之后并不是只有一个单一中频从混频器中输出，因为混频器的中频信号非常丰富，所有这些信号都会从混频器中输出。在众多的谐波分量中，只对一个中频感兴趣。这就是经常所说的21.4MHz。这是在仪器器件中已做好的，用一个带通滤波器把中心频率设在21.4MHz，滤除其他信号，提取21.4MHz的中频信号。通过中频滤波器输出的信号，才是我们所要检测的信号。

4. 检波器

检波器在工作时中心频率是21.4MHz，固定不变，其30dB带宽可以改变。例如对广播信号来说，其带宽一般是几十千赫，若信号带宽是25kHz，中频的带宽一定要大于25kHz。这样，才能使所有的信号全部进入。如果带宽太宽，就会混入其他信号；如果带宽太窄，信号才进入一部分，或是低频成分，或是高频成分。这样信号是解调不出来的。

中频带宽设置是根据实际工作的需要来决定的。当然它会影响其他很多因素，如底噪声、信号解调的失真度等。经过中频滤波器的中频信号功率反映了输入信号的功率。检测的方法是用一个检波器，将中频变为电压输出，体现为纵轴的幅度。当然还可以经过D/A转换和一些数据处理，加一些修正和一些对数、线性变换。这足以给我们带来信号分析上的许多方便。

频谱分析仪通过本振与扫描电压将被测信号的幅度与频率对应起来，进而实现频谱分析。本振是一个压流振荡器，本振信号是个扫描信号。显示器坐标的每一点与本振起止的每一点相对应。射频信号是本振信号减去中频信号21.4MHz，当我们操作频谱仪进行分析时，实际上是在改变本振信号的频率。

扫频外差式频谱分析仪具有几赫到几百吉赫的分析频率范围，如HP8566B，国产的BP-1、QF4031等。

5.2.3 频谱分析仪示例

1. AT5010型频谱仪

常见的频谱分析仪有惠普旗下的安捷伦、马可尼、惠美以及国产的安泰信等。相比之下，惠普的频谱分析仪性能最好，但其价格也相当可观，早期惠美的5010频谱分析仪比较便宜，国产的安泰5010频谱分析仪(AT5010型频谱分析仪)的功能与惠美的5010差不多，其价格却便宜得多。

AT5010型频谱分析仪可同时测量多个频率及幅度，Y轴表示幅度，X轴表示频率，因此能直观地对信号的组成进行频率幅度和信号比较，这种多对比的测量，示波器和频率计是无法完成的。

1) 面板标识

AT5010型频谱分析仪前面板示意图如图5-23所示。

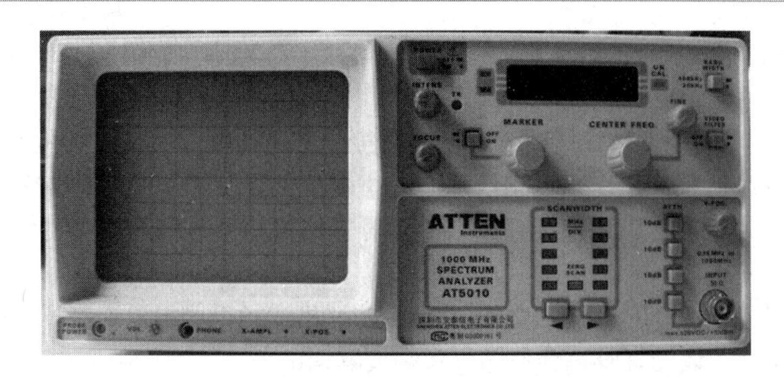

图 5-23　AT5010 型频谱分析仪的前面板

(1) 聚焦旋钮(FOCUS)。聚焦旋钮用于光点锐度调节。

(2) 亮度调节旋钮(INTENS)。亮度调节旋钮用于光点亮暗调节。

(3) 电源开关(POWER)。按下电源开关后，频谱分析仪开始工作。

(4) 轨迹旋钮(TR)。即使有磁性(铍膜合金)屏蔽，地球磁场对水平扫描线的影响仍不可能避免。通过轨迹旋钮内装的一个电位器来调整轨迹，使水平扫描线与水平刻度线基本对齐。

(5) 中频带宽选择(400kHz、20kHz)。选在 20kHz 带宽时，噪声电平降低，选择性提高，能分隔开频率更近的谱线。此时，若扫频宽度过宽，则由于需要更长的扫描时间，从而造成信号过渡过程中信号幅度降低，使测量不正确。此时“校准失效”LED 发亮即表明这一点。

(6) 视频滤波器选择(VIDEO FILTER)。可用来降低屏幕上的噪声，它使得正常情况下，平均噪声电平刚好高出其信号(小信号)谱线，以便于观察。该滤波器带宽为 4kHz。

(7) Y 移位调节(Y-POS)。Y 移位调节用于调节射束垂直方向的移动。

(8) BNC5011 输入端口(INPUT5011)。在不用输入衰减时，不允许超出的最大允许输入电压为+25V(DC)和+10dBm(AC)。当加上 40dB 最大输入衰减时，最大输入电压为+20dBm。

(9) 衰减器按钮。输入衰减器包括四个 10dB 衰减器，在信号进入第一混频器之前，利用衰减器按钮可降低信号幅度。按键压下时衰减器接入。连接任何信号到输入端之前，首先需要选择设置为最高衰减量(4×10dB)和最高可用频宽(扫频宽度 100MHz/div)，若此时将中心频率调在 500MHz，则在最大可测和显示频率范围内检测出任意谱线。当衰减减小时，基线向上移动，则可指出在最大可显示频率范围(例如 1200MHz)之外信号幅度有溢出。

(10) 扫频宽度选择按键(SCANWIDTH)。用来调节水平轴的每格扫频宽度。用 u 按键来增加每格频宽，用 t 按键来减少每格频宽。转换是 1-2-5 步进，从 100kHz/div 到 100MHz/div。此扫频宽度以 MHz/div 显示出来，它代表水平线每格刻度。中心频率是指水平轴心垂直刻度线处的频率。假如中心频率和扫频宽度设置正确，X 轴有 10 分格的长度，则当扫频宽度低于 100MHz 时，只有全频率范围的一部分可被显示。当扫频宽度设在 100MHz/div 位置，中心频率设在 500MHz 时，显示频率以每格 100MHz 扩展到右边，最右是 1000MHz(500MHz+5×100MHz)。同样，中心向左边则频率减低。此情况下，左边的刻度线代表 0Hz。这时，可以看到一条特别的谱线，即“0 频率”。这是由于第一本地振荡器频率通过了第一中频而产生的。当中心频率相对于扫频宽度较低时有此现象。

“0 频率”的幅度对每台频谱仪是不一样的。它不能作为参考电平来使用。显示在“0 频率”点左边的那些谱线被称为镜频。在“0 频率”模式时，频谱分析仪工作就像是一台可选择(中频)带宽的接收机，此时频率的选择是通过“中心频率”旋钮来实现的。通过中频滤波器的频谱线产生一个电平显示，所选的扫频宽度/格可由设置按键上方的LED显示出来。

(11) 水平位置旋钮(X-POS)和水平幅度调整旋钮(X-AMPL)。水平位置旋钮用来调整水平位置，水平幅度调整旋钮用来调整水平幅度。水平位置及水平幅度调节仅仅在仪器校准时才用。在正常使用下一般无须调节。当需要对它们实施调节时，则需要用一台很精确的射频振荡器配合使用。

(12) 耳机插孔(PHONE)。阻抗大于 16nΩ 的耳机或扬声器可以连到耳机插孔。当频谱分析仪对某一个谱线调谐好时，会使部分音频被解调出来。

2) 测量方法

用频谱分析仪可以很方便地测量手机功放输出信号的频谱。输出信号频谱如图5-24所示，具体操作步骤如下。

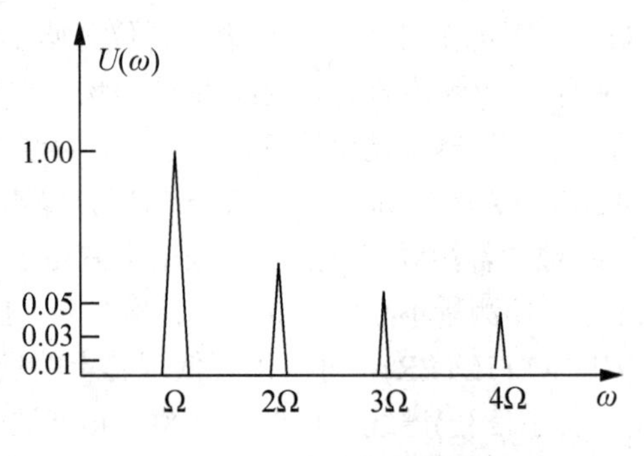

图5-24　输出信号频谱

(1) 打开频谱分析仪，调节亮度调节旋钮和聚焦旋钮，使屏幕上显示清晰的图像。

(2) 调节中心频率粗/细调调节旋钮，使频标位于屏幕中心位置，显示屏显示频率值为900MHz。

(3) 调节扫频宽度，选择SCANWIDTH按键，使10MHz指示灯亮，表示每格所占频率为10MHz。

(4) 将频谱分析仪外壳与手机主板接地点相连，探针插到功放块的输出端，并用手机拨打“112”电话，观察电流表摆动的同时，观看频谱仪屏幕上有无脉冲图像，正常情况下，在 900MHz 频标附近会出现脉冲图像，但幅度会超出屏幕范围，可以按衰减按键，使图像最高点在屏幕范围内。

(5) 标记按钮(ONOFF)。当标记按钮置于 OFF(断)位置时，中心频率(CF)指示器发亮，此时显示器读出的是中心频率；当此开关在ON(通)位置时，标记(MK)指示器发亮，此时显示屏读出的是标记的频率，该标记在屏幕上是一个尖峰。

(6) 标记旋钮(MARKER)。用于调节标记频率。

(7) LED指示灯闪亮时表示幅度值不正确。这是由于扫频宽度和中频滤波器设置不当而造成幅度降低所致。这种情况可能是由于被测信号相对于中频带宽(20kHz)或视频滤波器带宽(4kHz)扫频范围过大所致，若要正确测量，可以不用视频滤波器或者减小扫频宽度。

2. Multisim 仿真环境下的频谱分析仪

频谱分析仪主要用于测量信号所包含的频率及频率所对应的幅度。Multisim 仿真环境中的频谱分析仪图标如图 5-25 所示。

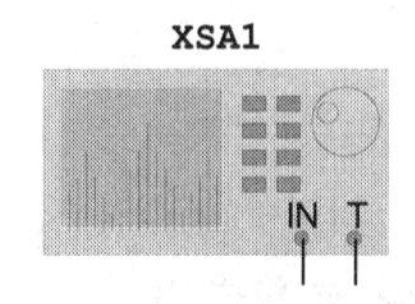

图 5-25　Multisim 环境下的频谱分析仪图标

1) 频谱分析仪的电路连接

图 5-25 所示 Multisim 环境下的频谱分析仪图标中，IN 端子是分析仪的输入端子，用来连接电路的输出信号，T 端子是外触发的输入信号。

2) 频谱分析仪的控制面板及操作

频谱分析仪的控制面板如图 5-26 所示。

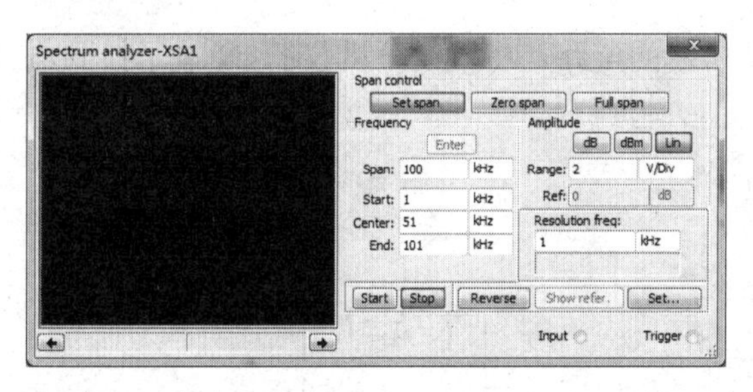

图 5-26　频谱分析仪的控制面板

(1) Span control 区。Span control 区用于选择显示频率变动范围的方式，有三个按钮。

① Set span 按钮。此按钮采用 Frequency 区所设置的频率范围。

② Zero span 按钮。此按钮采用 Center 参数定义的一个单一频率，当按下该按钮后，Frequency 区的四个参数中仅 Center 可以设置某一频率，仿真结果是以该频率为中心的曲线。

③ Full span 按钮。此按钮表示全频率范围，从 0~4GHz，程序自动给定，但在 Frequency 区不起作用。

(2) Frequency 区。该区用于设置频率范围，包括四个参数。

① Span 参数。用来设置频率变化范围的大小。

② Staff 参数。用来设置开始频率。

③ Center 参数。用来设置中心频率。

④ End 参数。用来设置结束频率。

(3) Amplitude 区。该区用于选择频谱纵坐标的刻度，有五项。

① dB(分贝)按钮。该按钮表示以分贝数即 20lg(V)为刻度，其中 lg 是以 10 为底的对数，V 是信号的幅度。选中该项时，信号将以 dB/Div 的形式在频谱分析仪的右下角被显示。

② dBm 按钮。该按钮表示纵轴以 10lg(V/0.775)为刻度。

③ Lin(线性)按钮。该按钮表示纵轴以线性刻度来显示。

④ Range 参数。用以设置频谱分析仪右边频谱显示窗口纵向每格代表的幅值。

⑤ Ref 参数。用以设置参考标准。

(4) Resolution Freq 区。设定频率的分辨率。

(5) Controls 区。控制频谱分析仪的运行，包括四个按钮。

① Start 按钮。开始分析。

② Stop 按钮。停止分析。

③ Reverse 按钮。显示转换。

④ Show refer 和 Set 按钮。设置触发方式。

共同练：频谱分析仪分析时钟信号频谱的实际操作

1) 操作目的

(1) 熟悉频谱分析仪的连接方式。

(2) 掌握频谱分析仪的控制面板设置的方法。

2) 操作步骤

(1) 绘制如图 5-27 所示的电路，将频谱分析仪的 IN 端子接到电路的输出端。

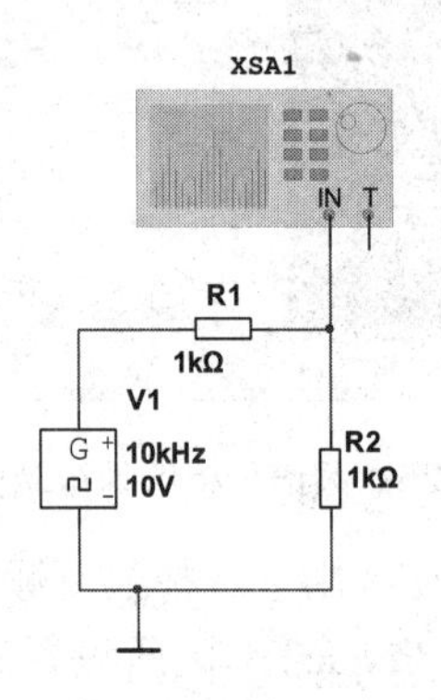

图 5-27　时钟频谱分析电路

(2) 设置频谱分析仪控制面板，双击频谱分析仪图标，打开控制面板，设置显示屏幕中的 Frequency 频率区、Amplitude 幅度区等，如图 5-28 所示。

(3) 运行仿真，观测仿真结果，可看到时钟脉冲信号的频谱分布，仿真参考结果如图 5-28 所示。

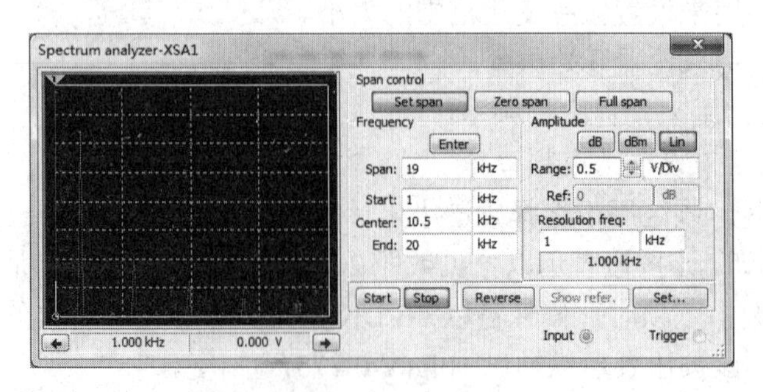

图 5-28　频谱分析仪控制面板

3) 操作总结

(1) 整理仿真数据，将仿真结果截图保存，完成相应的仿真记录。

(2) 思考并回答：频谱分析仪控制面板中的 Frequency 区和 Amplitude 区分别起到什么作用？

(3) 撰写操作报告。

延伸练：频谱分析仪分析全载波调幅 AM 信号频谱的实际操作

1) 操作目的

(1) 熟悉频谱分析仪的使用方法。

(2) 掌握运用频谱分析仪分析信号频谱的方法。

2) 操作步骤

(1) 绘制如图 5-29 所示电路，将频谱分析仪的 IN 端子接到函数信号发生器的输出端。

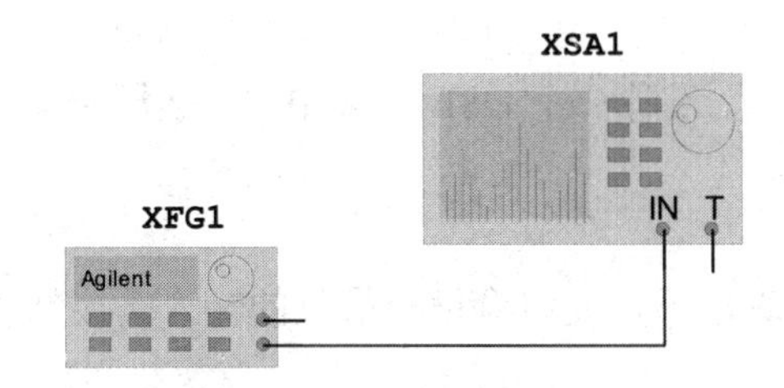

图 5-29　AM 信号频谱分析电路

(2) 设置 Agilent 33120A 安捷伦信号发生器，输出一个采用内部调制，具有 70%调制深度的 AM 波形。载波为 100kHz 的正弦波，调制波形为 10kHz 的正弦波。

(3) 设置频谱分析仪控制面板，双击频谱分析仪图标，打开控制面板，设置显示屏幕中的 Frequency 频率区、Amplitude 幅度区等。

(4) 运行仿真，观测仿真结果，可看到全载波调幅 AM 信号的频谱分布，仿真参考结果如图 5-30 所示。

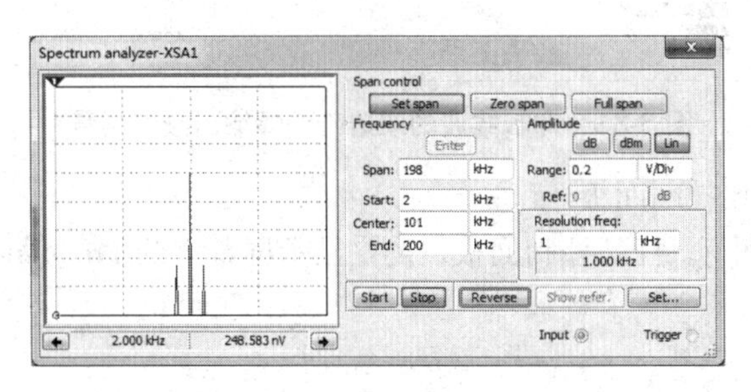

图 5-30　AM 频谱分析参考结果

3) 仿真总结

(1) 整理仿真数据，将仿真结果截图保存，完成相应的仿真记录。

(2) 撰写操作报告。

技能驿站

1. 目的

(1) 熟练运用 Multisim 软件设计电路。

(2) 掌握运用频谱分析仪对仿真电路的频谱进行分析的方法。

2. 设备与仪器

装有 Multisim 仿真软件的计算机一台。

3. 内容及步骤

在无线电发射调幅系统中，载波分量不包含任何信息，又占整个调幅波平均功率的很大比重，因此在传输前把它抑制掉，就可以在不影响传输信息的条件下，大大节省发射机的发射功率。这种仅传输两个边带的调幅方式称为抑制载波的双边带调幅，简称双边带调幅，用 DSB 表示。

在 Multisim 仿真环境下，设计一个 DSB 调幅电路，运用频谱分析仪对调幅前后的频谱进行分析。

1) 绘制仿真电路

绘制如图 5-31 所示仿真电路，先将频谱分析仪的输入端接到仿真电路的输出端。

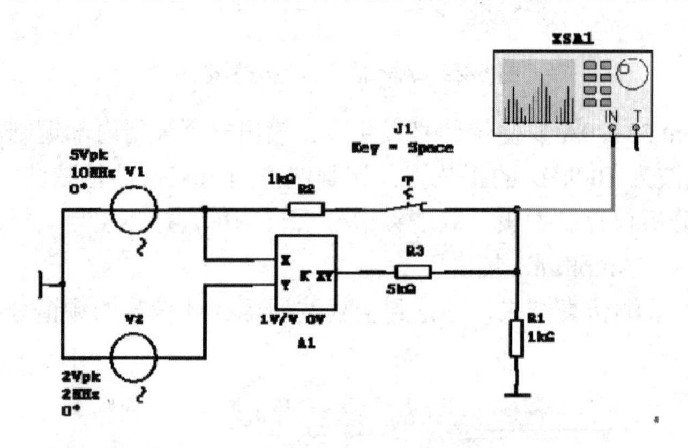

图 5-31　抑制载波的双边带调幅输出频谱测量

2) 设置频谱分析仪控制面板

双击频谱分析仪图标，打开控制面板，设置显示屏幕中的 Frequency 频率区、Amplitude 幅度区等。

3) 运行仿真

观测仿真结果，可看到抑制载波的双边带调幅 DSB 信号的频谱分布，仿真参考结果如图 5-32 所示。

4) 调制信号频谱分布

将频谱分析仪接到输入调制信号端，如图 5-33 所示。

观测仿真结果，可看到抑制载波的双边带调幅 DSB 信号输入端 2MHz 调制信号的频谱分布，仿真参考结果如图 5-34 所示。

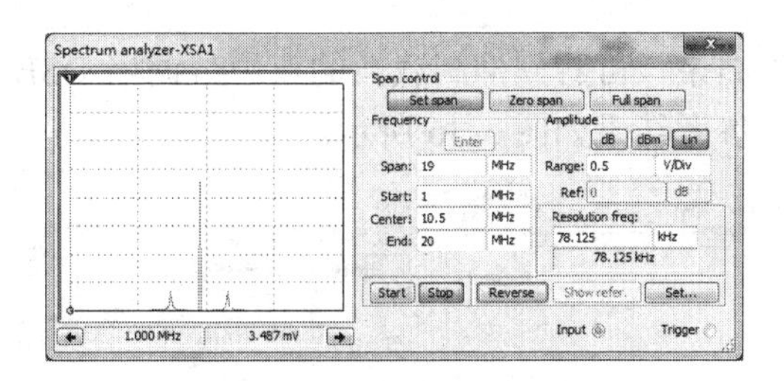

图 5-32　DSB 频谱分析结果参考

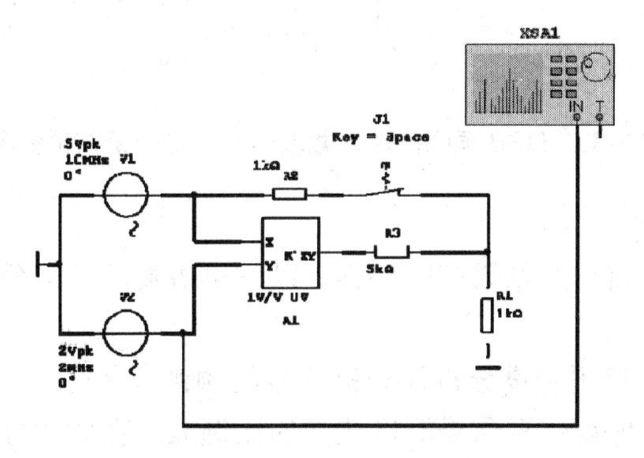

图 5-33　抑制载波的双边带调幅输入调制信号的频谱测量

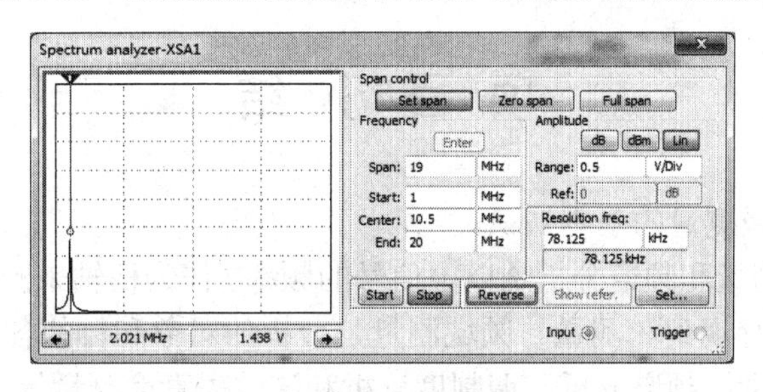

图 5-34　DSB 调幅的输入调制信号频谱分析结果参考

5) 载波信号频谱分布

将频谱分析仪接到输入载波信号端，如图 5-35 所示。

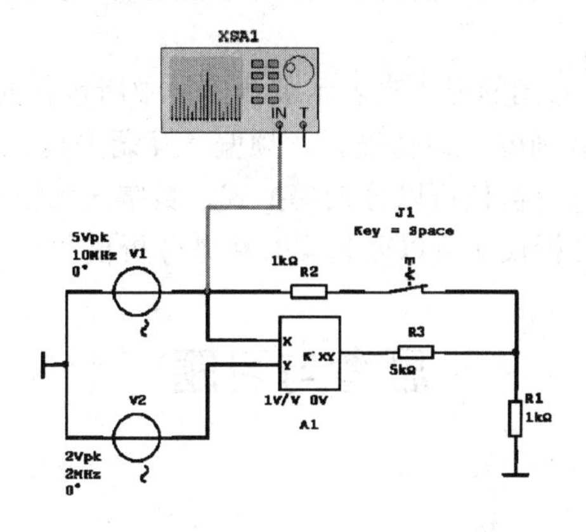

图 5-35　抑制载波的双边带调幅输入载波信号的频谱测量

运行仿真，观测仿真结果，可看到抑制载波的双边带调幅 DSB 信号输入端 10MHz 载波信号的频谱分布，仿真参考结果如图 5-36 所示。

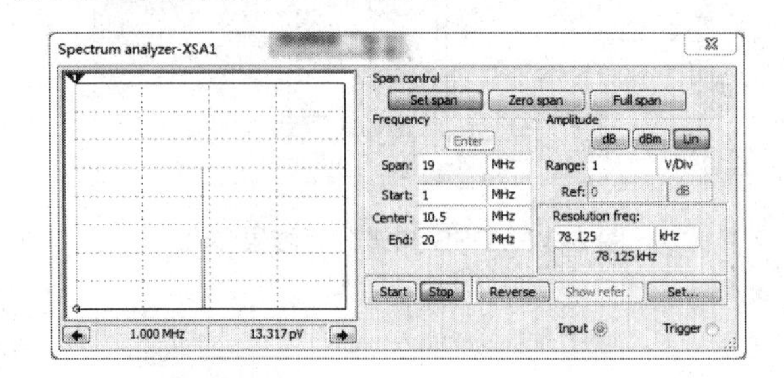

图 5-36　DSB 调幅的输入载波信号频谱分析结果参考

4．总结

(1) 整理仿真数据，将仿真结果截图保存。以三次仿真的频谱分析结果为依据，分析调幅电路的频谱搬移作用。

(2) 思考并回答：在运用频谱分析仪分析信号的频谱分量时，如何设置 Frequency 区与 Amplitude 区的参数，以使得仿真结果能以适当的比例显示在频谱分析仪的屏幕中？

(3) 撰写任务报告。

项 目 小 结

本项目讨论了频域测量的基本知识。

(1) 信号的频域测量和频谱分析是以电信号的频率 f 作为横轴来测量分析信号变化的，即在频域内对信号进行观察和测量。频域测量与分析的对象和目的各不相同，通常包括频率特性测量、选频测量、频谱分析、调制度分析和谐波失真度测量等。

(2) 频率特性的测量有静态测量法和动态测量法两种基本方法。点频测量法属于静态测量法；扫频测量法属于动态测量法。扫频仪基于扫频原理构成，能在示波管荧光屏上直接观测到各种电路频率特性曲线。它主要由扫频信号发生器、扫描电路、频标电路以及示波管等部分组成。

(3) 频谱分析以频谱分布图的形式来表示被测信号中所包含的频率成分，可对电信号或电路网络的频率、电平、调制度、调制失真、频偏、互调失真、带宽、窄带噪声、增益、衰减等参数进行测量。频谱分析仪可以分为模拟式、数字式和模拟/数字混合式三类。根据信号处理的实时性，频谱分析仪还可以分为实时频谱分析仪和非实时频谱分析仪两类。

思考与习题

1．填空题

(1) 信号的显示通常可以分为________和_________两种，其中，示波器是进行_______

测量的常用仪器设备，扫频仪和频谱分析仪是进行________测量和频谱分析的常用仪器。

(2) 频率特性测试仪(扫频仪)在频域内对元件、电路或系统特性进行________测量，显示________曲线；频谱分析仪对信号的______进行分析，显示________图。

2. 简答题

(1) 扫频仪主要由哪几部分组成？简述其工作原理。

(2) 什么是频谱分析？用频谱分析仪和示波器观测同一信号，观测结果有什么不同？

(3) 频谱分析仪主要有哪几种？简述其工作原理。

项目 6

逻辑分析仪的原理与使用

知识目标

- 了解数据域测量的基本概念。
- 了解实际逻辑分析仪的组成。
- 掌握虚拟逻辑分析仪的使用方法。

能力目标

- 能够运用虚拟逻辑分析仪进行电路分析。
- 熟练使用虚拟逻辑分析仪进行电路测试。

任务 6.1　数据域测量的基本知识

任务描述

某旧型液晶显示屏出现花屏现象，现准备对其数字集成电路板进行检修，你知道这种类型的检测应该选用什么测量仪器吗？它的具体操作又是怎样的呢？

任务要求

学会使用常见数据域测量工具的操作方法，为数字电路硬件和软件的设计、调测提供完整的分析和测试。

任务分析

对于数字集成电路板的检测，被测对象是数字脉冲电路或者是工作于数字状态下的数字系统，其激励信号不是诸如正弦信号、脉冲信号或者噪声信号之类的模拟信号，而是二进制编码的数字信号。

知识储备

在通信、仪器仪表、日用电子等领域，大部分电子产品都已实现了数字化，这极大地提高了产品及系统的性能，同时减小了电子产品的体积，降低了成本。例如，应用数字技术的通信系统，不仅比模拟通信系统抗干扰能力强、保密性好、容量大、业务种类多，而且还能借助于计算机进行信息处理和控制，形成以计算机为核心的综合业务自动交换网。为了解决数字设备、计算机、大规模乃至超大规模集成电路在研制/生产和检修中的测量问题，数据域测量技术应运而生。

6.1.1　数据域测量的概念

数据域测量技术又称为数字测量技术，是一门研究数字系统高效故障寻迹的科学，用来测试数字量或电路的逻辑状态随时间而变化的特性。数据域测量的理论基础是数字电路与逻辑代数，主要研究的对象有数字系统中的数据流、协议与格式、数字应用芯片与系统结构、数字系统特征的状态空间表征等。数据域测量的目的有两个：一是为了确定系统中是否存在故障，即所谓的合格/失效测试，或者称为故障检测；二是为了确定故障的位置，即所谓的故障定位。运行正常的数字系统或设备的数据流是正确的，如果数据流发生错误，则说明系统或设备存在故障。只要检测出输入与输出的对应数据流关系，就能够明确系统功能是否正常、是否存在故障，并且初步诊断出故障的范围。

你知道吗

时域分析以时间为自变量，以被测信号(如电压、电流、功率等)为因变量进行分析，示波器是典型的时域分析仪器；频域分析是在频域内描述信号的特征，频谱分析仪是频域分析仪器；数据域分析是研究以离散时间或事件为自变量的数据流的，逻辑分析仪是数据域分析仪器。

6.1.2 数据域测量的特点

数据域测量与分析的对象是数字系统，而数字系统中的信号通常表现为一系列随时间变化并按照一定的时序关系形成的数据流，这些数据流的取值和时间都是离散的，因此数据域分析测试方法与时域及频域的分析测试方法不同。图 6-1 所示为数据域分析测试时用逻辑分析仪观测到的一个十进制计数器的输出数据流，其中图 6-1(a)为逻辑定时显示方式，在 CLK 时钟脉冲信号下降沿时读取数据。图 6-1(b)为逻辑状态显示方式，用 4 位二进制码显示 0~9 这 10 个数字。与时域和频域测量相比，数据域测量有如下几方面的特点。

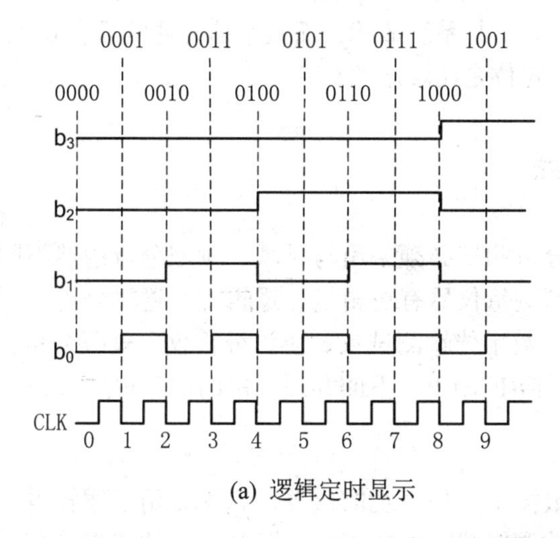

(a) 逻辑定时显示

	b_3	b_2	b_1	b_0
No. 0	0	0	0	0
No. 1	0	0	0	1
No. 2	0	0	1	0
No. 3	0	0	1	1
No. 4	0	1	0	0
No. 5	0	1	0	1
No. 6	0	1	1	0
No. 7	0	1	1	1
No. 8	1	0	0	0
No. 9	1	0	0	1

(b) 逻辑状态显示

图 6-1 数据域测量波形图

1. 数字信号按时序传递

数字系统的正常工作，要求其各个部分按照预先规定的逻辑程序进行工作，各信号之间有预定的逻辑时序关系。测量检查各数字信号之间逻辑时序关系是否符合设计，是数据域分析测试的最主要任务。

2. 信号传递方式多种多样

从宏观上来说，数字系统中信号的传递方式分为串行和并行两大类。但从微观上来说，不同的系统、系统内不同的单元，采用的传递方式都可能不同，即使是采用同一类型的串行或并行的传递方式，也存在着诸如数据宽度、数据格式、传输速率、接口电平、同步/异步等方面的不同。

3．单次或非周期性的信号

数字设备的工作是时序的，在执行一个程序时，许多信号只出现一次，或者仅在关键时刻出现一次，例如中断事件等。某些信号可能重复出现，却并不是时域上的周期信号，例如子程序例程的调用等。分析时经常需要存储、捕获和显示某部分有用的信号，因此利用诸如示波器这类的测量仪器是难以观测的，并且也更难以发现故障。

4．被测信号速率变化范围宽

即使在同一数字系统内，数字信号的速率也可能相差很大，例如外部总线速率达到每秒几百兆字节时，中央处理器的内核速率可能每秒已达到数吉字节。

5．数字信号为脉冲信号

由于被测数字信号的速率可能很高，各通道信号的前沿很陡，频谱分量十分丰富。因此，数据域测量必须能够分析测量短至 10^{-12}s 的信号，例如脉冲信号的建立和保持时间等。

6．被测信号故障定位难

数字系统的故障不只是信号波形、电平的变化，更主要的在于信号之间的逻辑时序关系，电路中偶尔出现的干扰或毛刺等都会引起系统故障。而数字信号通常只有 0、1 两种电平，因此，一旦被测信号出现故障，其定位是比较难的。

6.1.3 数据域测量的主要仪器

针对数据域测量的特点，数据域分析测试必须采用与时域、频域分析迥然不同的分析测试仪器和方法。目前，常用的数据域测量仪器有逻辑笔、逻辑夹、逻辑分析仪、逻辑信号发生器、特征分析仪、误码分析仪、数字传输测试仪、协议分析仪、规程分析仪、PCB 测试系统、微机开发系统以及在线仿真器(ICE)等。下面介绍其中的前三种。

1．逻辑笔

在数据域测量仪器中，逻辑笔是最简单、最直观的仪器，它主要用于逻辑电平的简单测试。逻辑笔主要用于判断某一端点的逻辑状态，即测出电路某一点的状态是高电平、低电平，还是脉冲。逻辑笔实物结构图如图 6-2 所示。

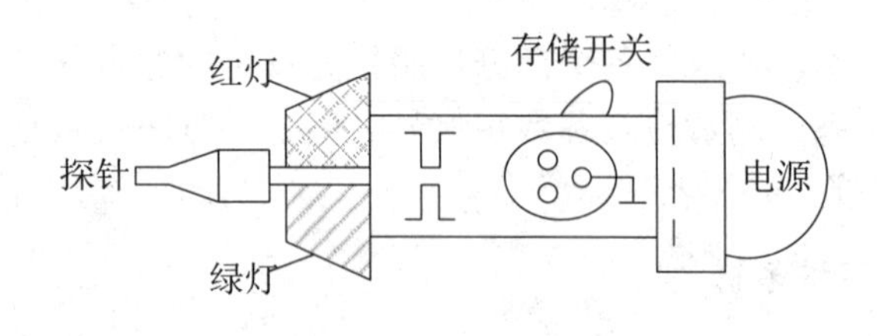

图 6-2　逻辑笔的实物结构图

1) 逻辑笔的原理

逻辑笔的原理框图如图 6-3 所示。

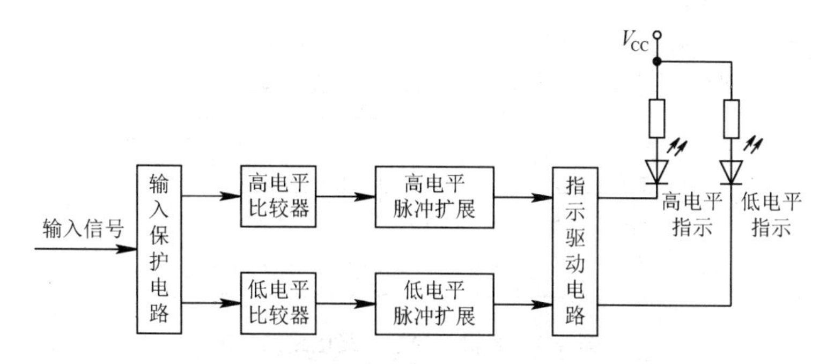

图 6-3　逻辑笔的原理框图

被测信号由探针接入，经过输入保护电路后，同时加到高、低电平比较器，比较结果分别加到高、低脉冲展宽电路进行展宽，以保证测量单个窄脉冲时有足够长的时间点亮指示灯。即便是频率高达 50MHz、宽度最小至 10ns 的窄脉冲也能被检测到。展宽电路的另一个作用是通过高、低电平展宽电路的相互影响，使电平测试电路在一段时间内产生一种确定的电平，从而只有一种颜色的指示灯亮。保护电路则用来防止输入信号电平过高时损坏检测电路。逻辑笔有两个指示灯，红灯指示高电平，即逻辑 1；绿灯指示低电平，即逻辑 0。

2) 逻辑笔的应用

逻辑笔通常设计成兼容两种逻辑电平的形式，即 TTL 逻辑电平和 CMOS 逻辑电平，这两种逻辑的“高”、“低”电平门限是不一样的，测试时，需要通过开关在 TTL/CMOS 间进行选择。逻辑笔可以应用于选通的正、负脉冲，逻辑笔在选通脉冲的控制下做出响应。如果用负选通脉冲控制逻辑笔的输出，虽然被测信号是稳定的逻辑 1 状态，在选通脉冲到来之前红灯不亮，只有在选通脉冲到来之后，红色灯才亮。逻辑笔对输入电平的测试响应如表 6-1 所示。

表 6-1　逻辑笔对输入电平的测试响应

序　号	被测点逻辑状态	逻辑笔响应
1	稳定的逻辑 1 状态(+2.4 ~ +5V)	红灯稳定亮
2	稳定的逻辑 0 状态(0 ~ +0.7V)	绿灯稳定亮
3	逻辑 1 与 0 中间状态	红绿灯均不亮
4	单次正脉冲	绿→红→绿
5	单次负脉冲	红→绿→红
6	低频序列脉冲	红绿灯交替闪烁
7	高频序列脉冲	红绿灯同时亮

同时，逻辑笔还具有记忆功能。假设测试点为高电平，红灯亮，如果此时移开该测试点，红灯仍然会亮。当不需要记录该状态时，只要拨动存储开关复位即可。

2. 逻辑夹

逻辑笔一次只能显示一个被测点的逻辑状态，逻辑夹则可以同时显示多个被测点的逻辑状态。图 6-4 所示为逻辑夹 16 路测试通道中任意一路的电路原理图。在逻辑夹中，每一路信号都先经过一个门判电路，门判电路的输出通过一个非门驱动一个发光二极管。当输入信号为高电平时，发光二极管亮；否则，发光二极管暗。

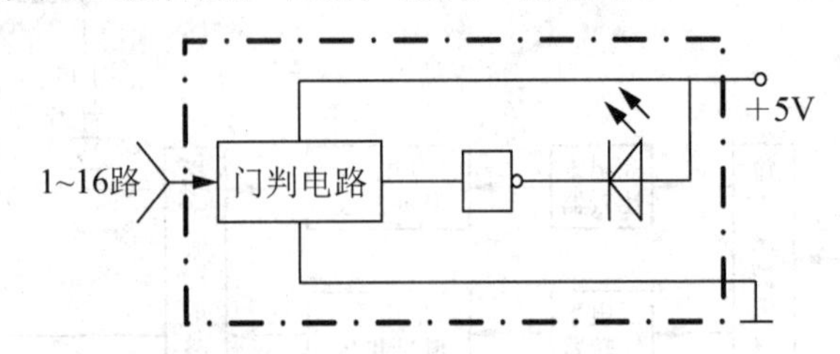

图 6-4　逻辑夹的某一路电路结构图

逻辑笔和逻辑夹最大的优点是价格低廉，使用方便。与示波器、数字电压表相比，它们不但能简便迅速地判断出输入电平的高或低，更能检测电平的跳变及脉冲信号的存在，即便是纳秒级的单个脉冲。这对于数字电压表及模拟示波器来说是难以实现的，即使是数字存储示波器，也必须调整触发和扫描控制在适当的位置。因此，逻辑笔和逻辑夹仍是检测数字逻辑电平的最常用工具。

3. 逻辑分析仪

现代数字设计工程师面临着迅速将新产品推向市场的巨大压力，同时，需要能够迅速控制、监控、捕获与分析实时系统运行，进而获得调试、检验、优化并验证数字系统的能力。简单的逻辑电平测试设备已经不能满足测试的要求，逻辑分析仪成为数据域测量中最典型、最重要的工具。它将仿真功能、软件分析、模拟测量、时序和状态分析以及图形发生功能集于一体，为数字电路硬件和软件的设计、调测提供了完整的分析和测试工具。

1) 逻辑分析仪概述

逻辑分析仪是多线示波器与数字存储技术发展的产物，它仍然以荧光屏显示的方式给出测试结果，因此又称为逻辑示波器。逻辑分析仪与示波器相比，其功能又有所不同，两种仪器最显著的区别在于输入通道数量的不同。典型的数字示波器带有最多达 4 个信号输入通道，而逻辑分析仪可以拥有 34、64、136 个通道不等，有的甚至拥有几千个通道。每个通道都可以输入一个数字信号。如果需要同时测量 5 个数字信号或者一个带有 32 位数据总线和 64 位地址总线的系统，逻辑分析仪是首选。

逻辑分析仪以不同于示波器的方法对信号进行测量与分析，它并不关心诸如信号上升、下降时间、峰值振幅以及边沿之间占用时间等模拟数据，只是对逻辑门限电平进行检测。

逻辑分析仪接入数字电路后，用户只关心信号的逻辑状态，当输入大于门限电压时，称电平为“高”或 1；当输入小于门限电压时，称电平为“低”或 0。当逻辑分析仪针对输入信号采样时，它会根据信号相对于电压门限的高低，存储 1 或 0 值。

逻辑分析仪以时间为轴的波形显示与数据表或由模拟器生成的定时图相似。所有信号都与时间相关，从而可以观察到时间的设置与保持、脉冲宽度、外部或丢失的数据等。除了拥有多路通道以外，逻辑分析仪还具有支持数字设计检验与故障查找等重要功能。

逻辑分析仪不仅能够用表格形式、波形形式或者图形形式显示具有多个变量的数字系统的逻辑状态、时序关系或实时运行过程，同时也能够用汇编语言格式显示运行时的数字系统的软件，进而实现对数字系统硬件和软件的跟踪测试。先进的逻辑分析仪可以同时检测几百路的信号，有灵活多样的触发方式，可以方便地在数据流中选择感兴趣的观测窗口。

逻辑分析仪还能观测触发前和触发后的数据流，具有多种便于分析的显示方式。目前，逻辑分析仪已成为设计、调试和检测维修复杂数字系统、计算机和微机化产品最有力的工具。这种先进的测试仪器对数字系统来说，就像示波器对模拟系统一样不可或缺。

2) 逻辑分析仪的特点

逻辑分析仪是数字系统和设备设计验证与调试过程中公认的最出色的工具，与时域和频域测量仪器相比，逻辑分析仪具有如下几方面的特点。

(1) 输入通道多。有足够多的输入通道，这是逻辑分析仪的重要特点。假设要检测一个具有 16 位地址的微机系统，逻辑分析仪至少应有 16 个输入通道。如果考虑到同时监视数据总线、控制信号和 I/O 接口信号，则一般需要有 32 个或更多的输入通道。逻辑分析仪通道数越多，所能检测的数据信息量就越大，就更能充分地发挥它的作用。

(2) 多种触发方式。现今的逻辑分析仪触发方式很多，并且灵活多用，从而突显了其强大的数据捕获能力。对于软件分析，逻辑分析仪的触发功能可以跟踪系统运行中的任意程序段；对于硬件分析，其触发能力又可以解决检测与显示系统中存在的干扰、毛刺等问题。评价逻辑分析仪质量的好坏时，最重要的一项指标就是其触发能力的强弱。

(3) 较大的存储深度。所有逻辑分析仪内部都有高速数据存储器，因此它能快速记录数据。逻辑分析仪存储器的容量大小是其另一个重要指标，它决定了跟踪一次获取数据的多少。逻辑分析仪的这种记忆能力，使它可以观察单次或非周期性数据信息，并可进行随机故障的诊断。

(4) 显示方式多样。为了适应不同分析方法的需要，逻辑分析仪具有相应的显示方式。对于系统的功能分析，它具有功能显示；为便于了解系统工作的全貌，它具有图形显示；对于时间关系分析，它具有用高低电平表示逻辑状态的时间波形图显示；对于电气性能分析，它又具有窄脉冲显示以及表示输入信号幅度和前后沿的电平显示等。同时，逻辑分析仪可以显示多通道信号的伪方波，可以用二进制、八进制、十六进制、十进制或 ASCII 码显示数据，而且还可以用反汇编等进行程序源代码显示。

(5) 负的延迟能力。逻辑分析仪的内部存储器可以存储触发前的信息，这样，便可以显示出相对于触发点来讲是负延迟的数据，这种能力有利于在发现错误后，回溯分析故障产生的原因。

(6) 限定能力。所谓限定能力，就是对所获取的数据进行鉴别挑选的一种能力。限定功能解决对单方向数据传输情况的观察以及复用总线的分析问题。由于限定可以删除与分析无关的数据，这就有效地提高了逻辑分析仪数据存储器的利用率。

3) 逻辑分析仪的工作原理

不同厂家的逻辑分析仪，尽管在通道数量、采样频率、内存容量、显示方式及触发方式等方面有较大区别，但其基本组成结构是相同的。

逻辑分析仪的基本组成如图 6-5 所示，包括数据采集、数据存储、数据触发、数据显示等部分。

数据采集、数据存储和数据触发控制这三部分的功能是捕获、观察、分析数据，然后将其存储，最后以多种形式显示这些数据。

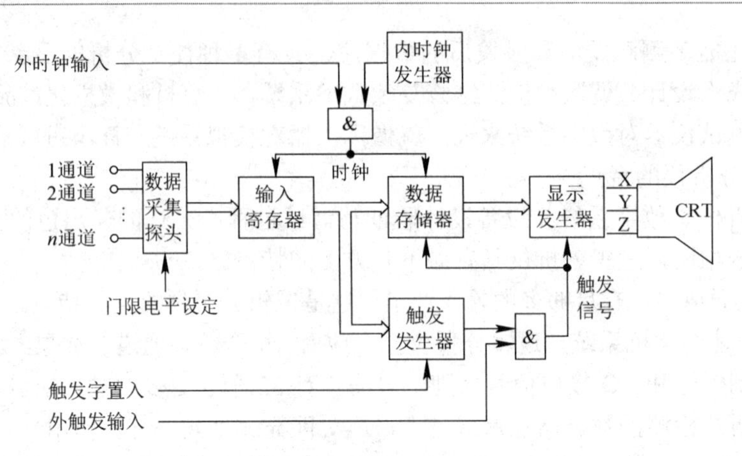

图 6-5　逻辑分析仪的基本组成框图

逻辑分析仪又称为逻辑示波器，它由数据捕获和数据显示两个部分组成。即可描述为：逻辑分析仪 = 数据捕获 + 示波器。

(1) 数据采集。被测数字系统的多路并行数据经过数据采集探头进入逻辑分析仪，同时，各通道采集到的信号被转换成了相应的数据流。为了跟踪被测系统的数据流，逻辑分析仪需要把被测系统总线上发生的所有状态信息尽可能无遗漏地不断采集到它的数据存储器中，作为等待分析显示的原始数据，这个过程称为数据采集。逻辑分析仪数据采集部分主要由输入探头、采样时钟发生器和数据寄存器或锁存器组成。根据采集方式的不同，又有同步采样和异步采样的区别。同步采样方式的时钟脉冲来自被测系统，只有当被测系统时钟到来时逻辑分析仪才存储输入的数据。异步采样方式的时钟脉冲由逻辑分析仪内部产生或由外部的脉冲发生器提供，与被测系统的时钟无关。内部时钟频率可以比被测系统时钟频率高很多，这就使得每个单位时间内获取的数据更多，显示的数据也更精确。

图 6-6 所示为同步采样和异步采样的图示比较。

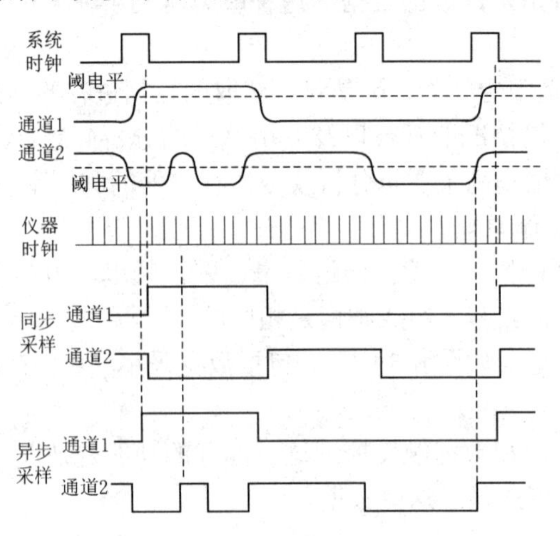

图 6-6　同步采样和异步采样的比较

(2) 数据存储。逻辑分析仪设置有一定容量的存储器，多个测试点、多个时刻的测试信息一旦出现，即可就被捕获并且被记录下来。具有存储功能的逻辑分析仪，不仅能够显示分析重复性的数据流，也可以观测单次出现的随机数据流。逻辑分析仪的数据存储方式又有顺序存储方式和选择性存储方式两种。

① 顺序存储方式。顺序存储方式中，数据的写入和读出都是顺序进行的，是基本存储方式，它将数据流用只读存储器(ROM)存储。存储器通常采用“先入先出”的存储器，当存储器存满后，继续写入数据时，先存入的数据将溢出，该过程一直延续到数据存储停止。

② 选择性存储方式。为了有效地利用有限的存储单元，往往需要选择数据流中某一部分进行存储，因此需要借助附加的时钟限定条件来决定采样时钟的有效和无效，该方式实现的是数据的选择性存储。

(3) 数据触发。根据设定的触发条件，触发发生器在数据流中搜索特定数据字，当搜索到特定的触发字时，就产生触发信号，去控制数据存储器，数据存储器则根据触发信号开始存储有效数据或停止存储数据，以便将数据流进行分块。为了便于在较小的存储容量范围内采集和存储所需观测点前后变化的波形，逻辑分析仪有多种触发方式，可以显示触发前、触发后或者以触发为中心的输入数据，其中最基本的触发方式有组合触发、延迟触发和毛刺触发三种。

① 组合触发。逻辑分析仪具有“字识别”触发功能，操作者可以通过仪器面板上的“触发字选择”开关，预置特定的触发字，被测系统的数据字与此预置的触发字相比较，当二者完全吻合时，产生一次触发信号。设置触发字时，每个通道可以选取三种触发条件，即“0”，“1”或者“x”。“1”表示该通道为高电平时产生触发；“0”表示该通道为低电平时产生触发；“x”表示该通道状态“任意”，也即该通道状态不影响触发条件。组合触发是内部触发方式，几乎所有的逻辑分析仪都采用这种触发产生方式，因此又把组合触发称为基本触发方式。

如图 6-7 所示，采集的数据流中出现 1001 以及 1101 时，产生触发脉冲，停止数据采集，存储器中存入的数据是产生触发字之前各通道的状态变化情况，对触发字而言是已经“过去了”的数据。显示时，触发字显示于所有数据字之后，由此也称组合触发为基本的终端触发方式。

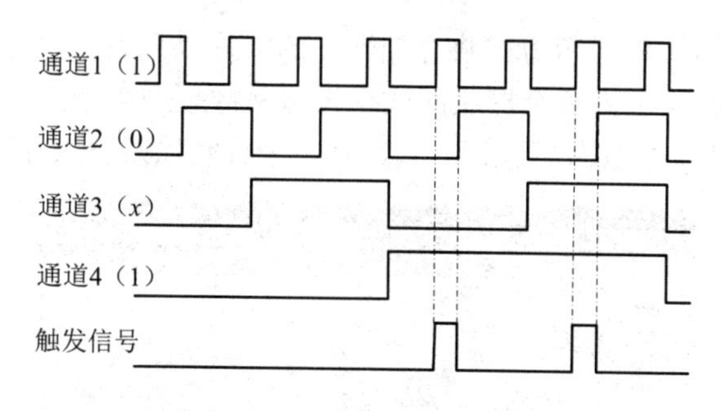

图 6-7　四通道组合触发实例

小贴士

如果触发字选择的是某一出错的数据字，那么逻辑分析仪就可捕获并显示被测系统出现这一出错数据字之前一段时间各通道状态的变化情况，即被测系统故障发生前的工作状况，显然，这对于数字系统的故障诊断提供了相当方便的手段。

② 延迟触发。在延迟触发方式中，专门设置了一个数字延迟电路，当捕获到触发字后，延迟一段时间再停止数据的采集、存储，这样，在存储器中存储的数据既包括了触发点前的数据，又包括了触发后的数据。

③ 毛刺触发。毛刺触发是利用滤波器从输入信号中取出一定宽度的干扰脉冲作为触发信号，然后存储毛刺出现前后的数据流，以利于观察和寻找由于外界干扰而引起的数字电路误动作的现象和原因。

(4) 数据显示。逻辑分析仪的显示发生器和 CRT 显示器等部分将存储在数据存储器里的数据进行处理并显示出来。逻辑分析仪的显示方式通常有伪波定时显示、状态表显示和反汇编显示等。

① 伪波形定时显示。伪波形定时显示方式显示的波形不是被测数据的真实波形，而是一种伪方波波形。显示出来的波形与示波器不同，它不代表信号的真实波形，只代表采样时刻信号的状态。该波形将数据电平的高低用逻辑 1 和 0 形式显示在屏幕上，如图 6-8 所示。伪波形定时显示是逻辑分析仪最基本的显示方式。

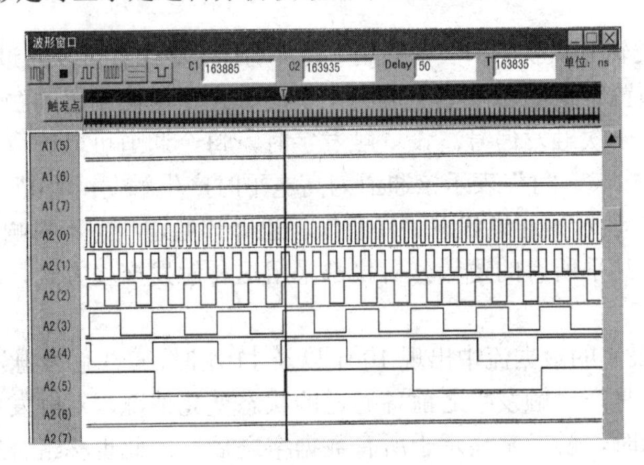

图 6-8 伪波形定时显示

② 状态表显示。状态表显示方式将存储器中的数据以列表、字符或者是图形的形式显示在荧光屏上。图 6-9 所示为每个探头的数据按照采样顺序以十六进制方式显示出来的列表。列表中的数据还可以显示为二进制、八进制、十进制以及 ASCⅡ码的形式。

数据窗口

触发点 32767

	探头 A1	探头 A2	探头 B1	探头 B2
0	08	08	00	00
1	08	08	00	00
2	09	03	00	00
3	07	07	00	00
4	06	06	00	00
5	06	06	00	00
6	07	07	00	00
7	05	05	00	00
8	04	04	00	00
9	04	04	00	00
10	05	03	00	00

图 6-9 真值表形式的状态表显示

③ 反汇编显示。只是观察数据列表中的数据流来分析系统工作很不方便，多数逻辑分析仪提供了另一种有效的显示方式，即反汇编方式。它将软件运行时所捕捉到的数据反汇编成对应微处理器的汇编语言来进行显示。这样便于观察指令流，分析程序运行情况。

表 6-2 是对某微机系统总线进行数据采集后，按照其指令系统反汇编的结果。

表 6-2　反汇编显示

地址(HEX)	数据(HEX)	操 作 码	操 作 数
2000	214200	LD	HL, 2042H
2003	0604	LD	B, 04H
2005	97	SUB	A
2006	23	INC	HL

4) 逻辑分析仪的分类

按照逻辑分析仪工作特点的不同，可以将其分为逻辑状态分析仪和逻辑定时分析仪两类。这两类分析仪的基本结构和基本用途是相似的，都能够对一个数据流进行快速的测试分析。两者的主要区别在于显示方式和侧重功能上。

(1) 逻辑状态分析仪。

逻辑状态分析仪用字符 0、1 或者助记符等形式来显示被测信号的逻辑状态，其内部没有时钟发生器。状态数据的采集、检测是由被测系统的时钟，即在外部时钟的控制下实现的。因此逻辑状态分析仪与被测系统同步工作，主要用来检测数字系统的工作程序，是跟踪、调试程序、分析软件故障的有力工具。

逻辑状态分析仪对数字系统进行实时状态分析，其特点是显示直观，显示的每一位与各个通道的输入数据一一对应。

(2) 逻辑定时分析仪。

逻辑定时分析仪以伪方波等形式显示被测信号的逻辑状态，其内部有时钟发生器。在自身时钟的作用下，逻辑定时分析仪定时采集、记录被测信号的数据，即逻辑定时分析仪与被测系统是异步工作的。通过对输入信号的高速采样、大容量存储，逻辑分析仪能够更有效地捕捉各种不正常的“毛刺”脉冲，这极有利于对微处理器和计算机等数字系统进行调试和维修。因此，逻辑定时分析仪主要用于数字系统硬件的调试与检测以及数字设备硬件的分析、调试和维修。

逻辑定时分析仪与示波器显示方式类似，水平轴代表时间，垂直轴显示的是一连串只有 0、1 两种状态的伪方波波形。逻辑定时分析仪的最大特点是能显示各个通道的逻辑波形，特别是各个通道之间波形的时序关系。为了提高测量准确度和分辨率，要求逻辑分析仪内部的时钟频率要远远高于被测系统的时钟频率。通常情况下，内时钟频率应为被测系统时钟频率的 5~10 倍。

随着微机系统的广泛应用，在数字系统的调试和故障诊断过程中，往往既有软件故障又有硬件故障，因此，目前逻辑分析仪的主流是同时具有状态分析和定时分析能力，即所谓的智能逻辑分析仪，如图 6-10 所示。例如，HP1682A 型逻辑分析仪给使用者带来了更大的便利。

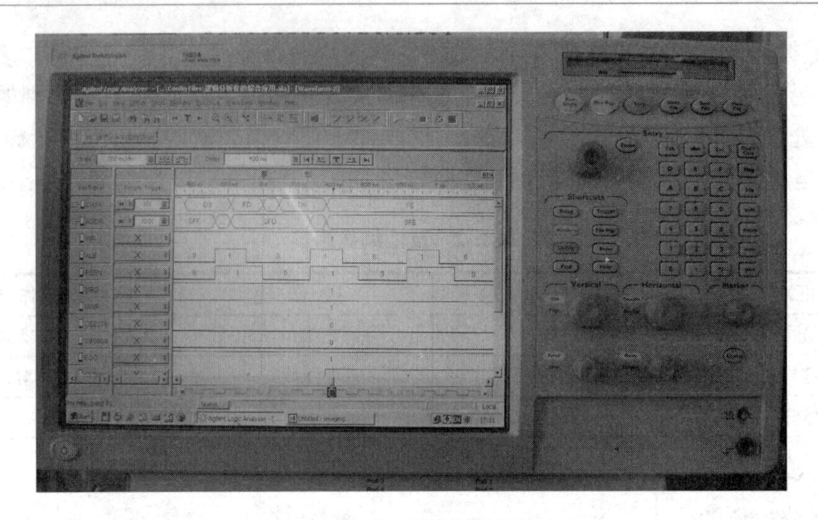

图 6-10　智能逻辑分析仪

5) 逻辑分析仪的主要性能指标

逻辑分析仪的衡量技术指标较多，归纳起来主要有以下几项。

(1) 输入通道数。逻辑分析仪信号输入通道包括数据通道和时钟通道两种，通道数量越多，人们可以同时观测的信号就越多。通道数是逻辑分析仪的重要指标之一。

(2) 定时分析最大时钟频率。逻辑分析仪工作在定时分析方式时的最大数据采样速率，可以是实际的采样时钟最高频率，也可以是等效采样速率。对于定时分析来说，时钟频率是一个非常重要的指标。采样速率的高低，对数据采集的结果有着十分重要的影响，同一输入信号在不同的采样速率下可能有着不同的输出结果，如图 6-11 所示。定时分析方式下的最大时钟频率通常为 200MHz ~ 1GHz。

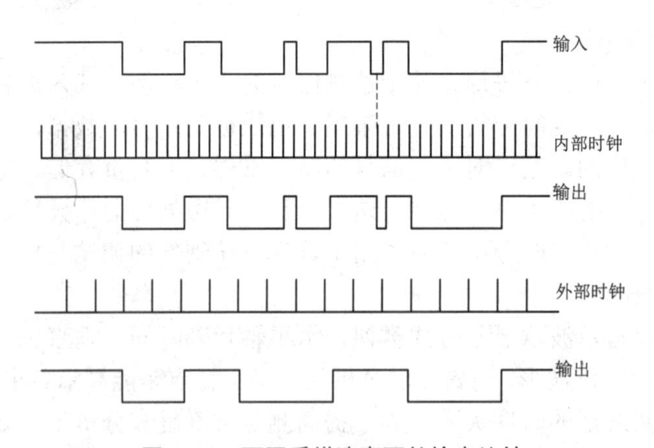

图 6-11　不同采样速率下的输出比较

(3) 状态分析最大速率。逻辑分析仪工作在状态分析方式时，外部时钟可以输入的最大频率，通常为 50~200MHz。

(4) 存储深度。存储、显示所采集的输入数据时，逻辑分析仪都使用高速随机存储器(RAM)，其总的内存容量可以表示为 $N \times M$，其中 N 为通道数，M 为每个通道的容量。每个通道可以存储的数据位数，单位为比特(bit)/通道，一般为几千比特至几十千比特。

(5) 触发方式。触发功能是评价逻辑分析仪水平的重要指标，只有具有灵活、方便、准确的触发方式，逻辑分析仪才能在很长的数据流中，对人们感兴趣的那部分信息进行准确的定位、捕获和分析。逻辑分析仪的触发方式越多，其数据窗口定位就越灵活。如前所述，组合触发、延迟触发和毛刺触发是逻辑分析仪最基本的触发方式。

(6) 显示方式。随着微处理器成为现代逻辑分析仪的核心，使得显示方式多种多样。如今，逻辑分析仪大都具有各种进制的显示、ASCII 码显示、各种光标显示、助记符显示、菜单显示、反汇编、状态比较表显示、矢量图显示、时序波形显示，以及以上多种方式的组合显示等。如此多的显示方式与手段就为系统的运行情况提供了很好的分析手段，给使用者带来了很大的方便。

(7) 输入信号最小幅度。逻辑分析仪探头能检测到的输入信号最小幅度。

(8) 输入门限变化范围。探头门限的可变范围，一般为-10~10V。该可变范围越大，则可测试的数字系统逻辑电子种类越多。

(9) 毛刺捕捉能力。逻辑分析仪所能检测到的最小毛刺脉冲的宽度。

6) 逻辑分析仪的应用

逻辑分析仪对被测系统的检测过程是先借助逻辑分析仪的探头检测被测系统的数据流，再通过对特定数据流的观察分析，进而实现软硬件故障的诊断。

(1) 逻辑分析仪在硬件测试及故障诊断中的应用。数字系统在激励信号的作用下，由逻辑分析仪检测其输出或内部各部分电路的状态，即可测试该数字系统的功能。再进一步分析各部分信号的状态、信号间的时序关系等，就可以诊断该数字系统是否存在故障，并对故障做出诊断。

① ROM 最高工作频率的测试。

如图 6-12 所示，数据发生器低速工作采集到的 ROM 作为标准数据，然后逐步提高数据发生器的计数时钟频率，将每次采集到的数据与标准数据相比较，直到出现不一致为止，此时的时钟频率即为 ROM 的最高工作频率。

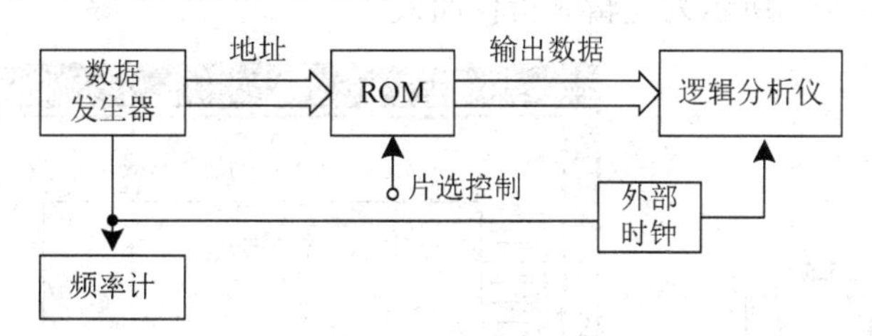

图 6-12　ROM 工作频率的测试

② 译码器输出信号及毛刺的观察。

逻辑分析仪工作在毛刺锁定方式下，在波形窗口中开启毛刺显示，即可观察到译码器输出端上的毛刺。图 6-13 所示为一个译码器的波形图，D_0、D_1、D_2 是译码器的三个输入端的波形，D_3、D_4、D_5、D_6、D_7 是五个输出端的波形，每个输出波形上都有毛刺脉冲。毛刺的标记表示此时该信号上出现了窄脉冲，可能会引起电路工作的不正常。

(2) 逻辑分析仪在软件测试中的应用。逻辑分析仪也可用于软件的跟踪调试，发现软硬件故障，而且通过对软件各模块的监测与效率分析，还有助于软件的改进。在软件测试中必须正确地跟踪指令流，逻辑分析仪一般采用状态分析方式来跟踪软件运行。

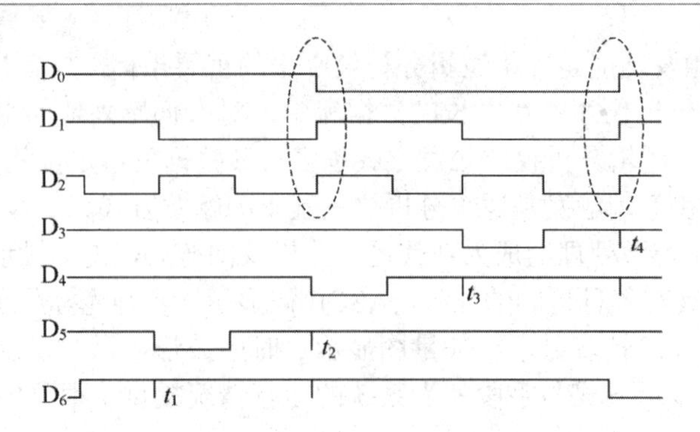

图 6-13　寻找毛刺产生的原因

(3) 数字系统的自动测试系统。由带 GPIB 总线控制功能的微型计算机、逻辑分析仪和数字信号发生器以及相应的软件，可以组成数字系统的自动测试系统。数字信号发生器根据测试矢量或数据故障模型产生测试数据，加到被测电路中，并由逻辑分析仪测量、分析其响应，可以完成中小规模数字集成芯片的功能测试、某些大规模集成电路逻辑功能的测试、程序自动跟踪、在线仿真以及数字系统的自动分析等功能。

7) 虚拟逻辑分析仪

Multisim 仿真环境中的逻辑分析仪(Logic Analyzer)用于数据域测量中对数字逻辑信号的高速采集和时序分析，可以同步显示和记录 16 路逻辑信号。它可以分析时序电路的逻辑状态，观测多路信号的时序关系。

Multisim 操作环境中，在仪表工具栏中单击选取逻辑分析仪，器件符号如图 6-14(a)所示。逻辑分析仪的器件符号描述了 19 个端口，即 1~F、C、Q 和 T，使用时，可将被测电路的测试点根据需要任意接到 1~F 这 16 个输入端。图 6-14(a)所示逻辑分析仪图标下部有 3 个端子 C、Q、T，C 是外部时钟信号的输入端，Q 是时钟控制信号的输入端，T 是触发控制信号的输入端。图 6-14(b)所示为逻辑分析仪面板。

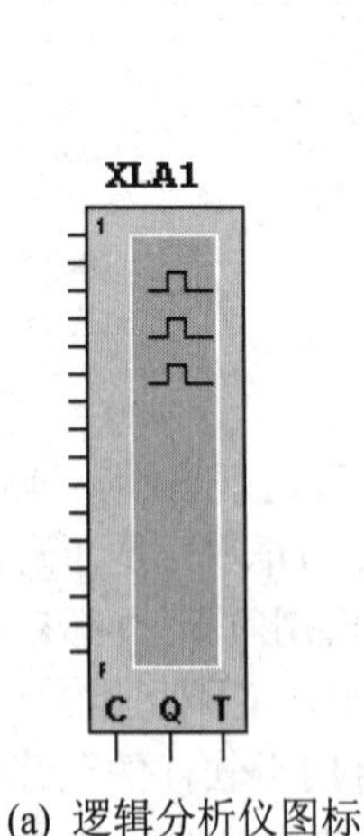

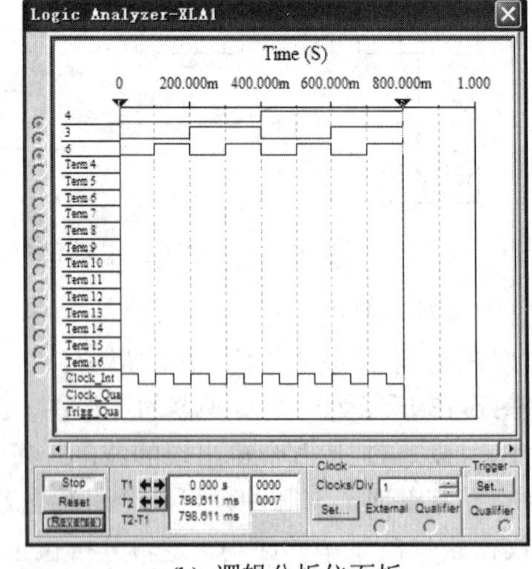

(a) 逻辑分析仪图标　　　　(b) 逻辑分析仪面板

图 6-14　EWB 中的逻辑分析仪

共同练：Multisim 仿真环境逻辑分析仪的实际操作

1) 操作目的

熟悉虚拟逻辑分析仪的面板标识。

2) 操作设备与仪器

装有 Multisim 仿真软件的计算机一台。

3) 知识储备

双击逻辑分析仪图标，屏幕上弹出如图 6-14(b)所示的显示面板，面板中包括显示窗口和控制窗口两部分，控制窗口中有 Stop(停止)、Reset(复位)、Reverse(反相显示)、Clock(时钟)设置以及 Trigger(触发)设置等的控制信号显示的选项。

时序逻辑电路通常包含有组合逻辑电路和存储电路(如触发器)两部分；时序逻辑电路中存储电路部分的输出状态必须反馈到组合逻辑电路部分的输入端，与输入信号一起，共同决定组合逻辑电路部分的输出。

进行时序逻辑分析的目的，就是要明确时序逻辑电路的逻辑功能。逻辑分析仪可以用来分析时序逻辑电路的逻辑关系。

以图 6-14(b)所示逻辑分析仪面板中的显示时序为例，借用逻辑分析仪的 4、3、6 通道，将输出信号以电压高低电平的形式进行显示，可将图示逻辑关系以表 6-3 的形式呈现，其中第 4 通道为高位，第 6 通道为低位。

通过分析三个通道的相应 0、1 状态，可以看出，图 6-14(b)所示的波形反映了一个八进制计数器的逻辑时序关系。

表 6-3　逻辑分析仪显示的电压波形对应时序表

时钟脉冲序列	第 4 通道	第 3 通道	第 6 通道	十进制数字
1	0	0	0	0
2	0	0	1	1
3	0	1	0	2
4	0	1	1	3
5	1	0	0	4
6	1	0	1	5
7	1	1	0	6
8	1	1	1	7

4) 操作步骤

在 Multisim 仿真环境中绘制如图 6-15 所示的计数器电路。

从仪表工具栏中单击选取逻辑分析仪和信号发生器，将逻辑分析仪和信号发生器连接到电路中后，打开信号发生器设置窗口，按图 6-16 设置参数。

双击逻辑分析仪图标，屏幕上弹出其显示面板，如图 6-17 所示，仿真后可得到计数器的时钟波形和输出波形。

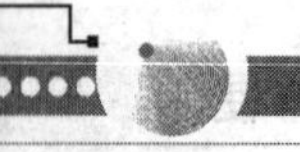

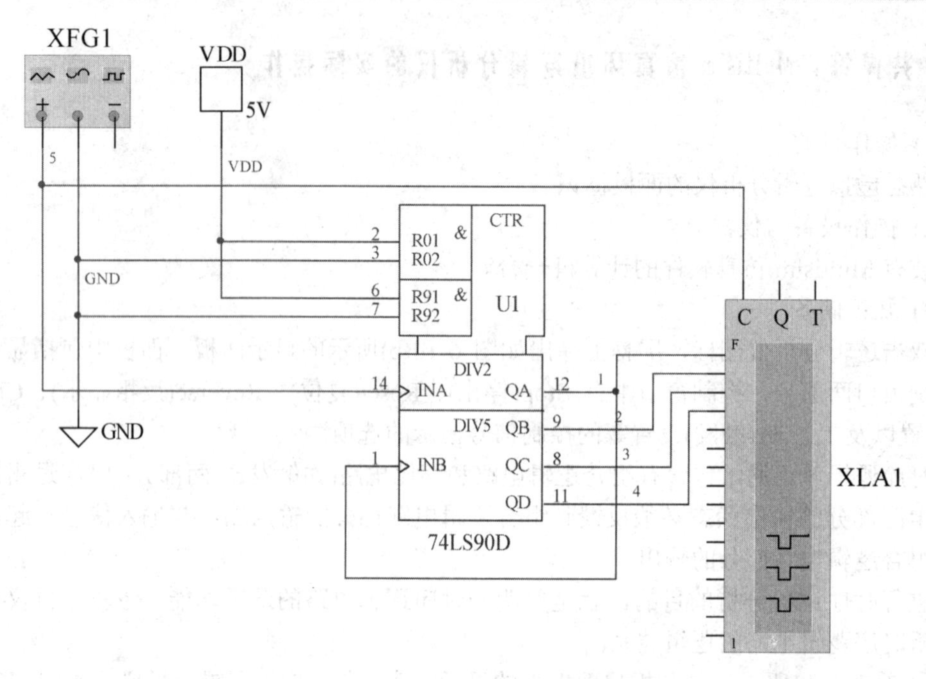

图 6-15　简单数字逻辑电路图

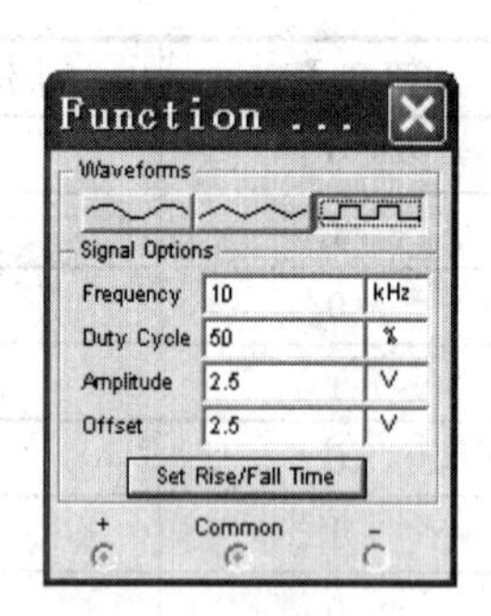

图 6-16　信号发生器参数的设置

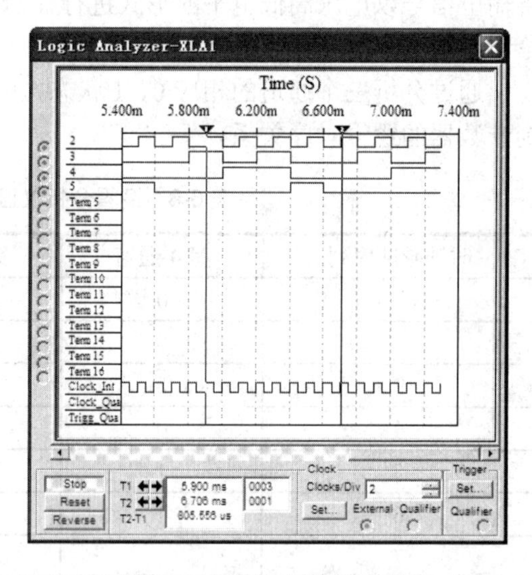

图 6-17　逻辑分析仪的时序图

5) 仿真作业提交

(1) 新建以学号和姓名命名的文件夹。

(2) 在以上文件夹中新建 Multisim 仿真电路，仿真电路名为“简单数字逻辑电路”。

(3) 将电路仿真结果截图保存，保存为 Word 文档至文件夹中。

(4) 将逻辑分析仪各通道电压逻辑关系以 0、1 形式记录于表 6-4 中，通过分析图 6-17 所示的波形，可知图 6-15 电路为____进制计数器。

表 6-4　电压波形对应时序表

时钟脉冲序列	Q_A	Q_B	Q_C	Q_D	十进制数
1					
2					
3					
4					
5					
6					
7					
8					
9					
10					

技能驿站

1. 目的

(1) 熟悉 Multisim 仿真环境逻辑分析仪的操作方法。

(2) 掌握逻辑分析仪对时序电路的逻辑分析方法。

2. 设备与仪器

装有 Multisim 仿真软件的计算机一台。

3. 内容与步骤

绘制图 6-18 所示的电路。

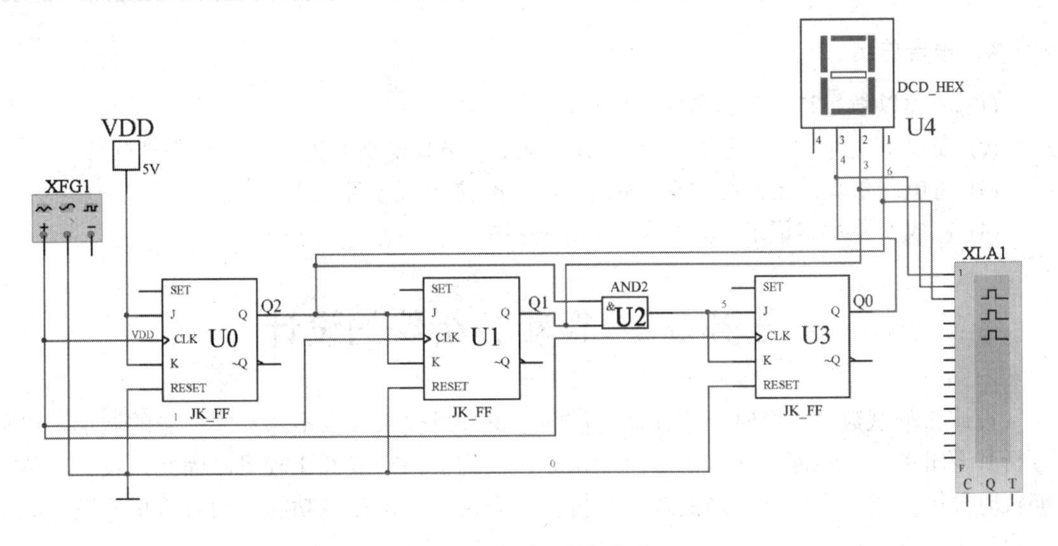

图 6-18　实时计数器电路图

使图 6-18 中的信号发生器输出信号频率为 10Hz，其他参数不变。进行仿真。双击逻辑分析仪图标，打开逻辑分析仪面板，按照图 6-19 选择合适的 Clock Rate 参数，使逻辑分析仪显示的波形便于观测。

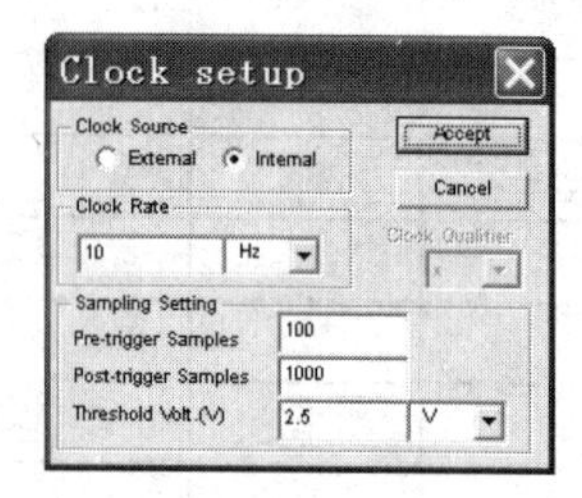

图 6-19　逻辑分析仪时钟参数设置

将逻辑分析仪各通道的电压逻辑关系以 0、1 形式记录于表 6-5 中。

表 6-5　逻辑时序与数码管显示值的对应关系

时钟脉冲序列	Q_2	Q_1	Q_0	十进制数	数码管显示的数值
1					
2					
3					
4					
5					
6					
7					
8					
9					
10					

4．报告总结

(1) 新建以学号和姓名命名的文件夹。

(2) 在以上文件夹中新建 Multisim 仿真电路，仿真电路名为“实时计数器电路”。

(3) 将电路仿真结果截图保存，保存为 Word 文档至文件夹中。

(4) 完成实验数据记录，保存至 Word 文档中。

任务 6.2　逻辑分析仪的设计

设计和测试数字系统时，往往需要借助逻辑分析仪来观察多路数字信号的波形，以便分析其逻辑关系。然而，现有的专用逻辑分析仪的价格一般都比较贵，因此，设计一款能够实时分析多路数字信号波形的逻辑分析仪，不仅实现了测试功能，而且价格低廉，具有一定的实用价值。

6.2.1　方案论述

1. 系统总体设计

8 位简易逻辑分析仪系统以 EP1C6Q240C8 型 FPGA 开发板为控制核心，结合 AVR 微处理器 ATmega16L，实现双工串行通信、触发控制、数据采集存储和示波器显示等功能。

图 6-20 所示为系统框图，8 路待分析的并行数字信号经过模拟开关分时选通，成为串行信号，再由 A/D 采样为逻辑电平后，通过 FPGA 读取并暂存数据，如果存满了，则用新存入的数字覆盖掉较早存入的数字，等到满足触发条件后，再存入设定位数的数字。最后将这些数字存入 FPGA 内容的双口 RAM 中，由 D/A 转换器输出显示在模拟示波器上。其中，触发电平、触发字、触发方式都可以由用户通过键盘输入，然后由 FPGA 解析为相应的逻辑，以控制 A/D 转换结果和存储器的写入。触发位置和可移动光标处的逻辑状态均由 LCD 同步显示。

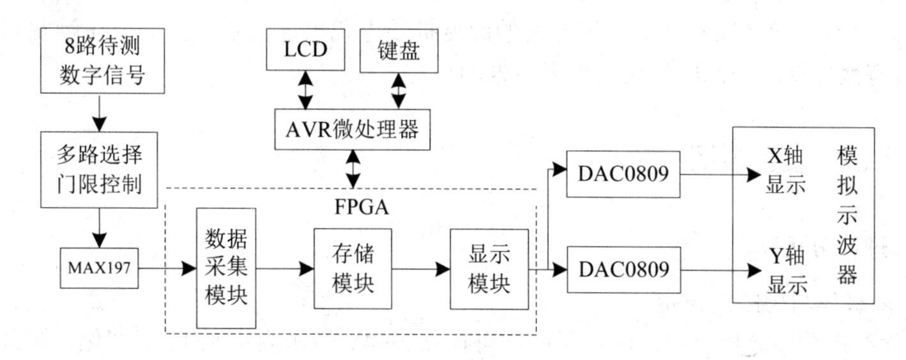

图 6-20　系统总体方框图

2. 处理器的选择

1) 采用 MCU 单片机作为系统核心

单片机除了完成基本的控制和分析处理功能以外，还要完成 8 路 TTL 数据的采集、存储和示波器显示控制。单片机虽然具有灵活的控制方式，但是受到工作速率的影响，可能会使示波器显示屏抖动或者出现明显的回扫线，进而难以实现较好的系统稳定性。

2) 采用 FPGA 作为控制核心

用 FPGA 完成信号采集、数据存储、触发控制、示波器的显示控制以及人机交互等功能。本方案的优点是系统结构紧凑，有较高的工作速率，但是由于 FPGA 系统逻辑复杂，调试过程繁琐，也容易引起系统的不稳定。

3) 采用 FPGA 和单片机相结合的方式

以 FPGA 作为逻辑判断核心，实现逻辑判断、波形存储以及波形显示控制。MCU 单片机完成信号发生、向 FPGA 发出 8 位移位信号、利用键盘向 FPGA 送入触发字，同时利用 LCD 实现人机交互的功能。该方案充分发挥了 FPGA 逻辑处理性能，同时又发挥了单片机控制功能优越的特性。

3．存储模块的选择

为了实现 8 路信号在每个通道的存储深度为 20bit 并且触发位置可调，就要求存储触发位置前若干位的信息。

1) 用移位寄存器

在 FPGA 中用移位寄存器对输入的数字信号进行移位存储，一旦触发条件满足，就将移位寄存器中存储的数字信号提取出来，即为触发点前的信息。该方案简单易行，但是可扩展性较差，并且每个通道需要 20bit 的移位寄存器，如果想要扩展存储位数，则需要更大容量的寄存器。

2) 利用 FPGA 内部的 SRAM

从内部建立 RAM 模块一直对外部的被测信号进行采样，并且将采样值循环地存入此模块的 256B RAM 中，当触发信号到来时，继续采样 40 个样点，以保证 RAM 中存放着触发前后各 40 个点的采样数据，然后将此 RAM 中触发点后的 20 个数据全部写入显示模块。同时，将触发信号到来时 RAM 的地址送入显示模块。这样就可以很好地对触发前后的各 40 个点的采样值进行寻址并显示。该方案的深度扩展方式也很简单，只需要在触发点后保证 RAM 写有效周期增加，即可完成更多数据的捕捉。

6.2.2 设计实现

1．理论分析

1) 多级逻辑门限的设定

假设要求逻辑分析仪的逻辑门限电压可在 0.25~4V 范围内按照 16 级变化，即最低电压为 0.25V，最高电压为 4V，按 16 级等分变化，则其步长为 0.25V，即 16 级门限电压为 0.25V、0.5V、0.75V、...、4V。

2) 存储深度

设计 8 位的逻辑分析仪，则在屏幕要显示 8 路波形，屏幕波形行数为 Z=8 行，每行位数 m_1=20bit，则每页存储深度 $M_1=m_1\times Z$=20bit×8=20B。设计扩展为存储页数为 6，则系统存储深度为：

$$\sum_{i=1}^{6} M_i = 6\times M_1 = 120\text{B}$$

3) 扫描频率

根据人眼的视觉特性，在一般室内环境下，人眼对 15Hz ~ 20Hz 的信号最敏感，有很强闪烁感，当信号频率 f_V 大于 75Hz 时，闪烁感消失，实践表明，f_V 等于 250Hz 时效果最佳。由于示波器要显示 8 路信号以及 1 条触发线、1 条时间轴，所以，为了得到稳定的波形显示，行频率为 $f_H = 9f_V = 9\times 250\text{Hz} = 2250\text{Hz}$。

2．主要单元电路的设计

1) 8 路数字信号发生器

以 AT89S52 单片机作为信号发生器，产生 8 路移位信号以及 1 位同步时钟信号，将 8 路信号输入到 EP1C6Q240C8 型 FPGA 开发板中进行处理，并采用 4×4 扫描键盘进行串行数据预置，由 LCD 液晶屏进行显示。

2) 输入阻抗转换电路

为了尽可能地不影响输入信号，要求采样电路的输入阻抗应大于 50kΩ，所以，各路信号应该先经过射极跟随器，再由 A/D 采样。但是，对于 8 路信号，就需要 8 个射极跟随器，为了简化电路，将 8 路信号输入模拟开关 AD7501 的 8 个输入端，并由控制电路控制 8 路信号顺序输出，再经过一个射极跟随器进入 A/D 转换器的输入端，最后，在 FPFA 内部将这 8 路数据分离开来。具体输入阻抗转换电路如图 6-21 所示。

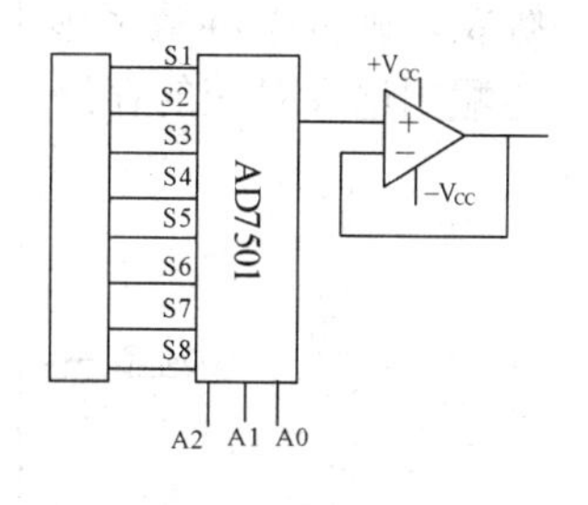

图 6-21 输入阻抗转换电路

3) 门限电压控制和数据采集电路

采用的门限电压控制方法是将待测信号通过 A/D 转换器后，与预设数字进行比较，以决定信号的逻辑电平(通过改变预设数字，可以直接改变门限电压)。为了提高采集数据的清晰度，在此采用 12 位快速 A/D 转换器 MAX197 来采集被测信号。MAX197 的转换时间仅仅为 6μs，所以，即使分时采集 8 路信号，其输入信号的最高频率也达到 1.5kHz。图 6-22 所示为 MAX197 采用内部时钟、内部基准源模式的电路图。

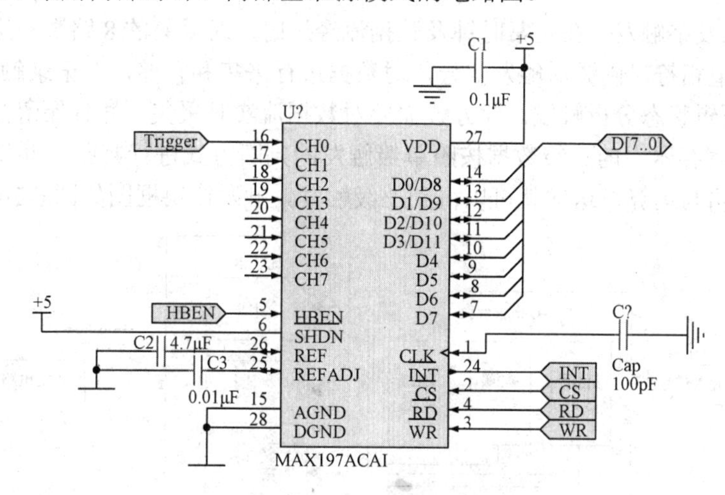

图 6-22 MAX197 采样电路

4) 后端显示电路

显示部分主要由锯齿波扫描和信号扫描组成，由于屏幕上需要显示 8 路信号波形，因此，外部 D/A 转换器需要分时复用。为了避免回扫时对显示效果产生影响，X 轴输入与 Y 轴输入必须严格同步。D/A 转换器需要有足够快的转换速率，因此采用 DAC0800。利用两个 DAC0800 将 RAM 中含逻辑信号和锯齿波信号的数据变为模拟信号，因为 DAC0800 是电流型输出，所以还要通过 I/V 转换器，将电流输出信号转换成电压输出信号，再送入示波器的 X、Y 轴予以显示。图 6-23 给出了 D/A 转换器的连接图。

5) FPGA 部分设计

(1) 触发控制模块。在 AD7501 选通每一路的同时，MAX197 开始采集该路信号。根据触发原理，当 8 路采样完成后，将 8 位状态数据组成一个字节，并将该字节与触发字进行比较，然后存入 RAM，如果该字节等于触发字，则满足触发条件，开始存储数据，并在 FPGA

中记录对应的存储地址，继续存储 128 个状态后，停止采样并送入显示模块。如果为多级触发，则依据屏蔽字选出感兴趣的路，然后对这些路的信号与触发字进行比较，与触发字匹配则记录对应的存储地址，并继续存储 128 个状态后停止采样，送入显示模块。

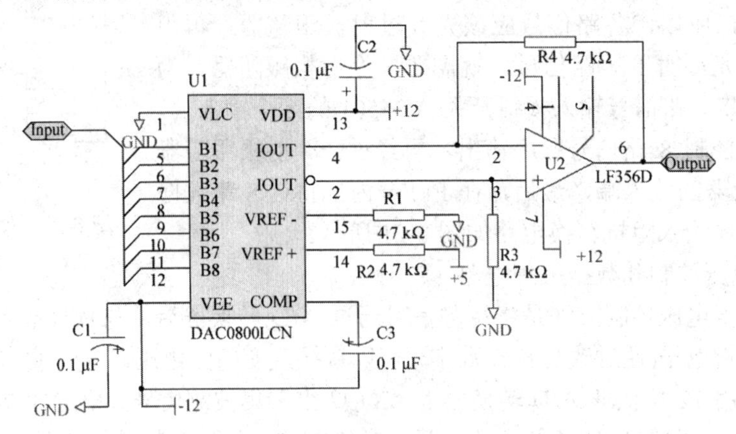

图 6-23　D/A 转换后送显示电路

① 单级触发字触发。在正常时钟及数据流经过时，对采集的 8 路数据进行判断，如果与预先设定的值相符，则激活触发信号，对数据进行采集和存储，并记录触发点地址。

② 三级逻辑状态分析触发。此方式需要对数据流实时采集，并且保留在三级移位寄存器中，将移位寄存器中的三级数据按照单级触发的判断方式进行判断，并将最终的触发使能信号进行逻辑与运算，这样就可以得到三级触发。触发模块框图如图 6-24 所示。

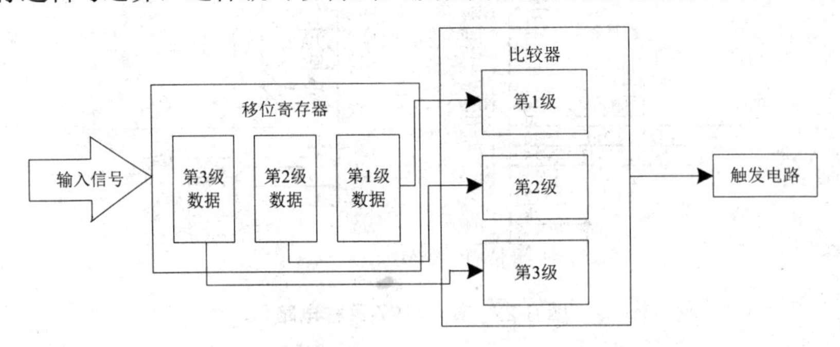

图 6-24　触发模块框图

(2) 数据存储模块。采集到的数据为一个字节，每一位的值代表相应路数的信息，在模拟示波器上显示时，需要将 8 路信号分离开来，因此存储数据时需要先对数据进行处理，即先将采集到的数据分离成 8bit，然后将每个 bit 填成一个字节，这样即可直接将数据送入显示模块，而无须再对数据进行处理。

小贴士

采集到的数据被分离成 8bit，每个 bit 又被填成一个字节，其中字节的高 3 位表示该 bit 所在的输入路数，第四位表示该 bit 值，低 4 位填充 0。

实际设计中，采用 8 个 FPGA 的内部 RAM 分别存储 8 路数据，这样可以在时钟信号的上升沿将数据分别同时存入各自 RAM 的相同地址中。

(3) 显示模块。根据示波器的波形显示原理，如果要实时地显示被测信号的波形，必须在 Y 通道输入被测信号的同时，在 X 通道输入一个随时间线性变化的电压，通常该电压采用锯齿波电压。与此同时，为了稳定显示波形，要求每个扫描周期所显示的信号波形在荧光屏上完全重合，即曲线形状相同，并在同一个起始点上。要满足同一起始点，扫描电压周期和被测信号周期必须成整数倍关系。在此，采用依次显示各列的方式，即横轴波形为双重嵌套的锯齿波，纵轴依次显示第 1 路的第 1 个状态，第 2 路的第 1 个状态，……，第 7 路的第 8 个状态，第 8 路的第 8 个状态。

3. 系统软件设计

8 位逻辑分析仪系统采用 AVR 微处理器和 FPGA 共同完成软件控制。AVR 微处理器负责读取门限电压值、触发模式和触发字的设置，然后通知 FPGA 启动相应的数字信号发生器，触发判断、RAM 存储等模块，最后由 FPGA 完成示波器的显示功能，AVR 微处理器完成反馈时间标志线所对应逻辑状态的 LCD 显示。图 6-25 所示为逻辑分析仪系统软件的流程。

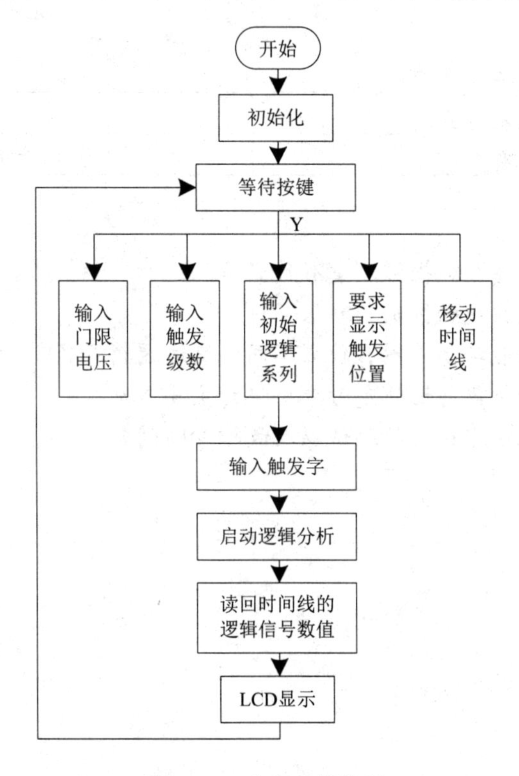

图 6-25　主程序的流程

项 目 小 结

本项目讨论了数据域测量及其仪器的基本知识。

(1) 数据域测量又称为数字测量技术，用来测试数字量或电路的逻辑状态随时间而变化

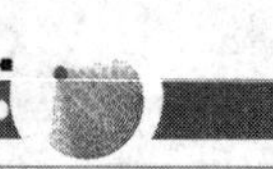

的特性。数据域测量的理论基础是数字电路与逻辑代数。

(2) 常用的数据域分析测试的仪器有逻辑笔、逻辑夹、逻辑分析仪、逻辑信号发生器、特征分析仪、误码分析仪、数字传输测试仪、协议分析仪、规程分析仪、PCB 测试系统、微机开发系统和在线仿真器(ICE)等。其中，逻辑笔主要用于逻辑电平的简单测试，测试结果较直观。逻辑分析仪是最常用的典型仪器，它既可以分析数字系统和计算机系统的软硬件时序，又可以和微机开发系统、在线仿真器、数字式电压表、示波器等组成自动测试系统，实现对数字系统的快速自动化测试。

(3) 逻辑分析仪的基本组成分为数据捕获和数据显示两部分。根据显示方式和定时方式的不同，可将逻辑分析仪分为逻辑状态分析仪和逻辑定时分析仪两大类，前者主要用于系统的软件测试；后者主要用于数字系统硬件的调试与检测。

思考与习题

1. 填空题

(1) 数据域测量的主要仪器有__________、___________、________等。

(2) 逻辑分析仪的触发方式有________、_________、_________、_______四种类型。

(3) 逻辑分析仪通常有__________、__________、_________三种显示方式。

2.简答题

(1) 什么是数据域测量？数据域测量有什么特点？

(2) 简述逻辑笔、逻辑夹的区别与联系。

(3) 逻辑分析仪的功能与示波器有什么不同？简述逻辑分析仪的工作过程。

(4) 简述逻辑状态分析仪与逻辑定时分析仪的主要差别。

(5) 逻辑分析仪是如何进行硬件测试以及故障诊断的？

参 考 文 献

[01] 张立霞. 电子测量技术[M]. 北京：清华大学出版社，2012.

[02] 古天祥，詹慧琴，习友宝等. 电子测量原理[M]. 2 版. 北京：机械工业出版社，2015.

[03] 张永瑞. 电子测量技术基础[M]. 3 版. 西安：西安电子科技大学出版社，2014.

[04] 林占江. 电子测量技术[M]. 3 版. 北京：电子工业出版社，2012.

[05] 崔建平. 电子测量仪器行业发展回顾与展望[J]. 国外电子测量仪器，2014，33(1): 1~4.

[06] 雷丽. 电子测量多角度教学改革研究[J]. 电子测试，2017(8): 130~131.

[07] 王成安，杨一曼. 电子测量技术与仪器[M]. 北京：科学出版社，2016.

[08] 周友兵. 电子测量仪器[M]. 北京：高等教育出版社，2012.

[09] 李宗宝. 电子测量与仪器[M]. 北京：机械工业出版社，2015.

[10] 宋宇，王凡，赵晓旭. 电子测量原理实验指导书[M]. 北京：清华大学出版社，2016.

[11] 范泽良，吴政江，王永奇. 电子测量技术与仪器[M]. 北京：清华大学出版社，2010.

[12] 李海燕. Multisim&UItiboard 电路设计与虚拟仿真[M]. 北京：电子工业出版社，2012.

[13] 杜宇人. 现代电子测量技术[M]. 2 版. 北京：机械工业出版社，2015.

[14] 杨滨峰. 基于实践能力培养的实验课程改革与探索——以“电子测量技术”实验课程为例[Z]. 佳木斯职业学院学报，2016(3): 278~279.

[15] 郭建昌，张戈. 电子测量技术实验教学研究与实践[J]. 当代教育实践与教学研究，2015(8): 207~208.

[16] 张大彪. 电子测量技术与仪器[M]. 北京：电子工业出版社，2011.

[17] 贾海瀛. 传感器技术与应用[M]. 北京：清华大学出版社，2011.

[18] 赵全利，李会萍. Multisim 电路设计与仿真[M]. 北京：机械工业出版社，2016.